上海市住房和城乡建设管理委员会

上海市市政工程概算定额

SH A1—21—2020

同济大学出版社

2021 上海

图书在版编目(CIP)数据

上海市市政工程概算定额:SH A1—21—2020/上海市建筑建材业市场管理总站主编. --上海:同济大学出版社,2021.4

ISBN 978-7-5608-9825-4

Ⅰ.①上… Ⅱ.①上… Ⅲ.①市政工程—建筑概算定额—上海 Ⅳ.①TU723.34

中国版本图书馆 CIP 数据核字(2021)第 042067 号

上海市市政工程概算定额　SH A1—21—2020

上海市建筑建材业市场管理总站　主编

责任编辑　朱　勇　　**责任校对**　徐春莲　　**封面设计**　陈益平

出版发行	同济大学出版社　www.tongjipress.com.cn	
	(地址:上海市四平路1239号　邮编:200092　电话:021-65985622)	
经　销	全国各地新华书店	
印　刷	常熟市大宏印刷有限公司	
开　本	890mm×1240mm　1/16	
印　张	21.75	
字　数	696 000	
版　次	2021年4月第1版　2021年4月第1次印刷	
书　号	ISBN 978-7-5608-9825-4	

定　价　228.00元(含宣贯材料)

本书若有印装质量问题,请向本社发行部调换　　版权所有　侵权必究

上海市建设工程概算定额修编委员会

主　　任：黄永平
副 主 任：裴　晓　王扣柱　董爱华　周建国　顾晓君　姜执伟
委　　员：陈　雷　马　燕　金宏松　杨文悦　方　琪　孙晓东
　　　　　　苏耀军　应敏伟　杨志杰　汪结春　干　斌　徐　忠

上海市建设工程概算定额修编工作组

组　　长：马　燕
副 组 长：方　琪　孙晓东　涂荣秀　许倩华　应敏伟　曹虹宇
　　　　　　夏　杰　莫　非　汪崇庆
组　　员：朱　迪　蒋宏彦　程德慧　汪一江　田洁莹　彭　磊
　　　　　　张　竹　康元鸣　黄　英　辛　隽　乐　翔　张红梅

上海市市政工程概算定额

主 编 单 位： 上海市建筑建材业市场管理总站

参 编 单 位： 隧道股份上海市城市建设设计研究总院(集团)有限公司
上海市隧道工程轨道交通设计研究院
上海城济工程造价咨询有限公司

主要编制人员： 汪一江　姚　婷　年蓓蓓　江伟东　沈　健　姜　弘
周　良　宋　玮　何伊君　李朝晖　陈国华　赵　戟
许嘉俊　梁　辰　宋德琴　刘越峰　张金牛　顾　磊
徐卫东　张栋良　赵　丹　曲　媛　万孝荣　卢　珏
向金荣　宋　奕　沈寄成　逯垚迪　李　瑶　曹超慧
刘红林　詹邦晏　程　遂　黄雅清　张浩怡　赵思韧
韩　煦　陈　仪

审 查 专 家： 戴富元　朱振宇　俞宏峰　于振华　臧忠英　姚文青
王林峰

上海市住房和城乡建设管理委员会文件

沪建标定〔2020〕795 号

上海市住房和城乡建设管理委员会
关于批准发布《上海市建筑和装饰工程概算
定额(SH 01—21—2020)》《上海市市政工程概算
定额(SH A1—21—2020)》等 4 本
工程概算定额的通知

各有关单位：

为进一步完善本市建设工程计价依据，满足工程建设全生命周期的计价需求，根据《上海市建设工程定额体系表 2018》及《2017 年度上海市建设工程及城市基础设施养护维修定额编制计划》，《上海市建筑和装饰工程概算定额(SH 01—21—2020)》《上海市市政工程概算定额(SH A1—21—2020)》《上海市安装工程概算定额(SH 02—21—2020)》《上海市燃气管道工程概算定额(SH A6—21—2020)》(以下简称"新定额")等 4 本工程概算定额编制完成并经有关部门会审，现予以发布，自 2021 年 5 月 1 日起实施。

原《上海市建筑和装饰工程概算定额(2010)》《上海市建筑和装饰工程概算定额(2010)装配式建筑补充定额》《上海市市政工程概算定额(2010)》《上海市安装工程概算定额(2010)》及《上海市公用管线工程概算定额(2010)》(燃气管线工程)同时废止。

本次发布的新定额由市住房城乡建设管理委负责管理，由上海市建筑建材业市场管理总站负责组织实施和解释。

特此通知。

上海市住房和城乡建设管理委员会

二〇二〇年十二月三十一日

总 说 明

一、《上海市市政工程概算定额》(以下简称本定额)共分八章,包括:

第一章　土方及基坑支护工程

第二章　道路工程

第三章　交通安全管理及照明工程

第四章　桥涵工程

第五章　隧道工程

第六章　钢筋工程

第七章　拆除工程

第八章　措施项目

二、本定额适用于本市行政区域范围内新建、改建、扩建的市政工程。

三、采用本定额进行概算编制的,应遵循定额中定额编号、工程量计算规则、项目划分及计量单位。

四、本定额是编制设计概算(书)的参考依据,是进行项目建设投资评审、设计方案比选的参考依据,是编制估算指标的基础。

五、本定额以国家和本市现行建设工程强制性标准、推荐性标准、设计规范、标准图集、施工验收规范、技术操作规程、质量评定标准、产品标准和安全操作规程为依据编制,并参考了国家和本市行业标准,以及典型工程案例,有代表性的工程设计、施工和其他资料。

六、本定额综合了本市市政工程预算定额的内容和含量,包括了市政工程的工料机消耗量,其他相关费用应依据国家和本市现行取费规定计算。

七、本定额主要是在《上海市市政工程预算定额　第一册　道路、桥梁、隧道工程(SH A1-31(01)-2016)》《上海市市政工程预算定额　第二册　道路照明工程(SH A1-31(02)-2018)》(以下简称2016市政预算定额)基础上,以主要分项工程综合相关工序的综合定额,即按主要分项工程规定的计量单位、计算规则及综合相关工序的预算定额计算而得的人工、材料及制品、机械台班的消耗标准,体现了上海地区社会平均水平。

八、本定额中材料与机械消耗量均以主要工序用量为准。难以计量的零星材料与机械列入其他材料费或其他机械费中,以该项目材料或机械之和的百分率表示。

九、本定额所采用的材料(包括构配件、零件、半成品及成品)均为符合质量标准和设计要求的合格产品;若品种、规格、型号、强度等级与设计不符时,可按各章节规定调整。定额未注明材料规格、强度等级的,应按设计要求选用。

十、本定额的工作内容已说明了主要的施工工序,次要工序虽未说明,但均已包括在内。

十一、本定额中除隧道工程管片、口字件及烟道板的场内运输可另行计算外,其他材料、成品、半成品的场内运输均已包含在相应定额中。

十二、本定额中混凝土按预拌混凝土考虑,砂浆按预拌砂浆考虑。混凝土及砂浆强度等级与设计强度等级不同时,可按设计强度等级进行换算。定额中的混凝土养护除另有说明外,均按自然养护考虑。

十三、本定额中混凝土子目中已包括模板及钢筋工作内容,模板一般不作调整,但钢筋含量与定额不同时,可按第六章钢筋工程定额进行调整。

十四、本定额不包括大型机械的场外运输及安拆,必要时可参考2016市政预算定额。

十五、本定额部分预算定额子目参考了国家、行业和本市现行的其他相关定额,如E-2-1-14~E-2-1-16强夯处理软土地基及真空预压定额是根据国家《市政工程消耗量定额(ZY A1—31—2015)》中2-1-11、2-1-19、2-1-9、2-1-10换算,E-3-4-5禁入栅定额是根据《公路工程预算定额》(JTG/T 3832—2018)中5-1-3-3、5-1-3-7换算。

十六、本定额缺项部分,可按其他专业定额工料机消耗量计算直接费,按本定额费率表取费。

十七、本定额中注有"×××以内"或"×××以下"者,均已包括×××本身;"×××以外"或"×××以上"者,均不包括×××本身。

十八、定额说明中未注明(或省略)尺寸单位的宽度、厚度、断面等,均以"mm"为单位。

十九、凡本说明未尽事宜,详见各章说明。

上海市市政工程概算费用计算说明

一、直接费

直接费是指施工过程中的耗费,构成工程实体和部分有助于工程形成的各项费用[包括人工费、材料费、施工机具(机械)使用费和零星工程费]。直接费中不包含增值税可抵扣进项税额。

1. 人工费

人工费是指支付给直接从事建筑安装工程施工作业的生产工人的各项费用。

2. 材料费

材料费是指工程施工过程中耗费的各种原材料、半成品、构配件等的费用,以及周转材料等的摊销、租赁费用。

3. 施工机具(机械)使用费

施工机具(机械)使用费是指工程施工作业所发生的施工机具(机械)、仪器仪表使用费或其租赁费。

4. 零星工程费

零星工程费是指设计图纸未反映,定额直接费计算中未包括,可能发生的其他构成工程实体的费用。零星工程费是以直接费为基数,乘以相应的费率计算。

二、企业管理费和利润

1. 企业管理费

企业管理费是指施工单位为组织施工生产和经营管理所发生的费用。企业管理费不包含增值税可抵扣进项税额。

2. 利润

利润是指施工单位从事建筑安装工程施工所获得的盈利。

企业管理费和利润是以直接费中的人工费为基数,乘以相应的费率计算。

三、安全文明施工费

安全文明施工费是指在工程项目施工期间,施工单位为保证安全施工、文明施工和保护现场内外环境等所发生的措施项目费用。安全文明施工费中不包含增值税可抵扣进项税额。

安全文明施工费是以直接费与企业管理费和利润之和为基数,乘以相应的费率计算。

四、施工措施费

施工措施费是指为完成工程项目施工,发生于该工程施工前和施工过程中,非工程实体项目的费用。施工措施费中不包含增值税可抵扣进项税额。

施工措施费是以直接费与企业管理费和利润之和为基数,乘以相应的费率计算。

五、规费

规费是指按国家法律、法规规定,由上海市政府和上海市有关权力部门规定施工单位必须缴纳,应计入建筑安装工程造价的费用。主要包括社会保险费(养老、失业、医疗、生育和工伤保险费)和住房公积金。

规费是以直接费中的人工费为基数,乘以相应的费率计算。

六、增值税

增值税即为当期销项税额。

当期销项税额是以税前工程造价为基数,乘以增值税税率计算。

七、上海市市政工程概算费用计算顺序表

上海市市政工程概算费用计算顺序表

序号	项目		计算式	备注
一	直接费	工、料、机费	按概算定额子目规定计算	包括说明
二		零星工程费	(一)×费率	
三		其中:人工费	概算定额人工费+零星工程人工费	零星工程人工费按零星工程费的20%计算
四	企业管理费和利润		(三)×费率	
五	安全文明施工费		[(一)+(二)+(四)]×费率	
六	施工措施费		[(一)+(二)+(四)]×费率(或按拟建工程计取)	
七	小计		(一)+(二)+(四)+(五)+(六)	
八	规费	社会保险费	(三)×费率	
九		住房公积金	(三)×费率	
十	增值税		[(七)+(八)+(九)]×增值税税率	
十一	建筑安装工程费		(七)+(八)+(九)+(十)	

目 录

总说明
上海市市政工程概算费用计算说明

第一章　土方及基坑支护工程 …………… 1
说　明 ………………………………………… 3
工程量计算规则 ……………………………… 4
第一节　挖方工程 …………………………… 5
第二节　填方工程 …………………………… 9
第三节　余方弃置 …………………………… 11
第四节　基坑支护工程 ……………………… 12

第二章　道路工程 ………………………… 25
说　明 ………………………………………… 27
工程量计算规则 ……………………………… 28
第一节　路基处理 …………………………… 29
第二节　道路基层 …………………………… 45
第三节　道路面层 …………………………… 55
第四节　人行道及其他 ……………………… 62

第三章　交通安全管理及照明工程 ……… 75
说　明 ………………………………………… 77
工程量计算规则 ……………………………… 78
第一节　交通标志 …………………………… 79
第二节　交通标线 …………………………… 91
第三节　交通信号设施 ……………………… 94
第四节　交通隔离设施 ……………………… 100
第五节　其他交通管理设施 ………………… 102
第六节　照明设施 …………………………… 109

第四章　桥涵工程 ………………………… 113
说　明 ………………………………………… 115
工程量计算规则 ……………………………… 118
第一节　桩基工程 …………………………… 119

第二节　下部结构 …………………………… 148
第三节　上部结构 …………………………… 170
第四节　桥面系工程 ………………………… 194

第五章　隧道工程 ………………………… 207
说　明 ………………………………………… 209
工程量计算规则 ……………………………… 210
第一节　盾构掘进 …………………………… 212
第二节　地下连续墙 ………………………… 235
第三节　地下混凝土结构 …………………… 244
第四节　防水及其他 ………………………… 255

第六章　钢筋工程 ………………………… 257
说　明 ………………………………………… 259
工程量计算规则 ……………………………… 261
第一节　普通钢筋工程 ……………………… 262
第二节　预应力钢筋工程 …………………… 265

第七章　拆除工程 ………………………… 267
说　明 ………………………………………… 269
工程量计算规则 ……………………………… 270
第一节　翻挖老路 …………………………… 271
第二节　拆除各类构筑物 …………………… 275
第三节　其他工程 …………………………… 278

第八章　措施项目 ………………………… 281
说　明 ………………………………………… 283
工程量计算规则 ……………………………… 285
第一节　打、拔钢板桩 ……………………… 287
第二节　支　架 ……………………………… 288
第三节　围　堰 ……………………………… 289
第四节　便道及便桥 ………………………… 296
第五节　降　水 ……………………………… 298

第一章 土方及基坑支护工程

说 明

一、本章定额由挖方工程、填方工程、余方弃置及基坑支护工程，共四节组成。

二、本章定额适用于道路工程、交通安全管理及照明工程、桥涵工程及隧道工程。

三、挖土及填土现场运输定额中已考虑土方体积变化。

四、道路、桥涵、护岸及挡墙挖土，均按10％人工挖土、90％机械挖土考虑。

五、人工挖土定额综合了干湿土比例，深度取定为2m以内。机械挖基坑土方定额适用于0～6m，若深度超过6m时，含量全部按机械挖土计算，且每增加1m相应的机械挖土分项工程递增18％计算。

六、填土土方指可利用方，不包括耕植土、流砂、淤泥等。

七、二灰填筑的设计比例与定额不同时，其材料可以换算。

八、道路、桥涵、护岸及挡墙挖土，均已包括土方场内运输。

九、钻孔灌注桩、静钻根植桩和地下连续墙的泥浆外运按设计成孔或成槽体积计算。

十、基坑支护工程：

1. 打钢筋混凝土板桩同第四章桥涵工程第一节桩基工程的打钢筋混凝土方桩计算。

2. 型钢水泥土搅拌墙：

（1）型钢水泥土搅拌墙，如设计水泥掺量与定额掺量不同时可作换算，人工、机械不作调整。

（2）型钢水泥土搅拌墙中的重复套钻部分已在定额内考虑，不另行计算。

3. 大型支撑安拆定额，按第一道支撑编制，从地面以下第二道起，每增加一道钢管支撑，其定额人工、机械累计乘以1.1系数。

4. 格构柱安拆定额中已考虑材料回收因素。

工程量计算规则

一、桥涵基坑及沟槽挖土的底宽，按结构物基础外边线每侧增加工作面宽度 50cm 计算。

二、挖土方按天然密实体积计算；挖淤泥、流砂工程量按实挖体积计算；填方按压实后的体积以立方米计算。

三、土方场外运输按立方米计算，容重按天然密实方容重 $1.8t/m^3$ 计算。旧料场外运输，套用土方场外运输定额，工程量乘以 1.22 系数（旧料容重 $2.2t/m^3$）。

四、填方有密实度要求时，应按土方体积变化系数来计算回填土方数量（表 1-1）。

表 1-1 土方的体积变化系数

土方类别 土方密实度	填方	天然密实方	松方
90%	1	1.135	1.498
93%	1	1.165	1.538
95%	1	1.185	1.564
98%	1	1.220	1.610

五、基坑支护工程

1. 型钢水泥土搅拌墙：

（1）型钢水泥土搅拌墙按设计图示断面面积乘以设计桩长（压梁底至桩底）以体积计算。

（2）如开槽施工，桩长从槽底算至桩底。

（3）插拔型钢根据设计图示尺寸按质量以吨计算。

2. 大型支撑安拆定额，根据设计图示尺寸按质量以吨计算，不扣除孔眼质量；焊条、铆钉、螺栓等也不另增加质量。

3. 大型支撑使用量及使用天数按设计提供资料计算。

4. 格构柱根据设计图示尺寸按质量以吨计算。

第一节 挖方工程

工作内容： 1. 100m以内挖土、运土及填土，整平，清理等。
     2. 机械挖淤泥、流砂，装车，清理等。
     3. 挖土，装土，修整底边，50m以内装运土等。

定额编号			E-1-1-1	E-1-1-2	E-1-1-3
项 目			平整场地	机械挖淤泥、流砂	耕地填前处理 挖腐殖土
			m²	m³	m³
预算定额编号	预算定额名称	预算定额单位	数 量		
04-1-1-1	耕地填前处理 挖腐殖土	m³			1.0000
04-1-1-42	机械挖淤泥、流砂	m³		1.0000	
04-1-2-21	土方场内运输 装载机装运土 运距50m以内	m³			1.0000
04-1-2-25	平整场地	m²	1.0000		

工作内容： 1. 100m以内挖土、运土及填土，整平，清理等。
     2. 机械挖淤泥、流砂，装车，清理等。
     3. 挖土，装土，修整底边，50m以内装运土等。

定额编号			E-1-1-1	E-1-1-2	E-1-1-3
项 目			平整场地	机械挖淤泥、流砂	耕地填前处理 挖腐殖土
	名称	单位	m²	m³	m³
人工	00070111 综合人工(土建)	工日	0.0250	0.0512	0.1521
材料	99010040 履带式单斗液压挖掘机 0.6m³	台班		0.0120	
	99070220 轮胎式装载机 1m³	台班			0.0044

工作内容：1. 人工及机械挖土、1km以内装运土等。
2,3,4. 人工及机械挖土、1km以内装运土、湿土排水等。

定额编号			E-1-1-4	E-1-1-5	E-1-1-6	E-1-1-7
项目			道路路基挖土	桥涵基坑挖土（$S≤150m^2$，深6m以内）	桥涵基坑挖土（$S>150m^2$，深6m以内）	护岸及挡墙挖土（深3m以内）
			m^3	m^3	m^3	m^3
预算定额编号	预算定额名称	预算定额单位	数 量			
04-1-1-11	有支护机械挖基坑土方 $S>150m^2$,6m以内	m^3			0.9000	
04-1-1-25	人工挖沟槽土方 深2m以内 三类土	m^3				0.1000
04-1-1-29	有支护机械挖沟槽土方（深3m以内）抛土	m^3				0.4500
04-1-1-3	人工挖土方 三类土	m^3	0.1000			
04-1-1-30	有支护机械挖沟槽土方（深3m以内）装车	m^3				0.4500
04-1-1-36	挖基坑土方 人工挖土 $S≤150m^2$深2m以内 三类土	m^3		0.1000	0.1000	
04-1-1-41	挖基坑土方 有支护机械挖土 $S≤150m^2$,6m以内	m^3		0.9000		
04-1-1-5	机械挖土方	m^3	0.9000			
04-1-2-23	土方场内运输 自卸汽车 运距1km以内 装运土	m^3	0.5000	0.5000	0.5000	0.5000
04-7-8-1	湿土排水	m^3		0.8333	0.8333	0.6667

工作内容：1. 人工及机械挖土、1km以内装运土等。
2,3,4. 人工及机械挖土、1km以内装运土、湿土排水等。

定额编号				E-1-1-4	E-1-1-5	E-1-1-6	E-1-1-7
项目				道路路基挖土	桥涵基坑挖土（$S≤150m^2$，深6m以内）	桥涵基坑挖土（$S>150m^2$，深6m以内）	护岸及挡墙挖土（深3m以内）
	名 称		单位	m^3	m^3	m^3	m^3
人工	00070111	综合人工（土建）	工日	0.0543	0.1450	0.1614	0.1363
机械	99010060	履带式单斗液压挖掘机 $1m^3$	台班	0.0032			0.0038
	99010080	履带式单斗液压挖掘机 $1.25m^3$	台班		0.0072	0.0018	
	99070220	轮胎式装载机 $1m^3$	台班	0.0024	0.0024	0.0024	0.0024
	99070680	自卸汽车 12t	台班	0.0036	0.0036	0.0036	0.0036
	99440010	电动单级离心清水泵 $\phi50$	台班		0.1000	0.1000	0.0800

第一章 土方及基坑支护工程

工作内容： 机械挖土、装车、挖排水沟、排水、人工整修底面。

定额编号			E-1-1-8	E-1-1-9	E-1-1-10
项　　目			隧道基坑挖土		
			敞开段	暗埋段	工作井
			m³	m³	m³
预算定额编号	预算定额名称	预算定额单位	数　　量		
04-1-1-18	大型支撑基坑挖土宽15m以外深7m以内	m³	0.9000		
04-1-1-20	大型支撑基坑挖土宽15m以外深15m以内	m³		1.0000	
04-1-1-21	大型支撑基坑挖土宽15m以外深19m以内	m³			0.5000
04-1-1-22	大型支撑基坑挖土宽15m以外深23m以内	m³			0.5000
04-1-1-39	挖基坑土方 无支护机械挖土 S≤150m²,6m以内	m³	0.1000		

工作内容： 机械挖土、装车、挖排水沟、排水、人工整修底面。

定额编号				E-1-1-8	E-1-1-9	E-1-1-10
项　　目				隧道基坑挖土		
				敞开段	暗埋段	工作井
	名　　称		单位	m³	m³	m³
人工	00070111	综合人工(土建)	工日	0.0611	0.1181	0.1089
机械	99010015	履带式单斗液压挖掘机 0.25m³	台班			0.0147
	99010040	履带式单斗液压挖掘机 0.6m³	台班	0.0058	0.0042	
	99010080	履带式单斗液压挖掘机 1.25m³	台班	0.0005		
	99010090	履带式单斗液压挖掘机加长臂 1.4m³	台班			0.0092
	99090110	履带式起重机 25t	台班	0.0075	0.0151	
	99090150	履带式起重机 60t	台班			0.0092
	99440210	污水泵 φ100	台班	0.0108	0.0190	0.0019

工作内容: 1. 机具定位、安放跑板导轨、制浆、输送、循环分离泥浆、钻孔、挖土成槽、护壁整修测量、场内运输、堆土。
2. 铣槽机定位、铣槽机成槽、护壁整修、超声波测壁仪成孔测试、集土坑翻土。

定 额 编 号			E-1-1-11	E-1-1-12
项 目			地下连续墙挖土成槽（45m以内）	地下连续墙挖土成槽（60m以内）
			m^3	m^3
预算定额编号	预算定额名称	预算定额单位	数 量	
04-1-1-31	履带式液压抓斗挖土成槽（25m以内）	m^3	0.2500	
04-1-1-32	履带式液压抓斗挖土成槽（35m以内）	m^3	0.5000	
04-1-1-33	履带式液压抓斗挖土成槽（45m以内）	m^3	0.2500	
04-1-1-34	铣槽机挖土成槽（60m以内）	m^3		1.0000

工作内容: 1. 机具定位、安放跑板导轨、制浆、输送、循环分离泥浆、钻孔、挖土成槽、护壁整修测量、场内运输、堆土。
2. 铣槽机定位、铣槽机成槽、护壁整修、超声波测壁仪成孔测试、集土坑翻土。

定 额 编 号			E-1-1-11	E-1-1-12
项 目			地下连续墙挖土成槽（45m以内）	地下连续墙挖土成槽（60m以内）
名 称		单位	m^3	m^3
人工	00070111 综合人工(土建)	工日	0.5193	0.2692
材料	03213411 铣槽机铣齿钨钢	只		0.2455
	80112011 护壁泥浆	m^3	0.7538	
	80112051 复合纳基膨润土泥浆	m^3		0.7538
	X0045 其他材料费	%	2.1300	4.0000
机械	98330100 超声波测壁机	台班	0.0210	0.0017
	99010060 履带式单斗液压挖掘机 1m^3	台班	0.0012	0.0004
	99070690 自卸汽车 15t	台班	0.0255	
	99350560 履带式液压抓斗成槽机 KH180 2-50t MHL-5070Y	台班	0.0255	
	99350570 铣槽机 BC40	台班		0.0291
	99350590 泥浆制作循环设备	台班	0.0255	
	99350595 铣槽机设备泥浆系统	台班		0.0291

第二节 填 方 工 程

工作内容： 1，2. 分层填筑、压实、清理等。
　　　　　　3. 铺设土工格栅、分层填筑、压实、清理等。

定　额　编　号			E-1-2-1	E-1-2-2	E-1-2-3
项　　目			道路路基填土	填筑粉煤灰路堤	填筑二灰路堤 石灰：粉煤灰 5∶95
			m³	m³	m³
预算定额编号	预算定额名称	预算定额单位	数　　量		
04-1-2-11	二灰填筑 石灰：粉煤灰 5∶95	m³			1.0000
04-1-2-4	填车行道土方 密实度95％	m³	1.0000		
04-1-2-9	填车行道粉煤灰路堤 密实度95％	m³		1.0000	
04-2-1-36	土工合成材料 铺设土工布 路基	m²			0.4000

工作内容： 1，2. 分层填筑、压实、清理等。
　　　　　　3. 铺设土工格栅、分层填筑、压实、清理等。

定　额　编　号				E-1-2-1	E-1-2-2	E-1-2-3
项　　目				道路路基填土	填筑粉煤灰路堤	填筑二灰路堤 石灰：粉煤灰 5∶95
名　　称			单位	m³	m³	m³
人工	00070111	综合人工（土建）	工日	0.0048	0.1451	0.5508
材料	04091302	粉煤灰	t		1.4140	1.3588
	04093801	磨细石灰粉	t			0.0729
	13310351	粘层油	kg			0.3296
	34110101	水	m³		0.2672	
	36030252	涤纶针刺土工布 200g/m²	m²			0.4312
机械	99070220	轮胎式装载机 1m³	台班			0.0033
	99070390	轮胎式拖拉机 41kW	台班			0.0040
	99130280	钢轮振动压路机 10t	台班	0.0052	0.0024	0.0014
	99310020	洒水车 4000L	台班		0.0025	0.0025

工作内容：回填、夯实、清理等。

定 额 编 号			E-1-2-4	E-1-2-5
项 目			沟槽及基坑	
			回填土	回填黄砂
			m³	m³
预算定额编号	预算定额名称	预算定额单位	数 量	
04-1-2-14	沟槽及基坑填筑 回填土	m³	1.0000	
04-1-2-15	沟槽及基坑填筑 回填黄砂	m³		1.0000

工作内容：回填、夯实、清理等。

定 额 编 号				E-1-2-4	E-1-2-5
项 目				沟槽及基坑	
				回填土	回填黄砂
	名 称		单位	m³	m³
人工	00070111	综合人工(土建)	工日	0.3085	0.2777
材料	04030115	黄砂 中粗	t		1.7680
	34110101	水	m³		0.0840
机械	99050940	混凝土振捣器 平板式	台班		0.0714
	99130350	内燃夯实机 700N·m	台班	0.0198	

第三节 余方弃置

工作内容：土方或泥浆场外运输。

定额编号			E-1-3-1	E-1-3-2
项目			土方场外运输	泥浆场外运输
			m³	m³
预算定额编号	预算定额名称	预算定额单位	数 量	
04-1-3-1	土方场外运输	m³	1.0000	
04-1-3-2	泥浆场外运输	m³		1.0000

工作内容：土方或泥浆场外运输。

定额编号			E-1-3-1	E-1-3-2
项目			土方场外运输	泥浆场外运输
	名 称	单位	m³	m³
机械	99510010 土方外运	m³	1.0000	
	99510040 泥浆外运	m³		1.0000

第四节 基坑支护工程

工作内容：搭拆打桩工作平台、竖拆桩架、场内运输以及打桩、送桩、凿桩等。

定额编号			E-1-4-1	E-1-4-2	E-1-4-3	E-1-4-4
项 目			打钢筋混凝土板桩			
			$L\leqslant 8m$		$L\leqslant 12m$	
			陆上	支架上	陆上	支架上
			m³	m³	m³	m³
预算定额编号	预算定额名称	预算定额单位	数 量			
04-3-1-1	搭、拆陆上桩基础工作平台 锤重≤2.5t	m²	4.3063		3.4450	
04-3-1-17	组装、拆卸柴油打桩机 轨道式 锤重≤2.5t	架·次		0.0063		0.0050
04-3-1-19	组装、拆卸柴油打桩机 履带式 锤重≤2.5t	架·次	0.0063		0.0050	
04-3-1-7	搭、拆水上桩基础工作平台 锤重≤2.5t	m²		4.3063		3.4450
04-3-1-70	送方桩 $L\leqslant 12m$ 陆上	m³	0.1400		0.1400	
04-3-1-71	送方桩 $L\leqslant 12m$ 支架上	m³		0.0700		0.0700
04-3-2-1	打钢筋混凝土板桩 $L\leqslant 8m$ 陆上	m³	1.0000			
04-3-2-2	打钢筋混凝土板桩 $L\leqslant 8m$ 支架上	m³		1.0000		
04-3-2-3	打钢筋混凝土板桩 $L\leqslant 12m$ 陆上	m³			1.0000	
04-3-2-4	打钢筋混凝土板桩 $L\leqslant 12m$ 支架上	m³				1.0000
04-3-5-39	预制构件场内运输	m³	1.0000	1.0000	1.0000	1.0000
04-6-2-5【系】	拆除钢筋混凝土结构	m³	0.0313	0.0313	0.0250	0.0250

工作内容： 搭折打桩工作平台、竖折桩架、场内运输以及打桩、送桩、凿桩等。

定额编号				E-1-4-1	E-1-4-2	E-1-4-3	E-1-4-4
项目				打钢筋混凝土板桩			
				L≤8m		L≤12m	
				陆上	支架上	陆上	支架上
	名称		单位	m³	m³	m³	m³
人工	00070111	综合人工(土建)	工日	1.3533	7.4598	1.1076	5.9833
材料	01050102	钢丝绳	kg	0.0003	0.0002	0.0003	0.0002
	01150103	热轧型钢 综合	kg		3.8369		3.0695
	02190201	尼龙绳	kg	0.0002	0.0001	0.0002	0.0001
	02330401	草垫	只	0.2800	0.1400	0.2800	0.1400
	03014101	六角螺栓连母垫	kg		1.0826		0.8661
	03150101	圆钉	kg		0.0004		0.0003
	03152501	镀锌铁丝	kg		0.0108		0.0086
	03154813	铁件	kg	0.0100	1.7734	0.0100	1.4207
	03211101	风镐凿子	根	0.0088	0.0088	0.0070	0.0070
	03211121	破碎锤钎杆 φ140	根	0.0001	0.0001	0.0001	0.0001
	04050215	碎石 5~25	t	0.6679		0.5343	
	04290612	钢筋混凝土板桩(综合)	m³	1.0100	1.0100	1.0100	1.0100
	05030101	成材	m³	0.0009	0.0009	0.0009	0.0009
	05030103	圆木	m³		0.1072		0.0858
	05031801	枕木	m³		0.0482		0.0386
	14390101	氧气	m³	0.0115	0.0115	0.0092	0.0092
	14390301	乙炔气	m³	0.0045	0.0045	0.0036	0.0036
	35091911	送桩器摊销	kg	0.1081	0.0541	0.1081	0.0541
	35092321	打桩专用圆木墩	只	0.0011	0.0006	0.0011	0.0006
	X0045	其他材料费	%	0.3900	0.3600	0.4000	0.3700

(续表)

定额编号			E-1-4-1	E-1-4-2	E-1-4-3	E-1-4-4
项目			打钢筋混凝土板桩			
			$L\leqslant 8m$		$L\leqslant 12m$	
			陆上	支架上	陆上	支架上
名 称		单位	m³	m³	m³	m³
机械	99010060 履带式单斗液压挖掘机 1m³	台班	0.0023	0.0023	0.0019	0.0019
	99010610 液压镐头	台班	0.0017	0.0017	0.0014	0.0014
	99030030 履带式柴油打桩机 2.5t	台班	0.0770		0.0610	
	99030080 轨道式柴油打桩机 0.6t	台班		0.1705		0.1364
	99030120 轨道式柴油打桩机 2.5t	台班		0.0944		0.0739
	99070790 平板拖车组 60t	台班	0.0079	0.0079	0.0079	0.0079
	99090080 履带式起重机 10t	台班		0.2123		0.1698
	99090090 履带式起重机 15t	台班	0.0738	0.0913	0.0585	0.0714
	99090390 汽车式起重机 12t	台班	0.0315		0.0250	
	99090400 汽车式起重机 16t	台班		0.0315		0.0250
	99090450 汽车式起重机 40t	台班	0.0062	0.0062	0.0062	0.0062
	99091440 电动卷扬机 双筒快速 50kN	台班		0.2588		0.2070
	99130110 内燃光轮压路机 轻型	台班	0.0013		0.0010	
	99130350 内燃夯实机 700N·m	台班	0.0233		0.0186	
	99330010 风镐	台班	0.0098	0.0098	0.0078	0.0078
	99410530 铁驳船 80t	t·d		79.5804		63.6636
	99430230 电动空气压缩机 6m³/min	台班	0.0049	0.0049	0.0039	0.0039

工作内容： 搭拆打桩工作平台、竖拆桩架、场内运输以及打桩、送桩、凿桩等。

定额编号			E-1-4-5	E-1-4-6
项　　目			打钢筋混凝土板桩	
			$L \leq 16$m	
			陆上	支架上
			m³	m³
预算定额编号	预算定额名称	预算定额单位	数　　量	
04-3-1-1	搭、拆陆上桩基础工作平台 锤重≤2.5t	m²	2.6500	
04-3-1-17	组装、拆卸柴油打桩机 轨道式 锤重≤2.5t	架·次		0.0039
04-3-1-19	组装、拆卸柴油打桩机 履带式 锤重≤2.5t	架·次	0.0039	
04-3-1-7	搭、拆水上桩基础工作平台 锤重≤2.5t	m²		2.6500
04-3-1-72	送方桩 $L \leq 28$m 陆上	m³	0.1080	
04-3-1-73	送方桩 $L \leq 28$m 支架上	m³		0.0540
04-3-2-5	打钢筋混凝土板桩 $L \leq 16$m 陆上	m³	1.0000	
04-3-2-6	打钢筋混凝土板桩 $L \leq 16$m 支架上	m³		1.0000
04-3-5-39	预制构件场内运输	m³	1.0000	1.0000
04-6-2-5	拆除钢筋混凝土结构	m³	0.0200	
04-6-2-5【系】	拆除钢筋混凝土结构	m³		0.0200

工作内容： 搭拆打桩工作平台、竖拆桩架、场内运输以及打桩、送桩、凿桩等。

定额编号				E-1-4-5	E-1-4-6
项　　目				打钢筋混凝土板桩	
				$L \leqslant 16m$	
				陆上	支架上
		名　　称	单位	m^3	m^3
人工	00070111	综合人工(土建)	工日	1.6404	4.6673
材料	01050102	钢丝绳	kg	0.0002	0.0001
	01150103	热轧型钢 综合	kg		2.3611
	02190201	尼龙绳	kg	0.0002	0.0001
	02330401	草垫	只	0.2160	0.1080
	03014101	六角螺栓连母垫	kg		0.6662
	03150101	圆钉	kg		0.0003
	03152501	镀锌铁丝	kg		0.0066
	03154813	铁件	kg	0.0100	1.0952
	03211101	风镐凿子	根	0.0056	0.0056
	03211121	破碎锤钎杆 $\phi140$	根	0.0050	0.0001
	04050215	碎石 5~25	t	0.4110	
	04290612	钢筋混凝土板桩(综合)	m^3	0.4015	1.0100
	05030101	成材	m^3	0.0009	0.0009
	05030103	圆木	m^3		0.0660
	05031801	枕木	m^3		0.0297
	14390101	氧气	m^3	0.0073	0.0073
	14390301	乙炔气	m^3	0.0029	0.0029
	35091911	送桩器摊销	kg	0.0834	0.0417
	35092321	打桩专用圆木墩	只	0.0009	0.0004
	X0045	其他材料费	%	0.3400	0.4100
机械	99010060	履带式单斗液压挖掘机 $1m^3$	台班	0.0012	0.0015
	99010610	液压镐头	台班	0.0009	0.0011
	99030030	履带式柴油打桩机 2.5t	台班	0.0428	
	99030050	履带式柴油打桩机 5t	台班	0.0065	
	99030080	轨道式柴油打桩机 0.6t	台班		0.1049
	99030120	轨道式柴油打桩机 2.5t	台班		0.0551
	99030140	轨道式柴油打桩机 4t	台班		0.0047
	99070790	平板拖车组 60t	台班	0.0079	0.0079
	99090080	履带式起重机 10t	台班		0.1306
	99090090	履带式起重机 15t	台班	0.0474	0.0579
	99090390	汽车式起重机 12t	台班	0.0195	
	99090400	汽车式起重机 16t	台班		0.0195
	99090450	汽车式起重机 40t	台班	0.0062	0.0062
	99091440	电动卷扬机 双筒快速 50kN	台班		0.1593
	99130110	内燃光轮压路机 轻型	台班	0.0008	
	99130350	内燃夯实机 700N·m	台班	0.0143	
	99330010	风镐	台班	0.0025	0.0063
	99410530	铁驳船 80t	t·d		48.9720
	99430230	电动空气压缩机 $6m^3/min$	台班	0.0001	0.0031

工作内容：铺筑碎石垫层、浇筑导墙、安拆模板、绑扎钢筋、拆除导墙、钻机成孔、灌注混凝土、吊放钢筋笼等。

定 额 编 号			E-1-4-7
项 目			咬合灌注桩
			m³
预算定额编号	预算定额名称	预算定额单位	
04-3-3-1	垫层 碎石	m³	0.0205
04-4-3-1	导墙混凝土	m³	0.1026
04-7-3-4	桥涵工程模板 基础 模板	m²	0.0513
04-5-1-3	现场绑扎钢筋 桥梁 基础钢筋	t	0.0041
04-3-2-7	咬合灌注桩 钻机成孔	m³	1.0250
04-3-2-8	咬合灌注桩 灌注混凝土	m³	1.0000
04-5-1-20	钻孔灌注桩 钢筋笼	t	0.0475
04-6-2-5	拆除钢筋混凝土结构	m³	0.1026

工作内容：铺筑碎石垫层、浇筑导墙、安拆模板、绑扎钢筋、拆除导墙、钻机成孔、灌注混凝土、吊放钢筋笼等。

定 额 编 号				E-1-4-7
项 目				咬合灌注桩
				m³
		名 称	单位	
人工	00070111	综合人工（土建）	工日	2.6751
材料	36030252	涤纶针刺土工布 200g/m²	m²	0.3651
	01010311	热轧带肋钢筋（HRB400）ϕ10～32	t	0.0435
	01010411	热轧光圆钢筋（HPB300）ϕ≤10	t	0.0094
	03130101	电焊条	kg	0.6551
	03150101	圆钉	kg	0.0025
	03152501	镀锌铁丝	kg	0.1029
	03154813	铁件	kg	1.0762
	03211101	风镐凿子	根	0.0287
	03211121	破碎锤钎杆 ϕ140	根	0.0004
	04050215	碎石 5～25	t	0.0073

(续表)

定额编号				E-1-4-7
项 目				咬合灌注桩
名 称			单位	m³
材料	04050313	道碴 50～70	t	0.0303
	05031801	枕木	m³	0.0041
	14390101	氧气	m³	0.0376
	14390301	乙炔气	m³	0.0147
	34110101	水	m³	0.0060
	35010101	钢模板	kg	0.0327
	35010703	木模板成材	m³	0.0002
	35020106	钢模支撑	kg	0.0129
	35020401	钢模零配件	kg	0.0618
	80210514	预拌混凝土（非泵送型）C20 粒径5～20	m³	0.1036
	80211213	预拌水下混凝土（非泵送型）C30 粒径5～40	m³	1.0800
	X0045	其他材料费	％	0.4300
机械	99070540	载重汽车 6t	台班	0.0002
	99090080	履带式起重机 10t	台班	0.0001
	99010060	履带式单斗液压挖掘机 1m³	台班	0.0049
	99010610	液压镐头	台班	0.0036
	99030420	钻孔咬合桩机	台班	0.1097
	99050930	混凝土振捣器 插入式	台班	0.0047
	99090360	汽车式起重机 8t	台班	0.0172
	99170030	钢筋切断机 φ40	台班	0.0234
	99170050	钢筋弯曲机 φ40	台班	0.0024
	99250020	交流弧焊机 32kV·A	台班	0.1353
	99330010	风镐	台班	0.0206
	99430230	电动空气压缩机 6m³/min	台班	0.0103
	99440130	电动多级离心清水泵 φ100×120m 以下	台班	0.1097

(续表)

工作内容：1，2.桩机就位、成孔、喷浆下沉、提升等全部操作过程。
　　　　　　3.调制水泥浆、输送压浆等全部操作过程。

定额编号			E-1-4-8	E-1-4-9	E-1-4-10
项目			水泥土搅拌墙（三轴）水泥掺量20%	水泥土搅拌墙（五轴）水泥掺量20%	水泥掺量±1%
			m³	m³	m³
预算定额编号	预算定额名称	预算定额单位	数　　量		
04-3-2-10	水泥土搅拌墙（五轴）水泥掺量20%	m³		1.0000	
04-3-2-11	水泥掺量 ±1%	m³			1.0000
04-3-2-9	水泥土搅拌墙（三轴）水泥掺量20%	m³	1.0000		

工作内容：1，2.桩机就位、成孔、喷浆下沉、提升等全部操作过程。
　　　　　　3.调制水泥浆、输送压浆等全部操作过程。

定额编号				E-1-4-8	E-1-4-9	E-1-4-10
项目				水泥土搅拌墙（三轴）水泥掺量20%	水泥土搅拌墙（五轴）水泥掺量20%	水泥掺量±1%
	名　　称		单位	m³	m³	m³
人工	00070111	综合人工（土建）	工日	0.1560	0.2150	
材料	01290302	热轧钢板（中厚板）	kg	0.0571	0.0571	
	04010112	水泥 42.5级	t	0.3672	0.3672	0.0183
	34110101	水	m³	0.6300	0.2568	0.0830
机械	99030545	三轴搅拌桩机	台班	0.0104		
	99030570	五轴搅拌桩机	台班		0.0101	
	99050800	全自动灰浆搅拌系统 1500L	台班	0.0104	0.0101	
	99430230	电动空气压缩机 6m³/min	台班	0.0104		

工作内容：1. 安拆机具、刷剂、插拔型钢等全部操作过程。
2. H 型钢使用等。

定 额 编 号			E-1-4-11	E-1-4-12
项 目			搅拌墙 插拔型钢	H型钢使用费
			t	t·d
预算定额 编 号	预算定额 名 称	预算定额 单位	数 量	
04-3-2-12	搅拌墙 插拔型钢	t	1.0000	
04-3-2-13	H 型钢使用费	t·d		1.0000

工作内容：1. 安拆机具、刷剂、插拔型钢等全部操作过程。
2. H 型钢使用等。

定 额 编 号				E-1-4-11	E-1-4-12
项 目				搅拌墙 插拔型钢	H型钢使用费
	名 称		单位	t	t·d
人工	00070111	综合人工(土建)	工日	1.2528	
材料	01150101	热轧型钢 综合	t	0.0500	
	03130101	电焊条	kg	5.1646	
	14351001	减摩剂	kg	15.0000	
	14390101	氧气	m³	2.5823	
	14390301	乙炔气	m³	1.9367	
	35090311	H 型钢使用费	t·d		1.0000
机械	99050670	液压泵车	台班	0.1838	
	99090110	履带式起重机 25t	台班	0.2088	
	99091330	立式油压千斤顶 200t	台班	0.3676	
	99250020	交流弧焊机 32kV·A	台班	0.0750	

工作内容: 安拆模板、绑扎钢筋、浇筑支撑、拆除支撑、泵车输送等。

定 额 编 号			E-1-4-13
项 目			基坑现浇混凝土支撑
			m³
预算定额编号	预算定额名称	预算定额单位	数 量
04-3-2-14	基坑混凝土支撑	m³	1.0000
04-5-1-3	现场绑扎钢筋 桥梁 基础钢筋	t	0.1500
04-6-2-5	拆除钢筋混凝土结构	m³	1.0000
04-7-3-5	桥涵工程模板 承台 有底模模板	m²	10.0000
04-7-4-1	商品混凝土输送 泵车	m³	1.0100

工作内容: 安拆模板、绑扎钢筋、浇筑支撑、拆除支撑、泵车输送等。

	定 额 编 号			E-1-4-13
	项 目			基坑现浇混凝土支撑
	名 称		单位	m³
人工	00070111	综合人工(土建)	工日	5.1015
材料	01010311	热轧带肋钢筋(HRB400) φ10~32	t	0.1062
	01010411	热轧光圆钢筋(HPB300) φ≤10	t	0.0475
	03130101	电焊条	kg	0.5235
	03150101	圆钉	kg	1.9790
	03152501	镀锌铁丝	kg	0.6382
	03211101	风镐凿子	根	0.2800
	03211121	破碎锤钎杆 φ140	根	0.0035
	14390101	氧气	m³	0.3661
	14390301	乙炔气	m³	0.1431
	33330507	铁件	kg	1.6310
	34110101	水	m³	0.1831
	35010703	木模板成材	m³	0.2080
	36030252	涤纶针刺土工布 200g/m²	m²	0.7333
	80210424	预拌混凝土(泵送型) C30 粒径5~40	m³	1.0100
	X0045	其他材料费	%	0.0300
机械	99010060	履带式单斗液压挖掘机 1m³	台班	0.0597
	99010610	液压镐头	台班	0.0442
	99050540	混凝土输送泵车 75m³/h	台班	0.0169
	99050930	混凝土振捣器 插入式	台班	0.0615
	99090080	履带式起重机 10t	台班	0.1630
	99170030	钢筋切断机 φ40	台班	0.0863
	99170050	钢筋弯曲机 φ40	台班	0.0863
	99210010	木工圆锯机 φ500	台班	0.0970
	99250020	交流弧焊机 32kV·A	台班	0.1173
	99330010	风镐	台班	0.2508
	99430230	电动空气压缩机 6m³/min	台班	0.1254

工作内容：大型支撑安装、拆除等。

定额编号			E-1-4-14	E-1-4-15
项目			大型支撑安拆	
			基坑宽15m以内	基坑宽15m以外
			t	t
预算定额编号	预算定额名称	预算定额单位	数 量	
04-3-2-15	大型支撑安装、拆除 基坑宽度15m以内安装	t	1.0000	
04-3-2-16	大型支撑安装、拆除 基坑宽度15m以内拆除	t	1.0000	
04-3-2-17	大型支撑安装、拆除 基坑宽度15m以外安装	t		1.0000
04-3-2-18	大型支撑安装、拆除 基坑宽度15m以外拆除	t		1.0000
04-4-6-15	钢围檩 制作	t	0.0053	0.0032
04-4-6-25	钢支撑固定头	t	0.0250	0.0250

工作内容：大型支撑安装、拆除等。

	定额编号			E-1-4-14	E-1-4-15
	项目			大型支撑安拆	
				基坑宽15m以内	基坑宽15m以外
	名 称		单位	t	t
人工	00070111	综合人工（土建）	工日	3.8343	3.4385
材料	01150101	热轧型钢 综合	t	0.0052	0.0037
	01290301	热轧钢板（中厚板）	t	0.0347	0.0309
	03014101	六角螺栓连母垫	kg	2.5500	2.1420
	03130101	电焊条	kg	2.0297	1.5791
	03154813	铁件	kg	11.6200	7.0000
	05031801	枕木	m³	0.0500	0.0400
	13056101	红丹防锈漆	kg	0.5142	0.4791
	14030101	汽油	kg	0.1664	0.1550
	14390101	氧气	m³	0.2730	0.2620
	14390301	乙炔气	m³	0.0910	0.0873
	X0045	其他材料费	％	0.5300	0.5400
机械	99070540	载重汽车 6t	台班	0.0748	0.0748
	99090090	履带式起重机 15t	台班	0.0609	0.0591
	99090110	履带式起重机 25t	台班	0.3100	
	99090130	履带式起重机 40t	台班		0.3100
	99090360	汽车式起重机 8t	台班	0.0290	0.0270
	99091320	立式油压千斤顶 100t	台班	0.2220	0.2220
	99190060	普通车床 φ630×2000	台班	0.0083	0.0083
	99190280	摇臂钻床 φ63	台班	0.0010	0.0010
	99190470	卷板机 20×2000	台班	0.0147	0.0147
	99190590	刨边机 长度9000	台班	0.0015	0.0015
	99250020	交流弧焊机 32kV·A	台班	0.2931	0.2210
	99430250	电动空气压缩机 10m³/min	台班	0.0460	0.0280

工作内容： 大型支撑使用等。

定额编号	E-1-4-16
项目	大型支撑使用费
	t·d

预算定额编号	预算定额名称	预算定额单位	数量
04-3-2-19	大型支撑安装、拆除 大型支撑使用费	t·d	1.0000

工作内容： 大型支撑使用等。

定额编号	E-1-4-16
项目	大型支撑使用费

名称			单位	t·d
材料	35090631	大型支撑使用费	t·d	1.0000

工作内容：格构柱制作、安装及拆除等。

定 额 编 号			E-1-4-17
项 目			格构柱安拆
			t
预算定额编号	预算定额名称	预算定额单位	数 量
04-3-2-22	格构柱安装	t	1.0000
04-3-2-23	格构柱拆除	t	1.0000
04-4-6-27	格构柱制作	t	0.8000

工作内容：格构柱制作、安装及拆除等。

定 额 编 号			E-1-4-17
项 目			格构柱安拆
名 称		单位	t
人工	00070111	综合人工(土建)	工日	10.3839
材料	01050102	钢丝绳	kg	0.0305
	01150101	热轧型钢 综合	t	0.8480
	03038712	小滑轮 φ56	个	0.7012
	03130101	电焊条	kg	16.5000
	03153712	卸扣 φ24	只	0.7012
	05030121	木板成材	m^3	0.0040
	13056101	红丹防锈漆	kg	6.3680
	14050121	油漆溶剂油	kg	0.3360
	14390101	氧气	m^3	4.3494
	14390301	乙炔气	m^3	1.4498
机械	99090150	履带式起重机 60t	台班	0.2798
	99091030	门式起重机 20t	台班	0.4080
	99091470	电动卷扬机 单筒慢速 50kN	台班	0.0657
	99190770	型钢剪断机 宽度 500	台班	0.0640
	99250020	交流弧焊机 32kV·A	台班	3.6616

第二章　道路工程

说　明

一、本章定额由路基处理、道路基层、道路面层、人行道及其他，共四节组成。

二、基层及面层铺筑厚度为压实厚度。

三、路基处理：

1. 水泥土搅拌桩：

（1）水泥土搅拌桩的水泥掺量按加固土重 $1800kg/m^3$ 计算；如设计与定额掺量不同时，按每增减 1‰子目计算。

（2）水泥土搅拌桩如设计采用全断面套打时，套用第一章土方及基坑支护工程第四节基坑支护工程中型钢水泥土搅拌墙定额。

（3）水泥土搅拌桩空搅部分，如设计采用低掺量回掺水泥时，其材料可按设计用量增加。

2. 地基注浆：

（1）压密注浆，钻孔子目中注浆管消耗量为摊销量，不作调整。

（2）分层注浆、压密注浆，当设计文件要求的注浆料及用量与定额不同时可作调整，人工、机械不作调整。

（3）路基压密注浆定额中已包括钻孔内容，注浆厚度为 40cm；当厚度发生变化时，其材料可以换算。

3. 强夯处理软土地基，按点夯 3 遍＋满夯 1 遍综合考虑。

4. 真空预压砂垫层厚度按 70cm 考虑（容重按 $1.36t/m^3$ 取定）；当设计材料厚度不同时，可作调整。

5. 高压水泥旋喷桩（高压喷射注浆桩）：

（1）高压水泥旋喷桩成孔子目，定额按双重管旋喷桩机编制。如为单重管或三重管旋喷桩机成孔的，则调整相应机械，但消耗量不变。

（2）高压水泥旋喷桩喷浆子目，如设计与定额掺量不同时可以换算，人工、机械不作调整。

6. 袋装砂井直径按ϕ70mm 编制，当设计砂井直径不同时，中（粗）砂的用量可作调整。

7. 分隔带排水，按分隔带宽度分为＜3m 及≥3m。

四、道路基层：

1. 垫层、底基层的压实厚度＞20cm 时，应分层摊铺、分层碾压。

2. 固结渣土、固结土、水泥稳定碎石、就地水泥再生基层的压实厚度＞25cm 时，应分层摊铺、分层碾压。

3. 厂拌石灰土中石灰含量为 10％，厂拌二灰土中石灰：粉煤灰：土为 1∶2∶2。如设计配合比与定额标明配合比不同时，有关材料可以调整换算。

五、道路面层：

1. 沥青混凝土路面机械摊铺定额已综合考虑了进口、国产摊铺机。

2. 水泥混凝土路面定额中已综合了塑料薄膜养生、平缝与企口缝。

3. 机械摊铺透水沥青混合料、橡胶沥青混合料、特种沥青混凝料时，可套用机械摊铺沥青玛蹄脂碎石沥青混凝土（SMA-13）定额，换算主材。

六、人行道及其他：

1. 植草砖、石材人行道套用彩色预制块定额，换算主材。

2. 排砌石材侧石、侧平石分别套用排砌预制侧石、侧平石定额，换算主材。

3. 现浇透水水泥混凝土面层、现浇透水彩色水泥混凝土面层及现浇洗出石透水水泥混凝土面层定额，采用现场拌制。

4. L 型混凝土挡墙分为 $H<3.5m$ 和 $H\geq3.5m$（含桩），实际高度与定额不一致时，可按实际含量进行换算。

工程量计算规则

一、路基处理

1. 树根桩按设计桩截面面积乘以设计长度以立方米计算。
2. 水泥土搅拌桩按设计桩截面面积乘以桩长计算；如开槽施工，桩长算至槽底。
（1）承重桩按设计桩截面面积乘以设计桩长加 0.4m 以立方米计算。空搅按设计桩截面面积乘以自然地坪至桩顶长度以立方米计算。
（2）围护桩用于基坑加固土体的，按设计加固面积乘以加固深度以立方米计算。空搅按设计加固面积乘以设计深度以立方米计算。
3. 分层注浆：
（1）钻孔按设计图示规定深度以米计算。
（2）注浆数量按照设计图纸注明体积以立方米计算。
4. 压密注浆：
（1）钻孔按设计图示规定深度以米计算。
（2）注浆按设计图示尺寸以立方米计算。
① 设计图纸上以布点形式图示土体加固范围的，则按两孔间距的一半作为扩散半径，以布点边线各加扩散半径，形成计算平面计算注浆体积。
② 如设计图纸上注浆点在钻孔灌注桩之间，按两注浆孔距的一半作为每孔的扩散半径，以此圆柱体体积为计算注浆体积。
5. 强夯按设计图示尺寸的夯击范围以面积计算。设计无规定时，按基础尺寸加 3m 计算。
6. 真空预压按设计图示尺寸以加固面积计算。
7. 高压水泥旋喷桩：
（1）成孔按设计图示规定深度以米计算。
（2）喷浆按设计桩截面面积乘以桩长以立方米计算。
（3）喷浆用于基坑加固土体的按设计加固面积乘以设计加固深度以立方米计算。
8. 袋装砂井、塑料排水板，按设计图示尺寸长度以米计算。
9. 分隔带排水：
（1）分隔带排水按纵向长度以米计算。
（2）定额中已按间距 40m 考虑横向排水沟。

二、道路基层

1. 道路基层及垫层以设计长度乘以横断面宽度计算。横断面宽度：
（1）当路堑施工时，按侧石内侧宽度计算。
（2）当路堤施工时，按侧石内侧宽度每侧增加 15cm 计算（设计图纸已注明加宽除外）。
2. 道路基层及垫层应不扣除各种井位所占面积。
3. 除水泥混凝土基层按体积以立方米计算外，其余道路基层均按设计面积计算。

三、道路面层

1. 道路面层铺筑按设计面积计算。不扣除平石及各种井位所占面积。
2. 沥青混凝土摊铺如设计要求不允许冷接缝，需两台摊铺机平行操作时，可按定额摊铺机台班数量增加 70% 计算。

四、人行道及其他

1. 人行道铺筑按设计面积计算，不扣除种植树穴、侧石及各种井位所占面积。
2. 侧平石按设计长度计算，不扣除侧向进水口长度。

第一节　路基处理

工作内容： 钻机就位、钻孔、吊放钢筋笼、注浆、拔管、清理等。

定 额 编 号			E-2-1-1
项　　目			树根桩
			m³
预算定额编号	预算定额名称	预算定额单位	数　量
04-2-1-26	树根桩 围护	m³	1.0000
04-5-1-20	钻孔灌注桩 钢筋笼	t	0.1700

工作内容： 钻机就位、钻孔、吊放钢筋笼、注浆、拔管、清理等。

	定 额 编 号			E-2-1-1
	项　　目			树根桩
	名　　称		单位	m³
人工	00070111	综合人工(土建)	工日	4.4325
材料	01010311	热轧带肋钢筋(HRB400) ϕ10~32	t	0.1452
	01010411	热轧光圆钢筋(HPB300) $\phi \leqslant$10	t	0.0291
	03130101	电焊条	kg	2.2933
	03152501	镀锌铁丝	kg	0.3060
	04010112	水泥 42.5 级	t	0.8000
	04050215	碎石 5~25	t	1.5500
	14351301	外加剂	kg	20.0000
	34110101	水	m³	2.3770
	35041501	注浆管	kg	1.5625
	80112011	护壁泥浆	m³	0.2200
	X0045	其他材料费	%	1.5100
机械	99030650	工程钻机(树根桩)	台班	0.1700
	99050790	挤压式灰浆搅拌机 400L	台班	0.1700
	99090360	汽车式起重机 8t	台班	0.0616
	99170030	钢筋切断机 ϕ40	台班	0.0755
	99250020	交流弧焊机 32kV·A	台班	0.4726
	99440030	电动单级离心清水泵 ϕ100	台班	0.3400
	99440560	压浆泵	台班	0.1700

工作内容：1. 测量放线、桩机移位、定位、钻进、搅拌、提升等全部操作过程。
2. 测量放线、桩机移位、定位、调制水泥浆、输送压浆、钻进、喷浆、搅拌、提升等全部操作过程。

定 额 编 号			E-2-1-2	E-2-1-3
项 目			水泥土搅拌桩	
			单轴	
			钻进空搅	水泥掺量13％
			m³	m³
预算定额编号	预算定额名称	预算定额单位	数 量	
04-2-1-12	水泥土搅拌桩 单轴 钻进空搅	m³	1.0000	
04-2-1-13	水泥土搅拌桩 单轴 一喷二搅 水泥掺量13％	m³		1.0000

工作内容：1. 测量放线、桩机移位、定位、钻进、搅拌、提升等全部操作过程。
2. 测量放线、桩机移位、定位、调制水泥浆、输送压浆、钻进、喷浆、搅拌、提升等全部操作过程。

	定 额 编 号			E-2-1-2	E-2-1-3
	项 目			水泥土搅拌桩	
				单轴	
				钻进空搅	水泥掺量13％
	名 称		单位	m³	m³
人工	00070111	综合人工(土建)	工日	0.1484	0.2971
材料	01290302	热轧钢板(中厚板)	kg	0.0571	0.0571
	04010112	水泥 42.5级	t		0.2387
	34110101	水	m³		0.1287
机械	99030530	单轴搅拌桩机	台班	0.0212	0.0424
	99050800	全自动灰浆搅拌系统 1500L	台班	0.0212	0.0424

工作内容：1. 测量放线、桩机移位、定位、钻进、搅拌、提升等全部操作过程。
2. 测量放线、桩机移位、定位、调制水泥浆、输送压浆、钻进、喷浆、搅拌、提升等全部操作过程。

定额编号			E-2-1-4	E-2-1-5
项 目			水泥土搅拌桩	
			二轴	
			钻进空搅	水泥掺量13%
			m³	m³
预算定额编号	预算定额名称	预算定额单位	数 量	
04-2-1-14	水泥土搅拌桩 二轴 钻进空搅	m³	1.0000	
04-2-1-16	水泥土搅拌桩 二轴 二喷四搅 水泥掺量13%	m³		1.0000

工作内容：1. 测量放线、桩机移位、定位、钻进、搅拌、提升等全部操作过程。
2. 测量放线、桩机移位、定位、调制水泥浆、输送压浆、钻进、喷浆、搅拌、提升等全部操作过程。

定额编号			E-2-1-4	E-2-1-5
项 目			水泥土搅拌桩	
			二轴	
			钻进空搅	水泥掺量13%
		名 称	单位	m³	m³
人工	00070111	综合人工（土建）	工日	0.1246	0.2492
材料	01290302	热轧钢板（中厚板）	kg	0.0571	0.0571
	04010112	水泥 42.5级	t		0.2387
	34110101	水	m³		0.1287
机械	99030540	双轴搅拌桩机	台班	0.0178	0.0356
	99050800	全自动灰浆搅拌系统 1500L	台班	0.0178	0.0356

工作内容： 1. 钻孔等。
2. 测量放线、桩机移位、定位、调制水泥浆、输送压浆、钻进、喷浆、搅拌、提升等全部操作过程。
3. 调制水泥浆、输送压浆等全部操作过程。

定 额 编 号			E-2-1-6	E-2-1-7	E-2-1-8
项 目			水泥土搅拌桩		
			三轴		水泥掺量±1%
			钻进空搅	水泥掺量20%	
			m³	m³	m³
预算定额编号	预算定额名称	预算定额单位	数 量		
04-2-1-17	水泥土搅拌桩 三轴 钻进空搅	m³	1.0000		
04-2-1-18	水泥土搅拌桩 三轴 一喷一搅 水泥掺量20%	m³		1.0000	
04-2-1-19	水泥土搅拌桩 水泥掺量 ±1%	m³			1.0000

工作内容： 1. 钻孔等。
2. 测量放线、桩机移位、定位、调制水泥浆、输送压浆、钻进、喷浆、搅拌、提升等全部操作过程。
3. 调制水泥浆、输送压浆等全部操作过程。

定 额 编 号			E-2-1-6	E-2-1-7	E-2-1-8
项 目			水泥土搅拌桩		
			三轴		水泥掺量±1%
			钻进空搅	水泥掺量20%	
名 称		单位	m³	m³	m³
人工	00070111	综合人工(土建)	工日	0.0540	0.1070	
材料	01290302	热轧钢板(中厚板)	kg	0.0571	0.0571	
	04010112	水泥 42.5级	t		0.3672	0.0184
	34110101	水	m³		0.4860	0.0243
机械	99030545	三轴搅拌桩机	台班		0.0089	
	99030560	三轴搅拌桩机 φ850	台班	0.0045		
	99050800	全自动灰浆搅拌系统 1500L	台班	0.0045	0.0089	
	99430230	电动空气压缩机 6m³/min	台班	0.0045	0.0089	

工作内容： 1，3.定位、钻孔、下注浆管等全部操作过程。
2，4.配制浆液、注浆、清理等。

定额编号			E-2-1-9	E-2-1-10	E-2-1-11	E-2-1-12
项目			分层注浆		压密注浆	
			钻孔	注浆	钻孔	注浆
			m	m³	m	m²
预算定额编号	预算定额名称	预算定额单位	数量			
04-2-1-28	地基注浆 分层注浆 钻孔	m	1.0000			
04-2-1-29	地基注浆 分层注浆 注浆	m³		1.0000		
04-2-1-30	地基注浆 压密注浆 钻孔	m			1.0000	
04-2-1-31	地基注浆 压密注浆 注浆	m³				1.0000

工作内容： 1，3.定位、钻孔、下注浆管等全部操作过程。
2，4.配制浆液、注浆、清理等。

定额编号			E-2-1-9	E-2-1-10	E-2-1-11	E-2-1-12
项目			分层注浆		压密注浆	
			钻孔	注浆	钻孔	注浆
		名称	单位	m	m³	m	m²
人工	00070111	综合人工（土建）	工日	0.1200	0.1684	0.1200	0.1750
材料	04010112	水泥 42.5级	t		0.1638		0.1280
	14350601	促进剂 KA	kg		10.3000		
	17030102	镀锌焊接钢管	kg			0.7956	
	17252001	塑料注浆阀管	m	1.0000			
	34110101	水	m³				0.0630
机械	99050780	挤压式灰浆搅拌机 200L	台班		0.0400		0.0350
	99191400	沉管设备	台班	0.0300	0.0150	0.0300	0.0150
	99440670	液压注浆泵 HYB50/50-1型	台班		0.0400		0.0350

工作内容：钻孔、制浆、注浆、封孔、设备移位、监测、冲洗等。

定额编号	E-2-1-13
项目	路基压密注浆
	m²

预算定额编号	预算定额名称	预算定额单位	数量
04-2-1-32	地基注浆 路基压密注浆	m²	1.0000

工作内容：钻孔、制浆、注浆、封孔、设备移位、监测、冲洗等。

	定额编号		E-2-1-13
	项目		路基压密注浆
	名称	单位	m²
人工	00070111 综合人工(土建)	工日	0.1042
材料	04010112 水泥 42.5 级	t	0.2558
	13310401 石油沥青	kg	0.3060
	14312001 硅酸钠(水玻璃)	kg	0.0086
	14350701 膨胀剂	kg	0.0288
	34110101 水	m³	0.1128
	X0045 其他材料费	%	1.0000
机械	99030620 工程钻机 GPS-10	台班	0.0174
	99050790 挤压式灰浆搅拌机 400L	台班	0.0347
	99430210 电动空气压缩机 1m³/min	台班	0.0174
	99440240 泥浆泵 φ50	台班	0.0347
	99440670 液压注浆泵 HYB50/50-1 型	台班	0.0347

工作内容：机具准备、夯击、夯锤位移、清理等。

定　额　编　号			E-2-1-14
项　　　目			强夯处理软土地基
			100m²
预算定额编号	预算定额名称	预算定额单位	数　量
全统2-1-11	满夯1200kN·m以内 1遍1击	100m²	1.0000
全统2-1-19	点夯1200kN·m以内 夯点9以内 4击以下	100m²	3.0000

工作内容：机具准备、夯击、夯锤位移、清理等。

定　额　编　号			E-2-1-14
项　　　目			强夯处理软土地基
名　　　称		单位	100m²
人工	00070111	综合人工(土建)	工日	6.3550
机械	99070040	履带式推土机 75kW	台班	0.7010
	99130380	强夯机械 1200kN·m	台班	0.9940

工作内容：安拆排水管、铺设砂垫层及薄膜、安拆真空设备、抽真空等。

定 额 编 号			E-2-1-15	E-2-1-16
项 目			真空预压	
			预压期3个月	预压期每增减0.5月
			100m²	100m²
预算定额编号	预算定额名称	预算定额单位	数 量	
全统2-1-9	真空预压 预压期3个月	1000m²	0.1000	
全统2-1-10	真空预压 预压期每增减0.5个月	1000m²		0.1000

工作内容：安拆排水管、铺设砂垫层及薄膜、安拆真空设备、抽真空等。

定 额 编 号				E-2-1-15	E-2-1-16
项 目				真空预压	
				预压期3个月	预压期每增减0.5月
名 称			单位	100m²	100m²
人工	00070111	综合人工(土建)	工日	46.4400	2.0000
材料	03154813	铁件	kg	1.9902	
	04030119	黄砂 中粗	kg	71.3113	
	17250011	塑料管 dn63	m	21.4480	
	17250012	塑料管 dn75	m	11.6617	
	36030252	涤纶针刺土工布 200g/m²	m²	206.3355	
	02090101	塑料薄膜	m²	249.3624	
	X0045	其他材料费	%	1.5000	
机械	99440030	电动单级离心清水泵 φ100	台班	31.0215	4.6532
	99440300	真空泵 204m³/h	台班	31.0215	4.6532

工作内容：1. 旋喷桩机就位、钻进等全部操作过程。
2，3，4. 旋喷桩机就位、安装孔口、接管路、喷射灌浆等全部操作过程。

定 额 编 号			E-2-1-17	E-2-1-18	E-2-1-19	E-2-1-20
项 目			高压水泥旋喷桩			
			钻孔	喷浆		
				单重管	双重管	三重管
			m	m³	m³	m³
预算定额编号	预算定额名称	预算定额单位	数 量			
04-2-1-22	高压水泥旋喷桩 钻孔	m	1.0000			
04-2-1-23	高压水泥旋喷桩 喷浆 单重管 水泥掺量25%	m³		1.0000		
04-2-1-24	高压水泥旋喷桩 喷浆 双重管 水泥掺量25%	m³			1.0000	
04-2-1-25	高压水泥旋喷桩 喷浆 三重管 水泥掺量30%	m³				1.0000

工作内容：1. 旋喷桩机就位、钻进等全部操作过程。
2，3，4. 旋喷桩机就位、安装孔口、接管路、喷射灌浆等全部操作过程。

定 额 编 号				E-2-1-17	E-2-1-18	E-2-1-19	E-2-1-20
项 目				高压水泥旋喷桩			
				钻孔	喷浆		
					单重管	双重管	三重管
	名 称		单位	m	m³	m³	m³
人工	00070111	综合人工（土建）	工日	0.0808	0.1443	0.2548	0.2930
材料	04010112	水泥 42.5级	t		0.4590	0.4590	0.5508
	17270201	普通橡胶管	m		0.0885	0.0885	0.0885
	17270301	高压橡胶管	m			0.0443	0.0885
	34110101	水	m³	0.1189	0.5013	0.5010	0.5778
	35041007	喷射管 φ60×5	m		0.0199	0.0199	0.0199
机械	99030500	单重管旋喷桩机	台班		0.0289		
	99030510	双重管旋喷桩机	台班	0.0202		0.0364	
	99030520	三重管旋喷桩机	台班				0.0419
	99050150	泥浆排放设备	台班		0.0289	0.0364	0.0419
	99050780	挤压式灰浆搅拌机 200L	台班		0.0289	0.0364	0.0419
	99430230	电动空气压缩机 6m³/min	台班			0.0364	0.0419
	99440170	电动多级离心清水泵 φ200×280m以下	台班	0.0202			0.0419
	99440670	液压注浆泵 HYB50/50-1型	台班		0.0289	0.0364	0.0419

工作内容：机械推土、加石灰翻拌、闷料、翻松铺筑、找平、碾压整理、清理场地。

定 额 编 号			E-2-1-21	E-2-1-22
项　　目			路基土掺灰	
			石灰含量6%	石灰含量±1%
			m³	m³
预算定额编号	预算定额名称	预算定额单位	数　　量	
04-2-1-1【换】	零填掺石灰 含量6%	m³	0.5000	
04-2-1-2	零填掺石灰 含量±1%	m³		0.5000
04-2-1-3【换】	机械掺石灰 含量6%	m³	0.5000	
04-2-1-4	机械掺石灰 含量±1%	m³		0.5000

工作内容：机械推土、加石灰翻拌、闷料、翻松铺筑、找平、碾压整理、清理场地。

定 额 编 号			E-2-1-21	E-2-1-22
项　　目			路基土掺灰	
			石灰含量6%	石灰含量±1%
	名　　称	单位	m³	m³
人工	00070111　综合人工（土建）	工日	0.0226	
材料	04090402　生石灰	t	0.0498	0.0083
	04093801　磨细石灰粉	t	0.0788	0.0098
机械	99070050　履带式推土机 90kW	台班	0.0067	
	99070310　履带式拖拉机 75kW	台班	0.0008	
	99070390　轮胎式拖拉机 41kW	台班	0.0044	
	99130110　内燃光轮压路机 轻型	台班	0.0024	
	99130120　内燃光轮压路机 重型	台班	0.0046	

工作内容：机械推土、加水泥翻拌、闷料、翻松铺筑、找平、碾压整理、清理场地。

定 额 编 号			E-2-1-23	E-2-1-24
项 目			路基土掺水泥	
			水泥含量3%	水泥含量±1%
			m³	m³
预算定额编号	预算定额名称	预算定额单位	数 量	
04-2-1-5	机械掺水泥 含量3%	m³	1.0000	
04-2-1-6	机械掺水泥 含量±1%	m³		1.0000

工作内容：机械推土、加水泥翻拌、闷料、翻松铺筑、找平、碾压整理、清理场地。

	定 额 编 号			E-2-1-23	E-2-1-24
	项 目			路基土掺水泥	
				水泥含量3%	水泥含量±1%
	名 称		单位	m³	m³
人工	00070111	综合人工（土建）	工日	0.0409	
材料	04010112	水泥 42.5级	t	0.0551	0.0184
机械	99070050	履带式推土机 90kW	台班	0.0045	
	99070390	轮胎式拖拉机 41kW	台班	0.0089	
	99130110	内燃光轮压路机 轻型	台班	0.0025	
	99130120	内燃光轮压路机 重型	台班	0.0015	

工作内容：移动桩架、打拔钢套管、灌砂、补砂封口、清理场地。

定 额 编 号	E-2-1-25
项 目	φ70袋装砂井
	m

预算定额编号	预算定额名称	预算定额单位	数 量
04-2-1-8	φ70袋装砂井 深度20m以内	m	1.0000

工作内容：移动桩架、打拔钢套管、灌砂、补砂封口、清理场地。

	定 额 编 号			E-2-1-25
	项 目			φ70袋装砂井
	名 称		单位	m
人工	00070111	综合人工(土建)	工日	0.0498
材料	02310811	丙纶编织袋 φ70	m	1.0710
	04030115	黄砂 中粗	t	0.0056
	X0045	其他材料费	%	2.0000
机械	99030080	轨道式柴油打桩机 0.6t	台班	0.0038

工作内容：桩机定位、沉设套管、打至设计标高、提升套管、填黄砂、剪断塑料排水板。

定额编号			E-2-1-26
项　　目			铺设排水板
			m
预算定额编号	预算定额名称	预算定额单位	数　量
04-2-1-9	塑料排水板 铺设排水板	m	1.0000

工作内容：桩机定位、沉设套管、打至设计标高、提升套管、填黄砂、剪断塑料排水板。

	定额编号		E-2-1-26
	项　　目		铺设排水板
	名　　称	单位	m
人工	00070111	综合人工（土建）	工日	0.0120
材料	02110601	聚氯乙烯排水板	m	1.0710
	X0045	其他材料费	%	2.0000
机械	99030990	震动锤 WM2-2500E	台班	0.0013
	99090090	履带式起重机 15t	台班	0.0013

工作内容：1. 放样、摊铺、找平、碾压、清理场地等。
2. 放样、摊铺、找平、洒水、碾压、清理现场。

定 额 编 号			E-2-1-27	E-2-1-28
项 目			褥垫层	
			碎石	黄砂
			m³	m³
预算定额编号	预算定额名称	预算定额单位	数 量	
04-2-1-33	褥垫层 碎石	m³	1.0000	
04-2-1-34	褥垫层 黄砂	m³		1.0000

工作内容：1. 放样、摊铺、找平、碾压、清理场地等。
2. 放样、摊铺、找平、洒水、碾压、清理现场。

定 额 编 号			E-2-1-27	E-2-1-28
项 目			褥垫层	
			碎石	黄砂
名 称		单位	m³	m³
人工	00070111	综合人工(土建)	工日	0.5990	0.3670
材料	04030115	黄砂 中粗	t		1.7479
	04050215	碎石 5~25	t	1.7736	
	34110101	水	m³		0.0910
机械	99050940	混凝土振捣器 平板式	台班		0.0128
	99130350	内燃夯实机 700N·m	台班	0.0571	

工作内容：1.整修路拱、铺设土工布、锚固或涂粘层油等。
2，3.路基整平、铺土工格栅或玻璃纤维格栅、缝合锚固等。

定额编号			E-2-1-29	E-2-1-30	E-2-1-31
项 目			铺设土工布	铺设土工格栅	铺设玻璃纤维格栅
			m²	m²	m²
预算定额编号	预算定额名称	预算定额单位	数 量		
04-2-1-35	土工合成材料 铺设土工布 软土	m²	0.5000		
04-2-1-36	土工合成材料 铺设土工布 路基	m²	0.5000		
04-2-1-37	土工合成材料 铺设土工格栅	m²		1.0000	
04-2-1-38	土工合成材料 铺设玻璃纤维格栅	m²			1.0000

工作内容：1.整修路拱、铺设土工布、锚固或涂粘层油等。
2，3.路基整平、铺土工格栅或玻璃纤维格栅、缝合锚固等。

	定额编号			E-2-1-29	E-2-1-30	E-2-1-31
	项 目			铺设土工布	铺设土工格栅	铺设玻璃纤维格栅
	名 称		单位	m²	m²	m²
人工	00070111	综合人工(土建)	工日	0.0060	0.0055	0.0057
材料	01010414	热轧光圆钢筋(HPB300) $\phi \leqslant 10$	kg	0.0071		
	03150501	骑马钉	kg		0.0334	
	03150811	水泥钢钉	kg			0.0334
	13310351	粘层油	kg	0.4120		
	36030252	涤纶针刺土工布 200g/m²	m²	1.0841		
	36030301	土工格栅	m²		1.1384	
	36030502	玻璃纤维格栅	m²			1.1384

工作内容：开槽挖土、铺设防渗土工布、盲沟填碎石、铺设透水管及土工布等。

定额编号			E-2-1-32	E-2-1-33
项 目			分隔带排水	
			$B<3m$	$B\geqslant 3m$
			m	m
预算定额编号	预算定额名称	预算定额单位	数 量	
04-2-1-36	土工合成材料 铺设土工布 路基	m^2	6.0000	16.0000
04-2-1-39	路基排水 碎石盲沟	m^3	0.5840	0.7160
04-2-1-40	路基排水 铺设ϕ80 软式透水管（纵向）	m	1.0000	1.0000
17250014【换】	AGR 管 De110	m	1.1000	1.6500

工作内容：开槽挖土、铺设防渗土工布、盲沟填碎石、铺设透水管及土工布等。

	定额编号		E-2-1-32	E-2-1-33
	项 目		分隔带排水	
			$B<3m$	$B\geqslant 3m$
			m	m
	名 称	单位	m	m
人工	00070111 综合人工（土建）	工日	0.9378	1.0648
材料	04030115 黄砂 中粗	t	0.1033	0.1266
	04050209 碎石 5～15	t	0.1875	0.1875
	04050311 道碴 30～80	t	0.7350	0.9011
	13310351 粘层油	kg	4.9440	13.1840
	17250014 AGR 管 De110	m	1.1000	1.6500
	17312731 软式透水管 ϕ80	m	1.0200	1.0200
	36030252 涤纶针刺土工布 200g/m^2	m^2	8.4580	19.2380

第二节 道路基层

工作内容：整修路基、摊铺、找平、碾压、清理场地等。

定额编号			E-2-2-1	E-2-2-2
项　目			砾石砂垫层	
			厚度15cm	±1cm
			100m²	100m²
预算定额编号	预算定额名称	预算定额单位	数　量	
04-2-2-1	路床(槽)整形 车行道路基整修 一、二类土	m²	50.0000	
04-2-2-2	路床(槽)整形 车行道路基整修 三、四类土	m²	50.0000	
04-2-2-3	砾石砂垫层 厚15cm	100m²	1.0000	
04-2-2-4	砾石砂垫层 ±1cm	100m²		1.0000

工作内容：整修路基、摊铺、找平、碾压、清理场地等。

定额编号			E-2-2-1	E-2-2-2
项　目			砾石砂垫层	
			厚度15cm	±1cm
名　称		单位	100m²	100m²
人工	00070111	综合人工(土建)	工日	3.0640	0.0433
材料	04030701	砾石砂	t	33.1628	2.2109
	34110101	水	m³	2.6010	0.1734
	X0045	其他材料费	%	0.5000	
机械	99130110	内燃光轮压路机 轻型	台班	0.0676	0.0017
	99130120	内燃光轮压路机 重型	台班	0.1218	0.0046

工作内容：整修路基、摊铺、找平、碾压、清理场地等。

定额编号			E-2-2-3	E-2-2-4
项目			碎石垫层	
			厚度15cm	±1cm
			100m²	100m²
预算定额编号	预算定额名称	预算定额单位	数量	
04-2-2-1	路床(槽)整形 车行道路基整修 一、二类土	m²	50.0000	
04-2-2-2	路床(槽)整形 车行道路基整修 三、四类土	m²	50.0000	
04-2-2-5	碎石垫层 厚15cm	100m²	1.0000	
04-2-2-6	碎石垫层 ±1cm	100m²		1.0000

工作内容：整修路基、摊铺、找平、碾压、清理场地等。

定额编号			E-2-2-3	E-2-2-4
项目			碎石垫层	
			厚度15cm	±1cm
	名 称	单位	100m²	100m²
人工	00070111 综合人工(土建)	工日	4.2795	0.1573
材料	04050209 碎石 5～15	t	3.5777	0.2385
	04050215 碎石 5～25	t	6.2100	0.4140
	04050313 道碴 50～70	t	21.7500	1.4500
	34110101 水	m³	2.5230	0.1700
	X0045 其他材料费	%	0.5000	
机械	99130110 内燃光轮压路机 轻型	台班	0.0676	0.0017
	99130120 内燃光轮压路机 重型	台班	0.2309	0.0086

工作内容： 放样、摊铺土、路拌固结剂、找平、碾压、洒水、薄膜养护、清理场地等。

定 额 编 号			E-2-2-5	E-2-2-6
项 目			固结土基层	
			厚度20cm	±1cm
			HEC掺量6‰	
			100m²	100m²
预算定额编号	预算定额名称	预算定额单位	数 量	
04-2-2-9	固结土基层 厚20cm HEC掺量6‰	100m²	1.0000	
04-2-2-10	固结土基层 ±1cm	100m²		1.0000

工作内容： 放样、摊铺土、路拌固结剂、找平、碾压、洒水、薄膜养护、清理场地等。

	定 额 编 号		E-2-2-5	E-2-2-6
	项 目		固结土基层	
			厚度20cm	±1cm
			HEC掺量6‰	
	名 称	单位	100m²	100m²
人工	00070111 综合人工（土建）	工日	1.6389	0.0819
材料	05030121 木板成材	m³	0.0080	
	14356912 固结剂 HEC	kg	2193.9623	109.6981
	34110101 水	m³	6.7900	
	36030252 涤纶针刺土工布 200g/m²	m²	35.0000	
机械	99010060 履带式单斗液压挖掘机 1m³	台班	0.0625	0.0031
	99050040 稳定土拌合机 230kW	台班	0.0625	0.0031
	99130050 平地机 150kW	台班	0.0188	0.0009
	99130120 内燃光轮压路机 重型	台班	0.0625	0.0031
	99130320 钢轮振动压路机 20t	台班	0.0625	0.0031
	99310040 洒水车 8000L	台班	0.0656	

工作内容：放样、摊铺、找平、碾压、清理场地等。

定额编号			E-2-2-7	E-2-2-8
项　目			厂拌石灰土基层	
			厚度20cm	±1cm
			100m²	100m²
预算定额编号	预算定额名称	预算定额单位	数　量	
04-2-2-11	石灰稳定土基层 厂拌石灰土基层 厚20cm	100m²	1.0000	
04-2-2-12	石灰稳定土基层 厂拌石灰土基层 ±1cm	100m²		1.0000

工作内容：放样、摊铺、找平、碾压、清理场地等。

定额编号			E-2-2-7	E-2-2-8
项　目			厂拌石灰土基层	
			厚度20cm	±1cm
	名　称	单位	100m²	100m²
人工	00070111　综合人工（土建）	工日	5.2105	0.1904
材料	34110101　水	m³	3.5000	
	80310201　厂拌石灰土	t	38.7559	1.9378
	X0045　其他材料费	%	0.5000	
机械	99130110　内燃光轮压路机 轻型	台班	0.0476	0.0017
	99130120　内燃光轮压路机 重型	台班	0.1909	0.0086

工作内容： 放样、摊铺、路拌水泥土、找平、碾压、薄膜养护、清理场地等。

定 额 编 号			E-2-2-9	E-2-2-10
项 目			路拌水泥稳定土基层	
			厚度20cm	±1cm
			水泥掺量5%	
			100m²	100m²
预算定额编号	预算定额名称	预算定额单位	数 量	
04-2-2-13	路拌水泥稳定土基层 厚20cm 水泥掺量5%	100m²	1.0000	
04-2-2-14	路拌水泥稳定土基层 ±1cm	100m²		1.0000

工作内容： 放样、摊铺、路拌水泥土、找平、碾压、薄膜养护、清理场地等。

定 额 编 号				E-2-2-9	E-2-2-10
项 目				路拌水泥稳定土基层	
				厚度20cm	±1cm
				水泥掺量5%	
		名 称	单位	100m²	100m²
人工	00070111	综合人工(土建)	工日	1.5074	0.0566
材料	02090101	塑料薄膜	m²	35.0000	
	04010112	水泥 42.5级	t	1.7000	0.0850
机械	99010060	履带式单斗液压挖掘机 1m³	台班	0.1037	0.0052
	99050040	稳定土拌合机 230kW	台班	0.0741	0.0037
	99130050	平地机 150kW	台班	0.0370	0.0019
	99130120	内燃光轮压路机 重型	台班	0.0630	0.0031
	99130280	钢轮振动压路机 10t	台班	0.0519	
	99130310	钢轮振动压路机 18t	台班		0.0026
	99130350	内燃夯实机 700N·m	台班	0.0593	0.0030

工作内容：放样、摊铺、找平、碾压、洒水、初期养护、清理场地等。

定额编号			E-2-2-11	E-2-2-12
项 目			水泥稳定碎石基层	
			厚度20cm	±1cm
			100m²	100m²
预算定额编号	预算定额名称	预算定额单位	数 量	
04-2-2-23	机械摊铺厂拌水泥稳定碎石基层 厚20cm	100m²	0.9000	
04-2-2-24	机械摊铺厂拌水泥稳定碎石基层 ±1cm	100m²		0.9000
04-2-2-25	人工摊铺厂拌水泥稳定碎石基层 厚20cm	100m²	0.1000	
04-2-2-26	人工摊铺厂拌水泥稳定碎石基层 ±1cm	100m²		0.1000

工作内容：放样、摊铺、找平、碾压、洒水、初期养护、清理场地等。

	定额编号			E-2-2-11	E-2-2-12
	项 目			水泥稳定碎石基层	
				厚度20cm	±1cm
	名 称		单位	100m²	100m²
人工	00070111	综合人工（土建）	工日	1.2325	0.0616
材料	34110101	水	m³	6.7900	
	36030252	涤纶针刺土工布 200g/m²	m²	35.0000	
	80331411	水泥稳定碎石 掺入水泥5%	t	45.4920	2.2746
机械	99130050	平地机 150kW	台班	0.0077	0.0004
	99130120	内燃光轮压路机 重型	台班	0.0287	0.0014
	99130220	轮胎压路机 20t	台班	0.0287	0.0014
	99130320	钢轮振动压路机 20t	台班	0.0517	0.0026
	99130780	水泥稳定碎石摊铺机 WTU95D	台班	0.0257	0.0013
	99310040	洒水车 8000L	台班	0.1313	

工作内容：放样、摊铺、找平、碾压、洒水、初期养护、清理场地等。

定额编号			E-2-2-13	E-2-2-14
项　　目			厂拌二灰土基层	
			厚度20cm	±1cm
			100m²	100m²
预算定额编号	预算定额名称	预算定额单位	数　　量	
04-2-2-15	厂拌二灰土基层 厚20cm	100m²	1.0000	
04-2-2-16	厂拌二灰土基层 ±1cm	100m²		1.0000

工作内容：放样、摊铺、找平、碾压、洒水、初期养护、清理场地等。

定额编号				E-2-2-13	E-2-2-14
项　　目				厂拌二灰土基层	
				厚度20cm	±1cm
				100m²	100m²
	名　　称		单位	100m²	100m²
人工	00070111	综合人工(土建)	工日	5.8820	0.1887
材料	34110101	水	m³	3.5000	
	80310211	厂拌二灰土	t	35.1145	1.7557
	X0045	其他材料费	%	0.5000	
机械	99130110	内燃光轮压路机 轻型	台班	0.0476	0.0017
	99130120	内燃光轮压路机 重型	台班	0.1909	0.0086

工作内容：放样、摊铺、找平、碾压、洒水、初期养护、清理场地等。

定额编号			E-2-2-15	E-2-2-16
项目			厂拌粉煤灰三渣基层	
			厚度 30cm	±1cm
			100m²	100m²
预算定额编号	预算定额名称	预算定额单位	数量	
04-2-2-18【换】	厂拌粉煤灰粗粒径三渣基层 厚 30cm	100m²	1.0000	
04-2-2-20	厂拌粉煤灰粗粒径三渣基层 ±1cm	100m²		1.0000

工作内容：放样、摊铺、找平、碾压、洒水、初期养护、清理场地等。

定额编号				E-2-2-15	E-2-2-16
项目				厂拌粉煤灰三渣基层	
				厚度 30cm	±1cm
名称			单位	100m²	100m²
人工	00070111	综合人工(土建)	工日	5.6950	0.1139
材料	34110101	水	m³	3.5000	
	80310321	厂拌粉煤灰三渣 50～70	t	71.6040	2.3868
	X0045	其他材料费	%	0.5400	
机械	99130320	钢轮振动压路机 20t	台班	0.0723	0.0022

第二章 道路工程

工作内容：放样、浇捣混凝土、养护等。

定额编号			E-2-2-17
项　　目			水泥混凝土基层
			m³
预算定额编号	预算定额名称	预算定额单位	数　　量
04-2-2-27	水泥混凝土基层	m³	1.0000

工作内容：放样、浇捣混凝土、养护等。

定额编号			E-2-2-17
项　　目			水泥混凝土基层
名　　称		单位	m³
人工	00070111	综合人工(土建)	工日	0.2482
材料	34110101	水	m³	0.9000
	36030252	涤纶针刺土工布 200g/m²	m²	1.7500
	80210515	预拌混凝土(非泵送型) C20 粒径5～40	m³	1.0100
	X0045	其他材料费	%	0.0300
机械	99050940	混凝土振捣器 平板式	台班	0.0333

工作内容：放样、洒布水泥、铣刨翻拌、整平、碾压、养护等。

定 额 编 号			E-2-2-18	E-2-2-19
项 目			就地水泥再生基层	
			厚度20cm 水泥掺量5%	±1cm
			100m²	100m²
预算定额 编号	预算定额 名称	预算定额 单位	数 量	
04-2-2-28	就地水泥再生基层 厚20cm 水泥掺量5%	100m²	1.0000	
04-2-2-29	就地水泥再生基层 ±1cm	100m²		1.0000

工作内容：放样、洒布水泥、铣刨翻拌、整平、碾压、养护等。

	定 额 编 号			E-2-2-18	E-2-2-19
	项 目			就地水泥再生基层	
				厚度20cm 水泥掺量5%	±1cm
	名 称		单位	100m²	100m²
人工	00070111	综合人工(土建)	工日	1.3700	0.0700
材料	03213412	路面冷再生机刀具	个	4.0000	0.1600
	03213511	路面冷再生机刀库	个	1.2000	0.0500
	04010111	水泥 32.5级	t	2.4000	0.1200
	34110101	水	m³	11.2000	0.5600
	36030252	涤纶针刺土工布 200g/m²	m²	35.0000	
机械	99130030	平地机 120kW	台班	0.0300	
	99130120	内燃光轮压路机 重型	台班	0.0900	
	99130220	轮胎压路机 20t	台班	0.0100	
	99130320	钢轮振动压路机 20t	台班	0.0300	
	99130645	路面冷再生机 2300×400	台班	0.1600	0.0100
	99310040	洒水车 8000L	台班	0.3300	0.0100

第三节 道 路 面 层

工作内容： 浇透（粘）层油、清理场地等。

定额编号			E-2-3-1	E-2-3-2
项　目			沥青透层	沥青粘层
			100m²	100m²
预算定额编号	预算定额名称	预算定额单位	数　量	
04-2-3-1	沥青透层	100m²	1.0000	
04-2-3-2	沥青粘层	100m²		1.0000

工作内容： 浇透（粘）层油、清理场地等。

定额编号			E-2-3-1	E-2-3-2
项　目			沥青透层	沥青粘层
	名　称	单位	100m²	100m²
人工	00070111　综合人工（土建）	工日	0.4760	0.3332
材料	13310302　乳化沥青	kg	92.7000	46.4000
机械	99130440　汽车式沥青喷洒机 4000L	台班	0.0240	0.0168

工作内容：1，2. 拌合铺筑、清理场地等。
3. 沥青加热、沥青喷洒、碎石撒布、清理场地等。

定 额 编 号			E-2-3-3	E-2-3-4	E-2-3-5
项 目			稀浆封层		沥青碎石同步封层
			厚度0.8cm	±0.1cm	厚度1cm
			100m²	100m²	100m²
预算定额编号	预算定额名称	预算定额单位	数 量		
04-2-3-3	稀浆封层 厚0.8cm	100m²	1.0000		
04-2-3-4	稀浆封层 ±0.1cm	100m²		1.0000	
04-2-3-5	沥青碎石同步封层 厚1cm	100m²			1.0000

工作内容：1，2. 拌合铺筑、清理场地等。
3. 沥青加热、沥青喷洒、碎石撒布、清理场地等。

定 额 编 号				E-2-3-3	E-2-3-4	E-2-3-5
项 目				稀浆封层		沥青碎石同步封层
				厚度0.8cm	±0.1cm	厚度1cm
	名 称		单位	100m²	100m²	100m²
人工	00070111	综合人工(土建)	工日	1.1840	0.1495	0.9250
材料	04030115	黄砂 中粗	t	0.1122	0.0140	
	04070503	石屑	t	0.6587	0.0823	1.1000
	04091952	矿粉	t	0.0318	0.0040	
	13310302	乳化沥青	kg	156.0000	19.5000	
	13310424	石油沥青 55#	t			0.1100
机械	99030960	稀浆封层机 2.5～3.5m	台班	0.0350	0.0039	
	99070220	轮胎式装载机 1m³	台班			0.0360
	99071430	液态沥青运输车 4000L	台班	0.0340	0.0037	
	99130110	内燃光轮压路机 轻型	台班			0.0360
	99130440	汽车式沥青喷洒机 4000L	台班	0.0340	0.0037	
	99130790	同步碎石封层车	台班			0.0560

工作内容：放样、铺筑、碾压、封边、清理场地等。

定额编号			E-2-3-6	E-2-3-7	E-2-3-8	E-2-3-9
项 目			机械摊铺黑色碎石		机械摊铺粗粒式沥青混凝土	
			厚度6cm	±1cm	厚度8cm 粗粒式沥青混凝土（AC-25）	±1cm
			100m²	100m²	100m²	100m²
预算定额编号	预算定额名称	预算定额单位	数 量			
04-2-3-6	机械摊铺黑色碎石 厚6cm	100m²	1.0000			
04-2-3-7	机械摊铺黑色碎石 ±1cm	100m²		1.0000		
04-2-3-8	机械摊铺粗粒式沥青混凝土（AC-25）厚8cm	100m²			1.0000	
04-2-3-9	机械摊铺粗粒式沥青混凝土（AC-25）±1cm	100m²				1.0000

工作内容：放样、铺筑、碾压、封边、清理场地等。

定额编号				E-2-3-6	E-2-3-7	E-2-3-8	E-2-3-9
项 目				机械摊铺黑色碎石		机械摊铺粗粒式沥青混凝土	
				厚度6cm	±1cm	厚度8cm 粗粒式沥青混凝土（AC-25）	±1cm
名 称			单位	100m²	100m²	100m²	100m²
人工	00070111	综合人工（土建）	工日	0.8951	0.0536	1.2070	0.0808
材料	14030301	重质柴油	kg	0.9450	0.1575	1.2600	0.1575
	34110101	水	m³	0.1249	0.0126	0.1375	0.0126
	80250526	粗粒式沥青混凝土 AC-25	t			19.2038	2.4005
	80250811	粗粒式沥青碎石 AM-30	t	14.0760	2.3460		
	X0045	其他材料费	%	0.1500	0.1200	0.1200	0.1200
机械	99130280	钢轮振动压路机 10t	台班	0.0476	0.0048	0.0536	0.0048
	99130500	沥青混凝土摊铺机 8t 带自动找平	台班			0.0498	0.0066
	99130510	沥青混凝土摊铺机 12t	台班	0.0372	0.0068		

工作内容：放样、铺筑、碾压、封边、清理场地等。

定 额 编 号			E-2-3-10	E-2-3-11	E-2-3-12	E-2-3-13
项 目			机械摊铺中粒式沥青混凝土		机械摊铺细粒式沥青混凝土	
			厚度6cm	±1cm	厚度4cm	±1cm
			中粒式沥青混凝土(AC-20)		细粒式沥青混凝土(AC-13)	
			100m²	100m²	100m²	100m²
预算定额编号	预算定额名称	预算定额单位	数 量			
04-2-3-10【换】	机械摊铺中粒式沥青混凝土(AC-20)厚6cm	100m²	1.0000			
04-2-3-11	机械摊铺中粒式沥青混凝土(AC-20)±1cm	100m²		1.0000		
04-2-3-12【换】	机械摊铺细粒式沥青混凝土(AC-13)厚4cm	100m²			1.0000	
04-2-3-13	机械摊铺细粒式沥青混凝土(AC-13)±1cm	100m²				1.0000

工作内容：放样、铺筑、碾压、封边、清理场地等。

	定 额 编 号			E-2-3-10	E-2-3-11	E-2-3-12	E-2-3-13
	项 目			机械摊铺中粒式沥青混凝土		机械摊铺细粒式沥青混凝土	
				厚度6cm	±1cm	厚度4cm	±1cm
				中粒式沥青混凝土(AC-20)		细粒式沥青混凝土(AC-13)	
	名 称		单位	100m²	100m²	100m²	100m²
人工	00070111	综合人工(土建)	工日	1.1585	0.0833	0.9633	0.0255
材料	14030301	重质柴油	kg	0.9450	0.1575	0.6404	0.1680
	34110101	水	m³	0.1128	0.0126	0.1303	0.0252
	80250311	细粒式沥青混凝土 AC-13	t			9.3380	2.3345
	80250523	中粒式沥青混凝土 AC-20	t	14.3114	2.3852		
	X0045	其他材料费	%	0.1100	0.1200	0.1200	0.1200
机械	99130280	钢轮振动压路机 10t	台班	0.0453	0.0048	0.0405	0.0048
	99130500	沥青混凝土摊铺机 8t 带自动找平	台班	0.0765	0.0135	0.0391	0.0072

工作内容：1，2.放样、铺筑、碾压、封边、清理场地等。
3，4.放样、铺筑、碾压、拆模、清理场地等。

定 额 编 号			E-2-3-14	E-2-3-15	E-2-3-16	E-2-3-17
项 目			机械摊铺沥青马蹄脂碎石沥青混凝土		机械摊铺浇筑式沥青混凝土	
			厚度4cm	±1cm	厚度3.5cm	±0.5cm
			沥青马蹄脂碎石沥青混凝土		浇筑式沥青混凝土	
			(SMA-13)		(GA-10)	
			100m²	100m²	100m²	100m²
预算定额编号	预算定额名称	预算定额单位	数 量			
04-2-3-14	机械摊铺沥青玛蹄脂碎石沥青混凝土(SMA-13)厚4cm	100m²	1.0000			
04-2-3-15	机械摊铺沥青玛蹄脂碎石沥青混凝土(SMA-13) ±1cm	100m²		1.0000		
04-2-3-20	机械摊铺浇注式沥青混凝土(GA-10)厚3.5cm	100m²			1.0000	
04-2-3-21	机械摊铺浇注式沥青混凝土(GA-10) ±0.5cm	100m²				1.0000

工作内容：1，2.放样、铺筑、碾压、封边、清理场地等。
3，4.放样、铺筑、碾压、拆模、清理场地等。

	定 额 编 号			E-2-3-14	E-2-3-15	E-2-3-16	E-2-3-17
	项 目			机械摊铺沥青马蹄脂碎石沥青混凝土		机械摊铺浇筑式沥青混凝土	
				厚度4cm	±1cm	厚度3.5cm	±0.5cm
				沥青马蹄脂碎石沥青混凝土		浇筑式沥青混凝土	
				(SMA-13)		(GA-10)	
	名 称		单位	100m²	100m²	100m²	100m²
人工	00070111	综合人工(土建)	工日	0.9919	0.0833	2.0668	0.2982
材料	14030301	重质柴油	kg	0.6300	0.1575		
	17090152	方钢管 35×35×2	kg			9.0104	1.2872
	34110101	水	m³	0.0876	0.0126		
	35010703	木模板成材	m³			0.0457	0.0065
	80250914	改性沥青混凝土 SMA-13	t	9.6750	2.4187		
	80252111	浇注式沥青混凝土 GA-10	t			8.2915	1.2630
	80253111	预拌沥青碎石(玄武岩)5～10	t			1.0200	
	X0045	其他材料费	%	0.1200	0.1200	5.0000	
机械	99130280	钢轮振动压路机 10t	台班	0.0357	0.0048		
	99130430	车载式碎石撒布机 撒布宽度:3000	台班			0.3300	0.0476
	99130500	沥青混凝土摊铺机 8t 带自动找平	台班	0.0495	0.0135		
	99130545	浇注式摊铺机	台班			0.3300	0.0476

工作内容：立模、安装钢筋、浇筑混凝土、养护、切缝、路面锯纹等。

定额编号			E-2-3-18	E-2-3-19	E-2-3-20	E-2-3-21
项 目			水泥混凝土		钢纤维混凝土	
			厚 22cm	±1cm	厚度 16cm 预拌钢纤维混凝土 (50kg)	±1cm
			100m²	100m²	100m²	100m²
预算定额编号	预算定额名称	预算定额单位	数 量			
04-2-3-22	水泥混凝土路面 厚22cm	100m²	1.0000			
04-2-3-23	水泥混凝土路面 ±1cm	100m²		1.0000		
04-2-3-24	钢纤维混凝土路面 厚16cm	100m²			1.0000	
04-2-3-25	钢纤维混凝土路面 ±1cm	100m²				1.0000
04-2-3-26	水泥混凝土路面 路面锯纹	100m²	1.0000		1.0000	
04-2-3-27	水泥混凝土路面 路面切缝	100m	0.2143		0.2143	
04-5-1-1	现场绑扎钢筋 道路 构造钢筋	t	0.2000		0.2000	
04-5-1-2	现场绑扎钢筋 道路 钢筋网片	t	1.6593			
04-7-3-1	道路工程模板 混凝土路面模板	m²	8.2500		6.0000	

工作内容：立模、安装钢筋、浇筑混凝土、养护、切缝、路面锯纹等。

定额编号				E-2-3-18	E-2-3-19	E-2-3-20	E-2-3-21
项 目				水泥混凝土		钢纤维混凝土	
				厚22cm	±1cm	厚度16cm 预拌钢纤维混凝土 (50kg)	±1cm
		名 称	单位	100m²	100m²	100m²	100m²
人工	00070111	综合人工(土建)	工日	28.8182	0.0751	9.6143	0.0546
材料	01010311	热轧带肋钢筋(HRB400) φ10～32	t	1.0082		0.1578	
	01010411	热轧光圆钢筋(HPB300) φ≤10	t	0.8975		0.0472	
	03130101	电焊条	kg	0.6597		0.1020	
	03150101	圆钉	kg	0.1097		0.0798	
	03152501	镀锌铁丝	kg	7.2371		0.6000	
	03154701	金属帽	个	16.5000		12.0000	
	03210901	切缝机刀片	片	0.0547		0.0547	
	03210902	锯纹机刀片	片	0.8333		0.8333	
	05150101	木丝板	m²	2.7830	0.1540	1.8557	0.1540
	13310401	石油沥青	kg	26.7800	0.8240	21.5270	0.8240
	14412911	PG道路封缝胶	kg	25.4408		25.4408	
	15130214	泡沫条 φ8	m	42.7576		42.7576	
	15130216	泡沫条 φ30	m	15.4660		15.4660	
	34110101	水	m³	17.7150	0.4305	19.8350	
	35010101	钢模板	kg	5.4590		3.9702	
	35010703	木模板成材	m³	0.0033		0.0024	
	35020401	钢模零配件	kg	19.5525		14.2200	
	36030252	涤纶针刺土工布 200g/m²	m²	35.0000		35.0000	
	80210525	预拌混凝土(非泵送型) C40 粒径5～16	m³	22.2200	1.0100		
	80271115	预拌钢纤维混凝土 50kg	m³			16.1600	1.0100
	X0045	其他材料费	%	0.0100	0.0200	0.0100	0.0200
机械	99050870	混凝土切缝机	台班	0.4061		0.4061	
	99050930	混凝土振捣器 插入式	台班	1.4667	0.0667		
	99050940	混凝土振捣器 平板式	台班	0.7333	0.0333	1.4667	0.0667
	99050980	混凝土振动梁	台班	0.6667		0.6667	
	99070540	载重汽车 6t	台班	0.0115		0.0084	
	99090360	汽车式起重机 8t	台班	0.0066		0.0048	
	99130600	混凝土路面刻槽机	台班	0.5500		0.5500	
	99170030	钢筋切断机 φ40	台班	0.0557		0.0079	
	99170050	钢筋弯曲机 φ40	台班	0.0928		0.0132	
	99190010	混凝土磨光机	台班	0.6667		0.6667	
	99210010	木工圆锯机 φ500	台班	0.3902		0.2838	
	99210060	木工平刨床 刨削宽度300	台班	0.3902		0.2838	
	99250020	交流弧焊机 32kV·A	台班	0.2357		0.0316	
	99430200	电动空气压缩机 0.6m³/min	台班	0.0545		0.0545	

第四节 人行道及其他

工作内容：1，2．路基整修、铺筑碎石垫层、浇筑混凝土基层、铺设彩色预制块面层等。
    3．浇筑、抹平、养护、场地清理等。
    4．放样、摊铺、找平、碾压、清理场地等。

定额编号			E-2-4-1	E-2-4-2	E-2-4-3	E-2-4-4
项　　目			铺筑人行道结构层		现浇人行道基础	人行道碎石基础
			彩色预制块（干混水泥黄砂）	彩色预制块（黄砂）	±1cm	±1cm
			100m²	100m²	100m²	100m²
预算定额编号	预算定额名称	预算定额单位	数　　量			
04-2-4-10	铺筑非连锁型彩色预制块 干拌水泥黄砂	100m²	1.0000			
04-2-4-11	铺筑非连锁型彩色预制块 黄砂	100m²		1.0000		
04-2-4-2	人行道路基整修 三、四类土	m²	100.0000	100.0000		
04-2-4-3	人行道基础混凝土 厚10cm	100m²	1.0000	1.0000		
04-2-4-4	人行道基础混凝土 ±1cm	100m²			1.0000	
04-2-4-5	人行道碎石基础 厚10cm	100m²	1.0000	1.0000		
04-2-4-6	人行道碎石基础 ±1cm	100m²				1.0000

工作内容： 1，2.路基整修、铺筑碎石垫层、浇筑混凝土基层、铺设彩色预制块面层等。
3.浇筑、抹平、养护、场地清理等。
4.放样、摊铺、找平、碾压、清理场地等。

		定 额 编 号		E-2-4-1	E-2-4-2	E-2-4-3	E-2-4-4
		项 目		铺筑人行道结构层		现浇人行道基础	人行道碎石基础
				彩色预制块（干混水泥黄砂）	彩色预制块（黄砂）	±1cm	
		名 称	单位	100m²	100m²	100m²	100m²
人工	00070111	综合人工（土建）	工日	21.3819	16.6558	0.1632	0.1046
材料	04030115	黄砂 中粗	t	0.2774	5.4794		
	04050209	碎石 5～15	t	3.0355	3.0355		0.3036
	04050215	碎石 5～25	t	17.3400	17.3400		1.7340
	34110101	水	m³	4.7165	4.7165		
	36030252	涤纶针刺土工布 200g/m²	m²	35.0000	35.0000		
	36051001	非连锁型彩色预制块	m²	102.0000	102.0000		
	80060113	干混砌筑砂浆 DM M10.0	m³	3.0750			
	80210514	预拌混凝土（非泵送型）C20 粒径5～20	m³	10.1000	10.1000	1.0100	
机械	99050940	混凝土振捣器 平板式	台班	0.3333	0.3333	0.0333	
	99130100	手扶式振动压路机 1t	台班	0.5033	0.5033		

工作内容：路基整修、铺筑碎石垫层、浇筑混凝土面层等。

定 额 编 号			E-2-4-5
项 目			现浇人行道混凝土结构层
			100m²
预算定额编号	预算定额名称	预算定额单位	数 量
04-2-4-17	人行道混凝土面层 厚6.5cm	100m²	1.0000
04-2-4-2	人行道路基整修 三、四类土	m²	100.0000
04-2-4-5	人行道碎石基础 厚10cm	100m²	1.0000

工作内容：路基整修、铺筑碎石垫层、浇筑混凝土面层等。

定 额 编 号			E-2-4-5
项 目			现浇人行道混凝土结构层
名 称		单位	100m²
人工	00070111	综合人工（土建）	工日	11.4990
材料	04050209	碎石 5～15	t	3.0355
	04050215	碎石 5～25	t	17.3400
	34110101	水	m³	4.7165
	36030252	涤纶针刺土工布 200g/m²	m²	35.0000
	80210514	预拌混凝土（非泵送型）C20 粒径5～20	m³	6.5650
机械	99050940	混凝土振捣器 平板式	台班	0.2167
	99130100	手扶式振动压路机 1t	台班	0.5033

第二章 道路工程

工作内容：路基整修、铺筑碎石垫层、浇筑混凝土面层等。

定 额 编 号			E-2-4-6	E-2-4-7
项 目			现浇人行道斜坡结构层	现浇斜坡混凝土 ±1cm
			100m²	100m²
预算定额编号	预算定额名称	预算定额单位	数 量	
04-2-4-18【换】	斜坡混凝土 厚16cm 预拌混凝土(非泵送型) C30 粒径5~20	100m²	1.0000	
04-2-4-19【换】	斜坡混凝土 ±1cm 预拌混凝土(非泵送型) C30 粒径5~20	100m²		1.0000
04-2-4-2	人行道路基整修 三、四类土	m²	100.0000	
04-2-4-5【换】	人行道碎石基础 厚15cm	100m²	1.0000	

工作内容：路基整修、铺筑碎石垫层、浇筑混凝土面层等。

定 额 编 号				E-2-4-6	E-2-4-7
项 目				现浇人行道斜坡结构层	现浇斜坡混凝土 ±1cm
名 称			单位	100m²	100m²
人工	00070111	综合人工(土建)	工日	15.4120	0.1457
材料	04050209	碎石 5~15	t	4.5535	
	04050215	碎石 5~25	t	26.0100	
	34110101	水	m³	5.1470	0.4305
	36030252	涤纶针刺土工布 200g/m²	m²	35.0000	
	80210520	预拌混凝土(非泵送型) C30 粒径5~20	m³	16.1600	1.0100
机械	99050940	混凝土振捣器 平板式	台班	0.5333	0.0333
	99130100	手扶式振动压路机 1t	台班	0.5033	

工作内容：路基整修、铺筑碎石垫层、铺设排水管、浇筑透水混凝土基层、铺设透水砖或浇筑透水混凝土面层等。

定额编号			E-2-4-8	E-2-4-9	E-2-4-10
项目			铺筑透水人行道结构层		现浇透水混凝土面层
			透水砖	现浇透水混凝土	±1cm
			100m²	100m²	100m²
预算定额编号	预算定额名称	预算定额单位	数 量		
04-2-1-40	路基排水 铺设φ80软式透水管	m	100.0000	100.0000	
04-2-4-15	铺筑透水砖	100m²	0.8750		
04-2-4-2	人行道路基整修 三、四类土	m²	87.5000	87.5000	
04-2-4-20	现浇透水水泥混凝土面层 厚5cm	100m²		0.8750	
04-2-4-21	现浇透水水泥混凝土面层 ±1cm	100m²			1.0000
04-2-4-5	人行道碎石基础 厚10cm	100m²	0.8750	0.8750	
04-2-4-20【换】	现浇透水混凝土基层 厚10cm	100m²	0.8750	0.8750	

工作内容：路基整修、铺筑碎石垫层、铺设排水管、浇筑透水混凝土基层、铺设透水砖或浇筑透水混凝土面层等。

定额编号				E-2-4-8	E-2-4-9	E-2-4-10
项目				铺筑透水人行道结构层		现浇透水混凝土面层
				透水砖	现浇透水混凝土	±1cm
		名 称	单位	100m²	100m²	100m²
人工	00070111	综合人工(土建)	工日	87.8714	89.4400	0.8840
材料	03210901	切缝机刀片	片		0.0437	
	04010116	水泥 52.5级	kg	3361.7753	5042.6629	384.2029
	04030115	黄砂 中粗	t	4.8885		
	04050209	碎石 5~15	t	38.3782	38.3782	
	04050215	碎石 5~25	t	15.1725	15.1725	
	04050241	碎石(精加工玄武岩) 5~10	kg		8486.0344	1939.6650
	14355801	氟碳保护剂	kg		26.2500	
	14412911	PG道路封缝胶	kg		8.5444	
	14415531	混凝土表面增强剂 LDA	kg	84.7672	127.1507	9.6877
	15130214	泡沫条 φ8	m		26.7750	
	17312731	软式透水管 φ80	m	102.0000	102.0000	
	34110101	水	m³	4.7716	8.8608	0.0947
	36030252	涤纶针刺土工布 200g/m²	m²	216.5000	234.0000	
	36050601	透水砖	m²	89.2500		
	X0045	其他材料费	%	0.0100	0.0100	
机械	99050230	双锥反转出料混凝土搅拌机 500L	台班	0.2915	0.4374	0.0333
	99050940	混凝土振捣器 平板式	台班	0.2915	0.4374	0.0333
	99070630	自卸汽车 4t	台班	0.7054	1.0582	0.0806
	99130100	手扶式振动压路机 1t	台班	0.4404	0.4404	

工作内容：放样、铺砂垫层、浇筑、抹面、排砌、灌缝、扫缝、养护、清理场地等。

定额编号			E-2-4-11	E-2-4-12	E-2-4-13
项目			排砌预制侧石	排砌预制平石	排砌预制侧平石
			m	m	m
预算定额编号	预算定额名称	预算定额单位	数量		
04-2-4-24	排砌预制侧石	m	1.0000		
04-2-4-25	排砌预制平石	m		1.0000	
04-2-4-26	排砌预制侧平石	m			1.0000

工作内容：放样、铺砂垫层、浇筑、抹面、排砌、灌缝、扫缝、养护、清理场地等。

	定额编号			E-2-4-11	E-2-4-12	E-2-4-13
	项目			排砌预制侧石	排砌预制平石	排砌预制侧平石
	名称		单位	m	m	m
人工	00070111	综合人工（土建）	工日	0.0505	0.0348	0.0581
材料	04050313	道碴 50~70	t	0.0400	0.0592	0.0917
	34110101	水	m³	0.0168	0.0168	0.0223
	36051201	预制混凝土侧石 1000×300×120	m	1.0300		1.0300
	36051301	预制混凝土平石 1000×300×120	m		1.0300	1.0300
	80060513	湿拌抹灰砂浆 WP M15.0	m³	0.0007	0.0004	0.0011
	80210514	预拌混凝土（非泵送型）C20 粒径5~20	m³	0.0348	0.0682	0.0745

工作内容：放样、铺砂垫层、浇筑、抹面、排砌、灌缝、扫缝、养护、清理场地等。

定额编号			E-2-4-14	E-2-4-15
项 目			排砌预制高侧平石	排砌预制高侧石
			m	m
预算定额编号	预算定额名称	预算定额单位	数 量	
04-2-4-27	排砌预制高侧石	m		1.0000
04-2-4-28	排砌预制高侧平石	m	1.0000	

工作内容：放样、铺砂垫层、浇筑、抹面、排砌、灌缝、扫缝、养护、清理场地等。

	定额编号			E-2-4-14	E-2-4-15
	项 目			排砌预制高侧平石	排砌预制高侧石
	名 称		单位	m	m
人工	00070111	综合人工（土建）	工日	0.0910	0.0830
材料	34110101	水	m³	0.0223	0.0168
	36051211	预制混凝土侧石 1000×400×120	m	1.0300	1.0300
	36051311	预制混凝土平石 1000×300×130	m	1.0300	
	80060513	湿拌抹灰砂浆 WP M15.0	m³	0.0034	0.0009
	80210514	预拌混凝土（非泵送型）C20 粒径 5～20	m³	0.0788	0.0266

工作内容： 放样、铺砂垫层、浇筑、抹面、排砌、灌缝、扫缝、养护、清理场地等。

定 额 编 号			E-2-4-16	E-2-4-17
项　　目			混凝土块砌边	
			单排	双排
			宽15cm	宽30cm
			m	m
预算定额编号	预算定额名称	预算定额单位	数　　量	
04-2-4-32	混凝土块砌边 单排 宽15cm	m	1.0000	
04-2-4-33	混凝土块砌边 双排 宽30cm	m		1.0000

工作内容： 放样、铺砂垫层、浇筑、抹面、排砌、灌缝、扫缝、养护、清理场地等。

定 额 编 号				E-2-4-16	E-2-4-17
项　　目				混凝土块砌边	
				单排	双排
				宽15cm	宽30cm
	名　　称		单位	m	m
人工	00070111	综合人工（土建）	工日	0.1426	0.1995
材料	04272105	混凝土预制块 300×150×150	块	3.2623	6.5246
	34110101	水	m³	0.0342	0.0566
	80060513	湿拌抹灰砂浆 WP M15.0	m³	0.0007	0.0032
	80210514	预拌混凝土（非泵送型）C20 粒径5～20	m³	0.0177	0.0253

工作内容： 搭拆脚手架、安拆模板、绑扎钢筋、浇筑基础及墙身混凝土、安装沉降缝及泄水孔等。

定额编号			E-2-4-18
项　　目			L型混凝土挡墙
			H＜3.5m
			m
预算定额编号	预算定额名称	预算定额单位	数　量
04-2-4-34	挡土墙及踏步 碎石基础	m³	0.2750
04-2-4-35	挡土墙及踏步 混凝土基础	m³	0.8325
04-3-3-20	挡墙 混凝土	m³	1.0000
04-3-3-2	垫层 混凝土	m³	0.2750
04-3-6-15	砂滤层	m³	0.1290
04-3-8-21	安装沉降缝 发泡聚乙烯	m²	0.1649
04-3-8-27	安装泄水孔 PVC 塑料管	m	0.1333
04-5-1-9	现场绑扎钢筋 挡墙 挡土墙钢筋	t	0.0669
04-7-2-3	脚手架 简易	m²	2.5000
04-7-3-21	桥涵工程模板 挡土墙 模板	m²	5.0100
36030252	涤纶针刺土工布 200g/m²	m²	1.0000

工作内容： 搭拆脚手架、安拆模板、绑扎钢筋、浇筑基础及墙身混凝土、安装沉降缝及泄水孔等。

	定 额 编 号		E-2-4-18
	项 目		L型混凝土挡墙
			$H<3.5m$
	名 称	单位	m
人工	00070111 综合人工(土建)	工日	3.1504
材料	01010311 热轧带肋钢筋(HRB400) $\phi10\sim32$	t	0.0686
	02090101 塑料薄膜	m²	0.2925
	02190101 尼龙帽	个	1.7886
	03150101 圆钉	kg	0.1159
	03152501 镀锌铁丝	kg	0.4014
	04030115 黄砂 中粗	t	0.2281
	04050313 道碴 50~70	t	0.5341
	05030121 木板成材	m³	0.0005
	15133551 发泡聚乙烯	m²	0.1731
	17250512 硬聚氯乙烯雨水管(PVC-U) $\phi150$	m	0.1530
	33330507 铁件	kg	5.0801
	34110101 水	m³	0.3489
	35010101 钢模板	kg	3.1904
	35010703 木模板成材	m³	0.0130
	35020106 钢模支撑	kg	3.0185
	35020401 钢模零配件	kg	1.1919
	35030343 钢管 $\phi48.3\times3.6$	kg	0.3630
	35030612 钢管底座 $\phi48$	只	0.0090
	35031213 迴转扣件 $\phi48$	只	0.0227
	35031214 直角扣件 $\phi48$	只	0.0455
	35031242 扣件螺栓	只	0.6060
	36030252 涤纶针刺土工布 200g/m²	m²	1.0000
	80210416 预拌混凝土(泵送型)C20 粒径5~40	m³	1.0100
	80210514 预拌混凝土(非泵送型)C20 粒径5~20	m³	0.8408
	80210515 预拌混凝土(非泵送型)C20 粒径5~40	m³	0.2777
	X0045 其他材料费	%	0.0100
机械	99050930 混凝土振捣器 插入式	台班	0.0922
	99050940 混凝土振捣器 平板式	台班	0.0839
	99070540 载重汽车 6t	台班	0.0175
	99090080 履带式起重机 10t	台班	0.1012
	99170030 钢筋切断机 $\phi40$	台班	0.0338
	99170050 钢筋弯曲机 $\phi40$	台班	0.0338

工作内容： 打桩、送桩、搭拆脚手架、安拆模板、绑扎钢筋、浇筑基础及墙身混凝土、安装沉降缝及泄水孔等。

定额编号			E-2-4-19
项　目			L型混凝土挡墙
			$H \geqslant 3.5m$
			m
预算定额编号	预算定额名称	预算定额单位	数　量
04-2-4-34	挡土墙及踏步 碎石基础	m^3	0.4150
04-2-4-35	挡土墙及踏步 混凝土基础	m^3	1.5100
04-3-1-1	搭、拆陆上桩基础工作平台锤重≤2.5t	m^2	9.0895
04-3-1-23	打钢筋混凝土方桩 $L \leqslant 12m$ 陆上	m^3	1.0800
04-3-1-70	送方桩 $L \leqslant 12m$ 陆上	m^3	0.1800
04-3-3-20	挡墙 混凝土	m^3	1.8000
04-3-3-2	垫层 混凝土	m^3	0.4150
04-3-6-15	砂滤层	m^3	0.1290
04-3-8-21	安装沉降缝 发泡聚乙烯	m^2	0.2979
04-3-8-27	安装泄水孔 PVC塑料管	m	0.1500
04-5-1-9	现场绑扎钢筋 挡墙 挡土墙钢筋	t	0.1331
04-7-2-3	脚手架 简易	m^2	4.0000
04-7-3-21	桥涵工程模板 挡土墙 模板	m^2	8.0180
36030252	涤纶针刺土工布 $200g/m^2$	m^2	1.0000

第二章 道路工程

工作内容： 打桩、送桩、搭拆脚手架、安拆模板、绑扎钢筋、浇筑基础及墙身混凝土、安装沉降缝及泄水孔等。

定额编号			E-2-4-19
项目			L型混凝土挡墙
			H≥3.5m
名称		单位	m
人工	00070111	综合人工（土建）	工日	6.8300

	编号	名称	单位	数量
人工	00070111	综合人工（土建）	工日	6.8300
材料	01010311	热轧带肋钢筋（HRB400）φ10～32	t	0.1364
	01050102	钢丝绳	kg	0.0004
	02090101	塑料薄膜	m²	0.5265
	02190101	尼龙帽	个	2.8624
	02190201	尼龙绳	kg	0.0003
	02330401	草垫	只	0.3600
	03150101	圆钉	kg	0.1855
	03152501	镀锌铁丝	kg	0.7986
	04030115	黄砂 中粗	t	0.2281
	04050215	碎石 5～25	t	1.4098
	04050313	道碴 50～70	t	0.8059
	04290407	钢筋混凝土方桩（制品）	m³	1.0908
	05030121	木板成材	m³	0.0008
	15133551	发泡聚乙烯	m²	0.3128
	17250512	硬聚氯乙烯雨水管（PVC-U）φ150	m	0.1530
	33330507	铁件	kg	8.1303
	34110101	水	m³	0.6327
	35010101	钢模板	kg	5.1059
	35010703	木模板成材	m³	0.0208
	35020106	钢模支撑	kg	4.8308
	35020401	钢模零配件	kg	1.9075
	35030343	钢管 φ48.3×3.6	kg	0.5808
	35030612	钢管底座 φ48	只	0.0144
	35031213	迴转扣件 φ48	只	0.0364
	35031214	直角扣件 φ48	只	0.0728
	35031242	扣件螺栓	只	0.9696
	35091901	钢桩帽摊销	kg	0.0792
	35091911	送桩器摊销	kg	0.1390
	35092321	打桩专用圆木墩	只	0.0014
	36030252	涤纶针刺土工布 200g/m²	m²	1.0000
	80210416	预拌混凝土（泵送型）C20 粒径5～40	m³	1.8180
	80210514	预拌混凝土（非泵送型）C20 粒径5～20	m³	1.5251
	80210515	预拌混凝土（非泵送型）C20 粒径5～40	m³	0.4192
	X0045	其他材料费	%	0.3400
机械	99030030	履带式柴油打桩机 2.5t	台班	0.0596
	99050930	混凝土振捣器 插入式	台班	0.1660
	99050940	混凝土振捣器 平板式	台班	0.1485
	99070540	载重汽车 6t	台班	0.0281
	99090080	履带式起重机 10t	台班	0.1620
	99090090	履带式起重机 15t	台班	0.0596
	99130110	内燃光轮压路机 轻型	台班	0.0027
	99130350	内燃夯实机 700N·m	台班	0.0491
	99170030	钢筋切断机 φ40	台班	0.0673
	99170050	钢筋弯曲机 φ40	台班	0.0673

第三章　交通安全管理及照明工程

说 明

一、本章定额由交通标志、交通标线、交通信号设施、交通隔离设施、其他交通管理设施、照明设施，共六节组成。

二、交通标志：

1. 已综合考虑基础、预埋件、标杆、标牌等内容。其中，S 为允许版面最大总面积。
2. 凡成品主材实际规格与定额不同时，均可进行抽换，但人工及机械消耗量不变。
3. 交通标杆、龙门架成品杆件中已考虑紧固件等附属材料，使用定额时不得另行计算。
4. 单悬臂杆中，若杆件悬臂长度超过（含）10m，则为长悬臂杆，6t 载重汽车换为 8t 载重汽车。
5. 交通标志板中已综合考虑了反光膜，使用定额时不得另行计算。
6. 交通标志如遇高架、桥梁上安装时，应扣除土方开挖、垫层、混凝土基础、模板及钢筋等内容。

三、交通标线：

1. 纵向线及横道线均按涂料种类（溶剂型和热熔型）划分。若采用水性涂料或双组分涂料，则套用相应 2016 市政预算定额。
2. 黄侧石线可套用纵向线定额；箭头、文字字符、停止线、黄格线、导流线、减让线可套用横道线定额；其中文字字符按横道线定额，人工及机械台班数量乘以 1.2 系数；减让线按横道线定额，人工及机械台班数量乘以 1.05 系数。

四、交通信号设施：

1. 交通信号灯按不同等级道路交叉口分别套用定额。定额按十字交叉路口、区域控制编制。若为丁字交叉，则乘以 0.8 系数。若为线控制，则应采用国产信号机。
2. 定额未考虑交叉口渠化；若渠化，增加 1 根车道，可增加左转信号灯 1 个。
3. 交通信号灯定额中，电缆保护管按每断面 4 根计算，环形检测圈馈线按 3 圈计算。定额中不包括特征软件的编制及设备调试。
4. 定额中未包括区域联网及通信费，可另行计列。

五、交通隔离设施：

1. 活动式、固定式护栏长度按 2.5m/片，中央隔离墩长度按 2m/块，伸缩隔离护栏按 ϕ40 镀锌钢管 50kg/m 考虑。
2. 固定式隔离护栏定额中，已综合考虑膨胀螺栓护栏及预埋式护栏。
3. 禁入栅定额中，已包括混凝土基础，使用定额时不得另行计算。

六、其他交通管理设施：

1. 安装轮廓标定额中已综合考虑附着式和立柱式，其中立柱式中已包括混凝土基础，使用定额时不得另行计算。
2. 防撞筒定额中不包括灌注材料，发生时另行计算。
3. 铁制反光柱、路名牌等定额中未考虑混凝土基础，可套用本章相关定额另行计算。
4. 减速垄（50cm）成品中已包括膨胀螺丝，使用定额时不得另行计算。
5. 安装监控设备（摄像机）定额中按支架式摄像机（不可变焦）考虑。

七、照明设施：

1. 常规照明灯是指安装在高度≤15m 的灯杆上的照明器具；中杆照明灯是指安装在高度≤20m 的灯杆上的照明器具；高杆照明灯是指安装在高度＞20m 的灯杆上的照明器具。
2. 灯杆高度大于 15m 且小于 20m 时，套用常规照明灯定额，定额人工乘以 1.2 系数。

工程量计算规则

一、交通标志,按不同杆件形式、不同版面面积及门架跨径划分,以套计算。

二、交通标线,均按划线的净面积以 $100m^2$ 计算。文字标记按每个文字的整体外围尺寸面积以 $100m^2$ 计算。

三、交通信号灯,按不同等级道路交叉口划分,以处计算。

四、隔离护栏、禁入栅的安装长度按首尾立杆间的长度以米计算。

五、常规照明灯安装、高杆灯安装、地道涵洞灯安装、控制箱安装,均以套计算。

第一节 交 通 标 志

工作内容：挖土、铺筑垫层、浇筑混凝土基础、安装标杆及标志板等。

定额编号			E-3-1-1	E-3-1-2	E-3-1-3
项 目			φ89 单柱式标志杆 $S\leq 0.5m^2$ 套	φ114 单柱式标志杆 $S\leq 1.6m^2$ 套	φ127 单柱式标志杆 $S\leq 2.3m^2$ 套
预算定额 编号	预算定额 名称	预算定额 单位	数 量		
04-1-1-35	挖基坑土方 人工挖土 $S\leq 150m^2$ 深2m以内 一、二类土	m³	1.2600	2.2440	3.7400
04-2-5-14【换】	标志板安装 φ800	块	1.0000		
04-2-5-14【换】	标志板安装 φ1000	块		2.0000	
04-2-5-14【换】	标志板安装 φ1200	块			2.0000
04-2-5-2【换】	基础混凝土 C25 预拌混凝土（非泵送型）C30 粒径5～40	m³	0.7700	1.0050	1.8000
04-2-5-6	安装柱式标杆 φ89×4500	根	1.0000		
04-2-5-6	安装柱式标杆 φ114×4500	根		1.0000	
04-2-5-6	安装柱式标杆 φ127×5000	根			1.0000
04-3-3-2	垫层 混凝土 预拌混凝土（非泵送型）C20 粒径5～40	m³	0.1400	0.2040	0.3400
04-5-1-22	预埋铁件	t	0.0189	0.0225	0.0268
04-5-1-3	现场绑扎钢筋 桥梁 基础钢筋	t	0.0509	0.0992	0.1510
04-7-3-4	桥涵工程模板 基础 模板	m²	3.2000	5.0000	6.6000

工作内容： 挖土、铺筑垫层、浇筑混凝土基础、安装标杆及标志板等。

	定额编号		E-3-1-1	E-3-1-2	E-3-1-3
	项 目		$\phi 89$ 单柱式标志杆	$\phi 114$ 单柱式标志杆	$\phi 127$ 单柱式标志杆
			$S \leqslant 0.5 m^2$	$S \leqslant 1.6 m^2$	$S \leqslant 2.3 m^2$
	名 称	单位	套	套	套
人工	00070111 综合人工（土建）	工日	2.3801	3.6671	5.5760
	00070117 综合人工（安装）	工日	1.3081	1.6481	1.6481
材料	Z36210121-1 圆形标志板（高强级）ϕ800	块	(1.0000)		
	Z36210121-2 圆形标志板（高强级）ϕ1000	块		(2.0000)	
	Z36210121-3 圆形标志板（高强级）ϕ1200	块			(2.0000)
	Z36220211 单柱杆（上部）ϕ90×5000 直杆	根	(1.0000)	(1.0000)	(1.0000)
	01010311 热轧带肋钢筋（HRB400）ϕ10~32	t	0.0372	0.0717	0.1086
	01010411 热轧光圆钢筋（HPB300）$\phi \leqslant 10$	t	0.0161	0.0314	0.0478
	01150101 热轧型钢 综合	t	0.0065	0.0077	0.0092
	01290301 热轧钢板（中厚板）	t	0.0113	0.0134	0.0160
	02090101 塑料薄膜	m^2	0.7176	0.9367	1.6776
	03130101 电焊条	kg	0.3345	0.5330	0.7494
	03150101 圆钉	kg	0.1533	0.2395	0.3161
	03152501 镀锌铁丝	kg	0.2166	0.4221	0.6425
	14390101 氧气	m^3	0.0730	0.0868	0.1034
	14390301 乙炔气	m^3	0.0261	0.0310	0.0369
	17010101 焊接钢管	t	0.0010	0.0012	0.0014
	34110101 水	m^3	0.4354	0.5683	1.0179
	35010101 钢模板	kg	2.0378	3.1840	4.2029
	35010703 木模板成材	m^3	0.0096	0.0150	0.0198
	35020106 钢模支撑	kg	0.8016	1.2525	1.6533
	35020401 钢模零配件	kg	3.8560	6.0250	7.9530
	80210515 预拌混凝土（非泵送型）C20 粒径 5~40	m^3	0.1414	0.2060	0.3434
	80210521 预拌混凝土（非泵送型）C30 粒径 5~40	m^3	0.7777	1.0151	1.8180
	X0045 其他材料费	%	0.0200	0.0100	0.0200
机械	99050940 混凝土振捣器 平板式	台班	0.0267	0.0356	0.0628
	99070540 载重汽车 6t	台班	0.1590	0.2534	0.2582
	99090080 履带式起重机 10t	台班	0.0074	0.0115	0.0152
	99091780 平台作业升降车 9m	台班	0.1000	0.2000	0.2000
	99170030 钢筋切断机 ϕ40	台班	0.0295	0.0574	0.0872
	99170050 钢筋弯曲机 ϕ40	台班	0.0293	0.0571	0.0869
	99250020 交流弧焊机 32kV·A	台班	0.0958	0.1442	0.1974

工作内容： 挖土、铺筑垫层、浇筑混凝土基础、安装标杆及标志板等。

定额编号			E-3-1-4	E-3-1-5	E-3-1-6
项 目			ϕ68 双柱式标志杆	ϕ168 双柱式标志杆	ϕ219 双柱式标志杆
			$S\leq1.1m^2$	$S\leq12.0m^2$	$S\leq20.0m^2$
			套	套	套
预算定额编号	预算定额名称	预算定额单位	数 量		
04-1-1-35	挖基坑土方 人工挖土 S≤150m² 深2m以内 一、二类土	m³	2.5200	13.0680	19.0080
04-2-5-15【换】	标志板安装 1800×600	块	1.0000		
04-2-5-16【换】	标志板安装 4000×3000	块		1.0000	
04-2-5-16【换】	标志板安装 5000×4000	块			1.0000
04-2-5-2【换】	基础混凝土 C25 预拌混凝土（非泵送型）C30 粒径5～40	m³	1.5400	5.6340	7.6500
04-2-5-6【系】	安装双柱式标杆 ϕ68×2500	根	1.0000		
04-2-5-6【系】	安装双柱式标杆 ϕ168×6000	根		1.0000	
04-2-5-6【系】	安装双柱式标杆 ϕ219×6000	根			1.0000
04-3-3-2	垫层 混凝土 预拌混凝土（非泵送型）C20 粒径5～40	m³	0.2800	0.9680	1.4080
04-5-1-22	预埋铁件	t	0.0379	0.0957	0.2311
04-5-1-3	现场绑扎钢筋 桥梁 基础钢筋	t	0.1017	0.5310	0.6726
04-7-3-4	桥涵工程模板 基础 模板	m²	6.4000	20.0000	25.0000

工作内容：挖土、铺筑垫层、浇筑混凝土基础、安装标杆及标志板等。

	定 额 编 号		E-3-1-4	E-3-1-5	E-3-1-6
	项 目		φ68 双柱式标志杆 $S\leqslant1.1m^2$	φ168 双柱式标志杆 $S\leqslant12.0m^2$	φ219 双柱式标志杆 $S\leqslant20.0m^2$
	名 称	单位	套	套	套
人工	00070111	综合人工(土建)	工日	4.7616	18.4385	26.9162
	00070117	综合人工(安装)	工日	2.9562	4.6562	4.6562
材料	Z36210124-1	标志板(高强级) $S\leqslant2m^2$ δ3 1800×600	块	(1.0000)		
	Z36210127-1	标志板(高强级) $S\leqslant12m^2$ δ3 4000×3000	块		(1.0000)	
	Z36210127-2	标志板(高强级) $S\leqslant20m^2$ δ3 5000×4000	块			(1.0000)
	Z36220211	单柱杆(上部)φ90×5000直杆	根	(1.0000)	(1.0000)	(1.0000)
	01010311	热轧带肋钢筋(HRB400)φ10~32	t	0.0744	0.3822	0.4910
	01010411	热轧光圆钢筋(HPB300)φ≤10	t	0.0322	0.1682	0.2130
	01150101	热轧型钢 综合	t	0.0130	0.0328	0.0792
	01290301	热轧钢板(中厚板)	t	0.0226	0.0570	0.1378
	02090101	塑料薄膜	m²	1.4353	5.2509	7.1298
	03130101	电焊条	kg	0.6695	2.6475	4.2655
	03150101	圆钉	kg	0.3066	0.9580	1.1975
	03152501	镀锌铁丝	kg	0.4327	2.2594	2.8619
	14390101	氧气	m³	0.1463	0.3694	0.8920
	14390301	乙炔气	m³	0.0522	0.1319	0.3186
	17010101	焊接钢管	t	0.0020	0.0051	0.0124
	34110101	水	m³	0.8709	3.1860	4.3261
	35010101	钢模板	kg	4.0755	12.7360	15.9200
	35010703	木模板成材	m³	0.0192	0.0600	0.0750
	35020106	钢模支撑	kg	1.6032	5.0100	6.2625
	35020401	钢模零配件	kg	7.7120	24.1000	30.1250
	80210515	预拌混凝土(非泵送型) C20 粒径5~40	m³	0.2828	0.9777	1.4221
	80210521	预拌混凝土(非泵送型) C30 粒径5~40	m³	1.5554	5.6903	7.7265
	X0045	其他材料费	%	0.0200	0.0200	0.0200
机械	99050940	混凝土振捣器 平板式	台班	0.0534	0.1932	0.2657
	99070540	载重汽车 6t	台班	0.3180	0.5368	0.5518
	99090080	履带式起重机 10t	台班	0.0147	0.0460	0.0575
	99091780	平台作业升降车 9m	台班	0.2000	0.4000	0.4000
	99170030	钢筋切断机 φ40	台班	0.0590	0.3067	0.3900
	99170050	钢筋弯曲机 φ40	台班	0.0585	0.3054	0.3869
	99250020	交流弧焊机 32kV·A	台班	0.1917	0.6986	1.2102

工作内容： 挖土、铺筑垫层、浇筑混凝土基础、安装标杆及标志板等。

定额编号			E-3-1-7	E-3-1-8	E-3-1-9
项　　目			φ168	φ219	φ273
			2F 单悬臂标志杆	3F 单悬臂标志杆	
			S≤3.5m²	S≤7.0m²	S≤10.0m²
			套	套	套
预算定额编号	预算定额名称	预算定额单位	数　　量		
04-1-1-35	挖基坑土方 人工挖土 S≤150m² 深2m以内 一、二类土	m³	6.5340	9.5040	10.9890
04-2-5-17【换】	标志板安装 2500×1000	块	1.0000		
04-2-5-17【换】	标志板安装 3500×2000	块		1.0000	
04-2-5-17【换】	标志板安装 4000×2400	块			1.0000
04-2-5-2【换】	基础混凝土 C25 预拌混凝土（非泵送型）C30 粒径5～40	m³	2.8170	3.8250	4.3240
04-2-5-8	安装单悬臂杆 φ168×6700 2F杆	根	1.0000		
04-2-5-8	安装单悬臂杆 φ219×7700 3F杆	根		1.0000	
04-2-5-8	安装单悬臂杆 φ273×8500 3F杆	根			1.0000
04-3-3-2	垫层 混凝土 预拌混凝土（非泵送型）C20 粒径5～40	m³	0.4840	0.7040	0.8140
04-5-1-22	预埋铁件	t	0.0479	0.1067	0.1403
04-5-1-3	现场绑扎钢筋 桥梁 基础钢筋	t	0.2655	0.0336	0.3768
04-7-3-4	桥涵工程模板 基础 模板	m²	10.0000	12.5000	13.7500

工作内容：挖土、铺筑垫层、浇筑混凝土基础、安装标杆及标志板等。

定额编号			E-3-1-7	E-3-1-8	E-3-1-9
项　目			φ168	φ219	φ273
			2F 单悬臂标志杆	3F 单悬臂标志杆	
			S≤3.5m²	S≤7.0m²	S≤10.0m²
名　称		单位	套	套	套
人工	00070111	综合人工(土建)	工日	9.2202	11.5525	15.4233
	00070117	综合人工(安装)	工日	7.9006	7.9006	7.9006
材料	Z36210130-1	标志板(高强级) S≤4.5m² δ3 2500×1000	块	(1.0000)		
	Z36210130-2	标志板(高强级) S≤7m² δ3 3500×2000	块		(1.0000)	
	Z36210130-3	标志板(高强级) S≤12m² δ3 4000×2400	块			(1.0000)
	Z36220411	单悬臂杆(上部) φ114×6500 F杆	根	(1.0000)	(1.0000)	(1.0000)
	01010311	热轧带肋钢筋(HRB400) φ10~32	t	0.1911	0.0305	0.2758
	01010411	热轧光圆钢筋(HPB300) φ≤10	t	0.0841	0.0106	0.1193
	01150101	热轧型钢 综合	t	0.0164	0.0366	0.0481
	01290301	热轧钢板(中厚板)	t	0.0286	0.0636	0.0836
	02090101	塑料薄膜	m²	2.6254	3.5649	4.0300
	03130101	电焊条	kg	1.3242	1.0029	2.4795
	03150101	圆钉	kg	0.4790	0.5988	0.6586
	03152501	镀锌铁丝	kg	1.1297	0.1430	1.6033
	14390101	氧气	m³	0.1849	0.4119	0.5416
	14390301	乙炔气	m³	0.0660	0.1471	0.1934
	17010101	焊接钢管	t	0.0026	0.0057	0.0075
	34110101	水	m³	1.5930	2.1630	2.4452
	35010101	钢模板	kg	6.3680	7.9600	8.7560
	35010703	木模板成材	m³	0.0300	0.0375	0.0413
	35020106	钢模支撑	kg	2.5050	3.1313	3.4444
	35020401	钢模零配件	kg	12.0500	15.0625	16.5688
	80210515	预拌混凝土(非泵送型) C20 粒径 5~40	m³	0.4888	0.7110	0.8221
	80210521	预拌混凝土(非泵送型) C30 粒径 5~40	m³	2.8452	3.8632	4.3672
	X0045	其他材料费	%	0.0200	0.0200	0.0200
机械	99050940	混凝土振捣器 平板式	台班	0.0966	0.1329	0.1509
	99070540	载重汽车 6t	台班	0.2056	0.2131	0.2168
	99070550	载重汽车 8t	台班	0.5000	0.5000	0.5000
	99090080	履带式起重机 10t	台班	0.0230	0.0288	0.0316
	99090360	汽车式起重机 8t	台班	0.1973	0.1973	0.1973
	99091780	平台作业升降车 9m	台班	0.5000	0.5000	0.5000
	99170030	钢筋切断机 φ40	台班	0.1534	0.0208	0.2187
	99170050	钢筋弯曲机 φ40	台班	0.1527	0.0193	0.2167
	99250020	交流弧焊机 32kV·A	台班	0.3495	0.3421	0.7100

工作内容：挖土、铺筑垫层、浇筑混凝土基础、安装标杆及标志板等。

定额编号			E-3-1-10	E-3-1-11	E-3-1-12
项　目			φ299	φ325	φ377
			3F 单悬臂标志杆		
			S≤14.0m²	S≤16.0m²	S≤20.0m²
			套	套	套
预算定额编号	预算定额名称	预算定额单位	数　量		
04-1-1-35	挖基坑土方 人工挖土 S≤150m² 深2m以内 一、二类土	m³	13.9590	15.4440	16.9290
04-2-5-17【换】	标志板安装 3500×4000	块	1.0000		
04-2-5-17【换】	标志板安装 4500×3500	块		1.0000	
04-2-5-17【换】	标志板安装 5000×4000	块			1.0000
04-2-5-2【换】	基础混凝土 C25 预拌混凝土（非泵送型）C30 粒径5~40	m³	5.7370	6.2370	7.1480
04-2-5-8	安装单悬臂杆 φ299×9300 3F杆	根	1.0000		
04-2-5-8	安装单悬臂杆 φ325×9300 3F杆	根		1.0000	
04-2-5-8	安装单悬臂杆 φ377×9300 3F杆	根			1.0000
04-3-3-2	垫层 混凝土 预拌混凝土（非泵送型）C20 粒径5~40	m³	1.0340	1.1440	1.2540
04-5-1-22	预埋铁件	t	0.2262	0.2262	0.2262
04-5-1-3	现场绑扎钢筋 桥梁 基础钢筋	t	0.7501	0.8175	0.8949
04-7-3-4	桥涵工程模板 基础 模板	m²	16.2500	17.5000	18.7500

工作内容：挖土、铺筑垫层、浇筑混凝土基础、安装标杆及标志板等。

定额编号				E-3-1-10	E-3-1-11	E-3-1-12
项 目				φ299	φ325	φ377
				3F 单悬臂标志杆		
				S≤14.0m²	S≤16.0m²	S≤20.0m²
	名 称		单位	套	套	套
人工	00070111	综合人工（土建）	工日	22.0305	23.6607	25.6311
	00070117	综合人工（安装）	工日	7.9006	7.9006	7.9006
材料	Z36210130-4	标志板（高强级）S≤20m² δ3 3500×4000	块	(1.0000)		
	Z36210130-5	标志板（高强级）S≤20m² δ3 4500×3500	块		(1.0000)	
	Z36210130-6	标志板（高强级）S≤20m² δ3 5000×4000	块			(1.0000)
	Z36220411	单悬臂杆（上部）φ114×6500 F杆	根	(1.0000)	(1.0000)	(1.0000)
	01010311	热轧带肋钢筋（HRB400）φ10~32	t	0.5456	0.5933	0.6482
	01010411	热轧光圆钢筋（HPB300）φ≤10	t	0.2376	0.2589	0.2834
	01150101	热轧型钢 综合	t	0.0775	0.0775	0.0775
	01290301	热轧钢板（中厚板）	t	0.1348	0.1348	0.1348
	02090101	塑料薄膜	m²	5.3469	5.8129	6.6619
	03130101	电焊条	kg	4.4953	4.7305	5.0007
	03150101	圆钉	kg	0.7784	0.8383	0.8981
	03152501	镀锌铁丝	kg	3.1917	3.4785	3.8078
	14390101	氧气	m³	0.8731	0.8731	0.8731
	14390301	乙炔气	m³	0.3118	0.3118	0.3118
	17010101	焊接钢管	t	0.0121	0.0121	0.0121
	34110101	水	m³	3.2443	3.5270	4.0422
	35010101	钢模板	kg	10.3480	11.1440	11.9400
	35010703	木模板成材	m³	0.0488	0.0525	0.0563
	35020106	钢模支撑	kg	4.0706	4.3838	4.6969
	35020401	钢模零配件	kg	19.5813	21.0875	22.5938
	80210515	预拌混凝土（非泵送型） C20 粒径5~40	m³	1.0443	1.1554	1.2665
	80210521	预拌混凝土（非泵送型） C30 粒径5~40	m³	5.7944	6.2994	7.2195
	X0045	其他材料费	%	0.0200	0.0200	0.0200
机械	99050940	混凝土振捣器 平板式	台班	0.1985	0.2165	0.2460
	99070540	载重汽车 6t	台班	0.2243	0.2281	0.2319
	99070550	载重汽车 8t	台班	0.5000	0.5000	0.5000
	99090080	履带式起重机 10t	台班	0.0374	0.0403	0.0431
	99090360	汽车式起重机 8t	台班	0.1973	0.1973	0.1973
	99091780	平台作业升降车 9m	台班	0.5000	0.5000	0.5000
	99170030	钢筋切断机 φ40	台班	0.4346	0.4733	0.5178
	99170050	钢筋弯曲机 φ40	台班	0.4315	0.4702	0.5147
	99250020	交流弧焊机 32kV·A	台班	1.2563	1.3090	1.3695

工作内容：挖土、铺筑垫层、浇筑混凝土基础、安装标杆及标志板等。

定额编号			E-3-1-13	E-3-1-14	E-3-1-15
项 目			φ168	φ273	φ325
			1T双悬臂标志杆	3T双悬臂标志杆	
			S≤4.0m²	S≤12.0m²	S≤20.0m²
			套	套	套
预算定额编号	预算定额名称	预算定额单位	数 量		
04-1-1-35	挖基坑土方 人工挖土 S≤150m² 深2m以内 一、二类土	m³	6.5340	10.9890	13.9590
04-2-5-16【换】	标志板安装 2000×1000	块	2.0000		
04-2-5-16【换】	标志板安装 2800×1800	块		2.0000	
04-2-5-16【换】	标志板安装 4000×2400	块			2.0000
04-2-5-2【换】	基础混凝土 C25 预拌混凝土（非泵送型）C30 粒径5～40	m³	2.8170	4.3240	5.7370
04-2-5-9	安装双悬臂杆 φ168×6400 1T杆	根	1.0000		
04-2-5-9	安装双悬臂杆 φ273×8500 3T杆	根		1.0000	
04-2-5-9	安装双悬臂杆 φ325×8000 3T杆	根			1.0000
04-3-3-2	垫层 混凝土 预拌混凝土（非泵送型）C20 粒径5～40	m³	0.4840	0.8140	1.0340
04-5-1-22	预埋铁件	t	0.0670	0.2262	0.2262
04-5-1-3	现场绑扎钢筋 桥梁 基础钢筋	t	0.2655	0.3768	0.7501
04-7-3-4	桥涵工程模板 基础 模板	m²	10.0000	13.7500	16.2500

工作内容： 挖土、铺筑垫层、浇筑混凝土基础、安装标杆及标志板等。

定额编号			E-3-1-13	E-3-1-14	E-3-1-15
项 目			φ168	φ273	φ325
			1T 双悬臂标志杆	3T 双悬臂标志杆	
			S≤4.0m²	S≤12.0m²	S≤20.0m²
名 称		单位	套	套	套
人工	00070111	综合人工（土建）	工日	9.5980	17.1222	22.0305
	00070117	综合人工（安装）	工日	10.0878	10.0878	10.0878
材料	Z36210127-3	标志板（高强级）S≤2m² δ3 2000×1000	块	(2.0000)		
	Z36210127-4	标志板（高强级）S≤7m² δ3 2800×1800	块		(2.0000)	
	Z36210127-5	标志板（高强级）S≤12m² δ3 4000×2400	块			(2.0000)
	Z36220511	双悬臂杆（上部）φ114×6500 单T杆	根	(1.0000)	(1.0000)	(1.0000)
	01010311	热轧带肋钢筋（HRB400）φ10~32	t	0.1923	0.2812	0.5456
	01010411	热轧光圆钢筋（HPB300）φ≤10	t	0.0841	0.1193	0.2376
	01150101	热轧型钢 综合	t	0.0230	0.0775	0.0775
	01290301	热轧钢板（中厚板）	t	0.0399	0.1348	0.1348
	02090101	塑料薄膜	m²	2.6254	4.0300	5.3469
	03130101	电焊条	kg	1.4827	3.1925	4.4953
	03150101	圆钉	kg	0.4790	0.6586	0.7784
	03152501	镀锌铁丝	kg	1.1297	1.6033	3.1917
	14390101	氧气	m³	0.2586	0.8731	0.8731
	14390301	乙炔气	m³	0.0924	0.3118	0.3118
	17010101	焊接钢管	t	0.0036	0.0121	0.0121
	34110101	水	m³	1.5930	2.4452	3.2443
	35010101	钢模板	kg	6.3680	8.7560	10.3480
	35010703	木模板成材	m³	0.0300	0.0413	0.0488
	35020106	钢模支撑	kg	2.5050	3.4444	4.0706
	35020401	钢模零配件	kg	12.0500	16.5688	19.5813
	80210515	预拌混凝土（非泵送型）C20 粒径5~40	m³	0.4888	0.8221	1.0443
	80210521	预拌混凝土（非泵送型）C30 粒径5~40	m³	2.8452	4.3672	5.7944
	X0045	其他材料费	%	0.0200	0.0200	0.0200
机械	99050940	混凝土振捣器 平板式	台班	0.0966	0.1509	0.1985
	99070540	载重汽车 6t	台班	0.9656	0.9768	0.9843
	99090080	履带式起重机 10t	台班	0.0230	0.0316	0.0374
	99090360	汽车式起重机 8t	台班	0.2512	0.2512	0.2512
	99091780	平台作业升降车 9m	台班	0.8000	0.8000	0.8000
	99170030	钢筋切断机 φ40	台班	0.1536	0.2198	0.4346
	99170050	钢筋弯曲机 φ40	台班	0.1527	0.2167	0.4315
	99250020	交流弧焊机 32kV·A	台班	0.4060	0.9643	1.2563

工作内容：挖土、铺筑垫层、浇筑混凝土基础、安装标杆及标志板等。

定额编号			E-3-1-16	E-3-1-17	E-3-1-18	E-3-1-19
项 目			门架式标志杆			
			$L{\leqslant}10\text{m}$	$L{\leqslant}20\text{m}$	$L{\leqslant}30\text{m}$	$L{\leqslant}40\text{m}$
			$S{\leqslant}40.0\text{m}^2$	$S{\leqslant}72.0\text{m}^2$	$S{\leqslant}104.0\text{m}^2$	$S{\leqslant}136.0\text{m}^2$
			套	套	套	套
预算定额编号	预算定额名称	预算定额单位	数 量			
04-1-1-35	挖基坑土方 人工挖土 $S{\leqslant}150\text{m}^2$ 深2m以内 一、二类土	m³	30.8880	36.8280	48.7080	54.6480
04-2-5-10	安装龙门架 $L{\leqslant}10\text{m}$	套	1.0000			
04-2-5-11	安装龙门架 $L{\leqslant}20\text{m}$	套		1.0000		
04-2-5-12	安装龙门架 $L{\leqslant}30\text{m}$	套			1.0000	
04-2-5-13	安装龙门架 $L{\leqslant}40\text{m}$	套				1.0000
04-2-5-16【换】	标志板安装 4000×3000	块	2.0000	2.0000	3.0000	4.0000
04-2-5-17【换】	标志板安装 4500×3500	块	1.0000	3.0000	4.0000	5.0000
04-2-5-2【换】	基础混凝土 C25 预拌混凝土（非泵送型）C30 粒径5~40	m³	12.4740	15.3000	19.2860	21.2660
04-3-3-2	垫层 混凝土 预拌混凝土（非泵送型）C20 粒径5~40	m³	2.2880	2.7280	3.6080	4.0480
04-5-1-22	预埋铁件	t	0.2878	0.2553	0.2780	0.3311
04-5-1-3	现场绑扎钢筋 桥梁 基础钢筋	t	1.6350	1.9250	2.4080	2.6798
04-7-3-4	桥涵工程模板 基础 模板	m²	35.0000	40.0000	50.0000	55.0000

工作内容：挖土、铺筑垫层、浇筑混凝土基础、安装标杆及标志板等。

	定额编号		E-3-1-16	E-3-1-17	E-3-1-18	E-3-1-19
			门架式标志杆			
	项 目		L≤10m	L≤20m	L≤30m	L≤40m
			S≤40.0m²	S≤72.0m²	S≤104.0m²	S≤136.0m²
	名 称	单位	套	套	套	套
人工	00070111	综合人工(土建)	工日	44.0654	50.6294	63.7884	71.3580
	00070117	综合人工(安装)	工日	15.6900	27.1900	37.1600	47.1300
材料	Z36210127-1	标志板(高强级) S≤12m² δ3 4000×3000	块	(2.0000)	(2.0000)	(3.0000)	(4.0000)
	Z36210130-5	标志板(高强级) S≤20m² δ3 4500×3500	块	(1.0000)	(3.0000)	(4.0000)	(5.0000)
	Z36220111	龙门架 L≤10m	套	(1.0000)			
	Z36220121	龙门架 L≤20m	套		(1.0000)		
	Z36220131	龙门架 L≤30m	套			(1.0000)	
	Z36220141	龙门架 L≤40m	套				(1.0000)
	01010311	热轧带肋钢筋(HRB400) φ10~32	t	1.1762	1.3796	1.7232	1.9190
	01010411	热轧光圆钢筋(HPB300) φ≤10	t	0.5178	0.6096	0.7626	0.8487
	01150101	热轧型钢 综合	t	0.0987	0.0875	0.0953	0.1135
	01290301	热轧钢板(中厚板)	t	0.1715	0.1522	0.1657	0.1974
	02090101	塑料薄膜	m²	11.6258	14.2596	17.9746	19.8199
	03130101	电焊条	kg	8.0947	8.8372	10.7113	12.1006
	03150101	圆钉	kg	1.6765	1.9160	2.3950	2.6345
	03152501	镀锌铁丝	kg	6.9568	8.1909	10.2460	11.4025
	14390101	氧气	m³	1.1108	0.9855	1.0731	1.2780
	14390301	乙炔气	m³	0.3967	0.3520	0.3833	0.4565
	17010101	焊接钢管	t	0.0154	0.0137	0.0149	0.0177
	34110101	水	m³	7.0540	8.6522	10.9062	12.0259
	35010101	钢模板	kg	22.2880	25.4720	31.8400	35.0240
	35010703	木模板成材	m³	0.1050	0.1200	0.1500	0.1650
	35020106	钢模支撑	kg	8.7675	10.0200	12.5250	13.7775
	35020401	钢模零配件	kg	42.1750	48.2000	60.2500	66.2750
	80210515	预拌混凝土(非泵送型) C20 粒径5~40	m³	2.3109	2.7553	3.6441	4.0885
	80210521	预拌混凝土(非泵送型) C30 粒径5~40	m³	12.5987	15.4530	19.4789	21.4787
	X0045	其他材料费	%	0.0200	0.0200	0.0200	0.0200
机械	99050940	混凝土振捣器 平板式	台班	0.4330	0.5282	0.6721	0.7436
	99070540	载重汽车 6t	台班	0.8170	0.8320	1.2180	1.5890
	99070550	载重汽车 8t	台班	0.5000	1.5000	2.0000	2.5000
	99070560	载重汽车 10t	台班	0.5000	0.7500	0.8000	1.0000
	99090080	履带式起重机 10t	台班	0.0805	0.0920	0.1150	0.1265
	99090390	汽车式起重机 12t	台班	0.5000	0.7500		
	99090410	汽车式起重机 20t	台班			0.8000	1.0000
	99091780	平台作业升降车 9m	台班	1.8000	3.0500	4.0000	5.1000
	99170030	钢筋切断机 φ40	台班	0.9444	1.1108	1.3889	1.5460
	99170050	钢筋弯曲机 φ40	台班	0.9404	1.1073	1.3851	1.5414
	99250020	交流弧焊机 32kV·A	台班	2.1307	2.2614	2.7064	3.0762

第二节　交 通 标 线

工作内容： 放样、划线、护线、修整等。

定 额 编 号			E-3-2-1	E-3-2-2
项　目			纵向线	
			溶剂型涂料	热熔型涂料
			100m²	100m²
预算定额编号	预算定额名称	预算定额单位	数　量	
04-2-5-21	纵向线　溶剂型涂料	100m²	1.0000	
04-2-5-22	纵向线　热熔型涂料	100m²		1.0000

工作内容： 放样、划线、护线、修整等。

	定 额 编 号			E-3-2-1	E-3-2-2
	项　目			纵向线	
				溶剂型涂料	热熔型涂料
	名　称		单位	100m²	100m²
人工	00070111	综合人工(土建)	工日	0.7813	2.7350
材料	13110211	热熔标线涂料 2900	kg		500.0000
	13110311	热熔标线底漆 1200	kg		12.0000
	13111101	溶剂型涂料	kg	45.9000	
	14354310	稀释剂 T002	kg	2.3000	
	36210511	反光材料　玻璃珠 6950	kg		30.0000
机械	99070540	载重汽车 6t	台班	0.1391	0.3478
	99130680	热熔底漆车　手推式	台班		0.3907
	99130690	热熔釜熔解车	台班		0.3907
	99130750	划线车	台班	0.1563	
	99130770	热熔划线车　自行式	台班		0.3907

工作内容：放样、划线、护线、修整等。

定额编号			E-3-2-3	E-3-2-4
项　目			横道线	
			溶剂型涂料	热熔型涂料
			100m²	100m²
预算定额编号	预算定额名称	预算定额单位	数　量	
04-2-5-32	横道线 溶剂型涂料	100m²	1.0000	
04-2-5-33	横道线 热熔型涂料	100m²		1.0000

工作内容：放样、划线、护线、修整等。

定额编号				E-3-2-3	E-3-2-4
项　目				横道线	
				溶剂型涂料	热熔型涂料
	名　称		单位	100m²	100m²
人工	00070111	综合人工(土建)	工日	1.1719	5.4700
材料	13110211	热熔标线涂料 2900	kg		525.0000
	13110311	热熔标线底漆 1200	kg		12.0000
	13111101	溶剂型涂料	kg	48.1950	
	14354310	稀释剂 T002	kg	2.3000	
	36210511	反光材料 玻璃珠 6950	kg		30.0000
机械	99070540	载重汽车 6t	台班	0.2086	0.6955
	99130680	热熔底漆车 手推式	台班		0.7815
	99130690	热熔釜熔解车	台班		0.7815
	99130750	划线车	台班	0.2344	
	99130760	热熔划线车 手推式	台班		0.7815

工作内容： 放样、水喷、清扫、涂沥青油、清理场地等。

定 额 编 号			E-3-2-5
项 目			清除标线
			高压水洗
			100m²
预算定额编号	预算定额名称	预算定额单位	数 量
Y6-4-18	清除标线 高压水洗	100m²	1.0000

工作内容： 放样、水喷、清扫、涂沥青油、清理场地等。

	定 额 编 号		E-3-2-5
	项 目		清除标线
			高压水洗
	名 称	单位	100m²
人工	00070111 综合人工(土建)	工日	5.0000
材料	03211401 水洗机喷头	个	2.0000
	13310302 乳化沥青	kg	92.7000
	34110101 水	m³	4.0000
	X0045 其他材料费	%	5.0000
机械	99070540 载重汽车 6t	台班	1.0000
	99310110 高压水洗机 综合	台班	1.0000

第三节 交通信号设施

工作内容：浇筑基础，铺管，管内穿线，安装信号灯杆、信号灯、信号机、检测线圈等。

定额编号			E-3-3-1	E-3-3-2	E-3-3-3
项 目			主干路与主干路交叉口	主干路与次干路交叉口	主干路与支路交叉口
			区域控制		
			处	处	处
预算定额编号	预算定额名称	预算定额单位	数 量		
04-1-1-24	人工挖沟槽土方 深2m以内 一、二类土	m³	51.2000	43.2000	35.2000
04-1-1-35	挖基坑土方 人工挖土 S≤150m² 深2m以内 一、二类土	m³	21.5680	21.5680	18.0960
04-1-2-15	沟槽及基坑填筑 回填黄砂	m³	8.9600	7.5600	6.1600
04-2-5-2【换】	基础混凝土 C30 预拌混凝土（非泵送型）C30 粒径5～40	m³	19.5840	19.5840	16.5120
04-2-5-3	手孔井 565×465 预拌混凝土（非泵送型）C40 粒径5～16	座	8.0000	4.0000	6.0000
04-2-5-37	布设环形检测圈 导线	个	12.0000	10.0000	8.0000
04-2-5-38	布设环形检测圈 馈线	m	216.0000	180.0000	144.0000
04-2-5-4	手孔井 765×665 预拌混凝土（非泵送型）C40 粒径5～16	座	8.0000	8.0000	6.0000
04-2-5-49	安装单曲臂式信号灯杆 长≤6.5m	根		2.0000	2.0000
04-2-5-5	铺设电缆保护管	m	512.0000	432.0000	352.0000
04-2-5-50	安装双曲臂式信号灯杆 长≤6.5m	根	4.0000	2.0000	2.0000
04-2-5-52	安装车行柱式信号灯杆	根	4.0000		
04-2-5-52	安装人行柱式信号灯杆	根	8.0000	8.0000	6.0000
04-2-5-54	安装落地式信号机箱	只	1.0000	1.0000	1.0000
04-2-5-55	安装接地棒	根	36.0000	28.0000	28.0000
04-2-5-56【换】	安装直行信号灯	套	12.0000	10.0000	10.0000
04-2-5-56【换】	安装左转信号灯	套	8.0000	6.0000	4.0000
04-2-5-56【换】	安装人行信号灯	套	16.0000	12.0000	12.0000
04-2-5-58	管内穿导线	km	2.5000	2.2500	1.5000
04-2-5-59	管内穿电源线	km	0.1000	0.1000	0.1000
04-2-5-60	管内穿接地线	km	0.6000	0.5500	0.5000
04-2-5-61	安装进线管	根	1.0000	1.0000	1.0000
04-3-3-2	垫层 混凝土 预拌混凝土（非泵送型）C20 粒径5～40	m³	1.9840	1.9840	1.5840
04-7-3-4	桥涵工程模板 基础 模板	m²	80.6400	80.6400	65.2800

工作内容：浇筑基础，铺管，管内穿线，安装信号灯杆、信号灯、信号机、检测线圈等。

	定 额 编 号		E-3-3-1	E-3-3-2	E-3-3-3
	项 目		主干路与主干路交叉口	主干路与次干路交叉口	主干路与支路交叉口
			区域控制		
	名　　称	单位	处	处	处
人工	00070111　综合人工(土建)	工日	122.1840	108.4096	90.1658
	00070117　综合人工(安装)	工日	152.8074	130.9403	105.3148
材料	Z01130347　镀锌扁钢 1.5～2m	根	(37.0800)	(28.8400)	(28.8400)
	Z18254101　夹箍	副	(2.0000)	(2.0000)	(2.0000)
	Z25370311　交通信号灯 车行信号灯 JX-300L-3(LED)	套	(12.0000)	(10.0000)	(10.0000)
	Z25370321　箭头信号灯 JX-300L-3(LED)	套	(8.0000)	(6.0000)	(4.0000)
	Z25370441　交通信号灯 人行信号灯 TX-30LED	套	(16.0000)	(12.0000)	(12.0000)
	Z27062210　接地棒 $\phi50\times4\times2500$	根	(37.0800)	(28.8400)	(28.8400)
	Z28030254　铜芯聚氯乙烯绝缘线 BV-2×0.75mm^2	m	(103.0000)	(103.0000)	(103.0000)
	Z28030534　铜芯聚氯乙烯绝缘护套软线 RVV2×6mm^2	m	(618.0000)	(566.5000)	(515.0000)
	Z28030541　铜芯聚氯乙烯绝缘护套软线 RVV4×1.5mm^2	m	(2575.0000)	(2317.5000)	(1545.0000)
	Z28270211　屏蔽双绞电缆线(STP) RWP48/0.2×2	m	(222.4800)	(185.4000)	(148.3200)
	Z28431411　地感线圈线 FVN49/0.26	m	(296.6400)	(247.2000)	(197.7600)
	Z28431501　地感线圈线防水接头	只	(5.7600)	(4.8000)	(3.8400)
	Z29060535　聚氯乙烯电线管 DN40	根	(1.0000)	(1.0000)	(1.0000)
	Z36200101　信号机	个	(1.0000)	(1.0000)	(1.0000)
	Z36200211　落地式信号机箱	只	(1.0000)	(1.0000)	(1.0000)
	Z36200301　信号机箱底座	只	(1.0000)	(1.0000)	(1.0000)
	Z36220711　单曲臂信号灯杆(上部) 6.5m以内	套		(2.0000)	(2.0000)
	Z36220811　双曲臂式信号灯杆	根	(4.0000)	(2.0000)	(2.0000)
	Z36221011　柱式信号灯杆(上部)	套	(12.0000)	(12.0000)	(8.0000)
	02090101　塑料薄膜	m^2	18.2523	18.2523	15.3892
	03130101　电焊条	kg	2.1600	1.6800	1.6800
	03150101　圆钉	kg	3.8627	3.8627	3.1269
	03152501　镀锌铁丝	kg	1.7790	1.6265	1.1690
	03210901　切缝机刀片	片	0.2400	0.2000	0.1600
	04030115　黄砂 中粗	t	16.1237	13.6261	11.1027
	04050215　碎石 5～25	t	1.2272	0.9964	0.9204

(续表)

定额编号			E-3-3-1	E-3-3-2	E-3-3-3
项 目			主干路与主干路交叉口	主干路与次干路交叉口	主干路与支路交叉口
			区域控制		
名 称		单位	处	处	处
材料	04131711 蒸压灰砂砖	千块	1.1120	0.8896	0.8340
	14210101 环氧树脂	kg	31.2480	26.0400	20.8320
	17030129 镀锌焊接钢管 DN80	m	561.6128	473.8608	386.1088
	34110101 水	m³	11.8274	11.7098	9.8550
	35010101 钢模板	kg	51.3516	51.3516	41.5703
	35010703 木模板成材	m³	0.2419	0.2419	0.1958
	35020106 钢模支撑	kg	20.2003	20.2003	16.3526
	35020401 钢模零配件	kg	97.1712	97.1712	78.6624
	36012411 铸铁工井盖座 JXG-56	套	8.0000	4.0000	6.0000
	36012412 铸铁工井盖座 JXG-76	套	8.0000	8.0000	6.0000
	80060413 湿拌砌筑砂浆 WM M10.0	m³	0.0656	0.0532	0.0492
	80210515 预拌混凝土(非泵送型) C20 粒径 5～40	m³	2.0038	2.0038	1.5998
	80210521 预拌混凝土(非泵送型) C30 粒径 5～40	m³	19.7798	19.7798	16.6771
	80210525 预拌混凝土(非泵送型) C40 粒径 5～16	m³	1.0664	0.8524	0.7998
	X0045 其他材料费	%	0.0200	0.0200	0.0200
机械	99050870 混凝土切缝机	台班	1.4592	1.2160	0.9728
	99050940 混凝土振捣器 平板式	台班	1.2607	1.1608	0.9601
	99070540 载重汽车 6t	台班	9.9947	8.3734	7.1098
	99090080 履带式起重机 10t	台班	0.1855	0.1855	0.1501
	99090360 汽车式起重机 8t	台班	0.9588	0.9232	0.7456
	99091780 平台作业升降车 9m	台班	0.6000	0.5500	0.5500
	99250020 交流弧焊机 32kV·A	台班	1.4400	1.1200	1.1200
	99430080 柴油发电机 30kW	台班	1.4592	1.2160	0.9728
	99430200 电动空气压缩机 0.6m³/min	台班	1.4592	1.2160	0.9728

工作内容：浇筑基础,铺管,管内穿线,安装信号灯杆、信号灯、信号机、检测线圈等。

定额编号			E-3-3-4	E-3-3-5	E-3-3-6
项 目			次干路与 次干路交叉口	次干路与 支路交叉口	支路与 支路交叉口
			区域控制		
			处	处	处
预算定额 编号	预算定额 名称	预算定额 单位	数 量		
04-1-1-24	人工挖沟槽土方 深2m以内 一、二类土	m³	35.2000	27.2000	19.2000
04-1-1-35	挖基坑土方 人工挖土 S≤150m² 深2m以内 一、二类土	m³	21.5680	18.0960	14.6240
04-1-2-15	沟槽及基坑填筑 回填黄砂	m³	6.1600	4.7600	3.3600
04-2-5-2【换】	基础混凝土 C30 预拌混凝土 (非泵送型)C30 粒径 5～40	m³	19.5840	16.5120	13.4400
04-2-5-3	手孔井 565×465 预拌混凝土 (非泵送型)C40 粒径 5～16	座	8.0000	6.0000	4.0000
04-2-5-37	布设环形检测圈 导线	个	8.0000	6.0000	4.0000
04-2-5-38	布设环形检测圈 馈线	m	144.0000	108.0000	72.0000
04-2-5-4	手孔井 765×665 预拌混凝土 (非泵送型)C40 粒径 5～16	座	8.0000	6.0000	4.0000
04-2-5-49	安装单曲臂式信号灯杆 长≤6.5m	根	4.0000	4.0000	4.0000
04-2-5-5	铺设电缆保护管	m	352.0000	272.0000	192.0000
04-2-5-52	安装车行柱式信号灯杆	根	4.0000		
04-2-5-52	安装人行柱式信号灯杆	根	8.0000	6.0000	4.0000
04-2-5-54	安装落地式信号机箱	只	1.0000	1.0000	1.0000
04-2-5-55	安装接地棒	根	36.0000	28.0000	20.0000
04-2-5-56【换】	安装直行信号灯	套	8.0000	8.0000	8.0000
04-2-5-56【换】	安装左转信号灯	套	4.0000	2.0000	
04-2-5-56【换】	安装人行信号灯	套	8.0000	8.0000	8.0000
04-2-5-58	管内穿导线	km	2.0000	1.2500	0.5000
04-2-5-59	管内穿电源线	km	0.1000	0.1000	0.1000
04-2-5-60	管内穿接地线	km	0.5000	0.4500	0.4000
04-2-5-61	安装进线管	根	1.0000	1.0000	1.0000
04-3-3-2	垫层 混凝土 预拌混凝土(非泵送型)C20 粒径 5～40	m³	1.9840	1.5840	1.1840
04-7-3-4	桥涵工程模板 基础 模板	m²	80.6400	65.2800	49.9200

工作内容：浇筑基础，铺管，管内穿线，安装信号灯杆、信号灯、信号机、检测线圈等。

定额编号			E-3-3-4	E-3-3-5	E-3-3-6
项目			次干路与 次干路交叉口	次干路与 支路交叉口	支路与 支路交叉口
			区域控制		
名 称		单位	处	处	处
人工	00070111	综合人工(土建)	工日	99.7792	78.9634	58.1477
	00070117	综合人工(安装)	工日	115.3293	86.5757	57.8222
材料	Z01130347	镀锌扁钢 1.5～2m	根	(37.0800)	(28.8400)	(20.6000)
	Z18254101	夹箍	副	(2.0000)	(2.0000)	(2.0000)
	Z25370311	交通信号灯 车行信号灯 JX-300L-3(LED)	套	(8.0000)	(8.0000)	(8.0000)
	Z25370321	箭头信号灯 JX-300L-3(LED)	套	(4.0000)	(2.0000)	
	Z25370441	交通信号灯 人行信号灯 TX-30LED	套	(8.0000)	(8.0000)	(8.0000)
	Z27062210	接地棒 φ50×4×2500	根	(37.0800)	(28.8400)	(20.6000)
	Z28030254	铜芯聚氯乙烯绝缘线 BV-2×0.75mm²	m	(103.0000)	(103.0000)	(103.0000)
	Z28030534	铜芯聚氯乙烯绝缘护套软线 RVV2×6mm²	m	(515.0000)	(463.5000)	(412.0000)
	Z28030541	铜芯聚氯乙烯绝缘护套软线 RVV4×1.5mm²	m	(2060.0000)	(1287.5000)	(515.0000)
	Z28270211	屏蔽双绞电缆线（STP）RWP48/0.2×2	m	(148.3200)	(111.2400)	(74.1600)
	Z28431411	地感线圈线 FVN49/0.26	m	(197.7600)	(148.3200)	(98.8800)
	Z28431501	地感线圈线防水接头	只	(3.8400)	(2.8800)	(1.9200)
	Z29060535	聚氯乙烯电线管 DN40	根	(1.0000)	(1.0000)	(1.0000)
	Z36200101	信号机	个	(1.0000)	(1.0000)	(1.0000)
	Z36200211	落地式信号机箱	只	(1.0000)	(1.0000)	(1.0000)
	Z36200301	信号机箱底座	只	(1.0000)	(1.0000)	(1.0000)
	Z36220711	单曲臂信号灯杆(上部) 6.5m 以内	套	(4.0000)	(4.0000)	(4.0000)
	Z36221011	柱式信号灯杆(上部)	套	(12.0000)	(8.0000)	(4.0000)
	02090101	塑料薄膜	m²	18.2523	15.3892	12.5261
	03130101	电焊条	kg	2.1600	1.6800	1.2000
	03150101	圆钉	kg	3.8627	3.1269	2.3912
	03152501	镀锌铁丝	kg	1.4740	1.0165	0.5590

(续表)

	定 额 编 号		E-3-3-4	E-3-3-5	E-3-3-6
	项 目		次干路与次干路交叉口	次干路与支路交叉口	支路与支路交叉口
			区域控制		
	名 称	单位	处	处	处
材料	03210901 切缝机刀片	片	0.1600	0.1200	0.0800
	04030115 黄砂 中粗	t	11.1733	8.6275	6.0817
	04050215 碎石 5～25	t	1.2272	0.9204	0.6136
	04131711 蒸压灰砂砖	千块	1.1120	0.8340	0.5560
	14210101 环氧树脂	kg	20.8320	15.6240	10.4160
	17030129 镀锌焊接钢管 DN80	m	386.1088	298.3568	210.6048
	34110101 水	m³	11.5922	9.7374	7.8826
	35010101 钢模板	kg	51.3516	41.5703	31.7891
	35010703 木模板成材	m³	0.2419	0.1958	0.1498
	35020106 钢模支撑	kg	20.2003	16.3526	12.5050
	35020401 钢模零配件	kg	97.1712	78.6624	60.1536
	36012411 铸铁工井盖座 JXG-56	套	8.0000	6.0000	4.0000
	36012412 铸铁工井盖座 JXG-76	套	8.0000	6.0000	4.0000
	80060413 湿拌砌筑砂浆 WM M10.0	m³	0.0656	0.0492	0.0328
	80210515 预拌混凝土(非泵送型) C20 粒径 5～40	m³	2.0038	1.5998	1.1958
	80210521 预拌混凝土(非泵送型) C30 粒径 5～40	m³	19.7798	16.6771	13.5744
	80210525 预拌混凝土(非泵送型) C40 粒径 5～16	m³	1.0664	0.7998	0.5332
	X0045 其他材料费	%	0.0200	0.0200	0.0200
机械	99050870 混凝土切缝机	台班	0.9728	0.7296	0.4864
	99050940 混凝土振捣器 平板式	台班	1.0608	0.8602	0.6596
	99070540 载重汽车 6t	台班	7.3216	5.7733	4.2250
	99090080 履带式起重机 10t	台班	0.1855	0.1501	0.1148
	99090360 汽车式起重机 8t	台班	0.8876	0.7100	0.5324
	99091780 平台作业升降车 9m	台班	0.5000	0.5000	0.5000
	99250020 交流弧焊机 32kV·A	台班	1.4400	1.1200	0.8000
	99430080 柴油发电机 30kW	台班	0.9728	0.7296	0.4864
	99430200 电动空气压缩机 0.6m³/min	台班	0.9728	0.7296	0.4864

第四节 交通隔离设施

工作内容：放样、安装、校正、固定、清扫等。

定额编号			E-3-4-1	E-3-4-2	E-3-4-3	E-3-4-4
项 目			活动式隔离护栏	固定式隔离护栏	中央分隔墩	伸缩隔离护栏
			m	m	m	m
预算定额编号	预算定额名称	预算定额单位	数 量			
04-2-5-40	车行道隔离护栏安装 活动式隔离护栏	m	1.0000			
04-2-5-41	车行道隔离护栏安装 固定式隔离护栏 膨胀螺栓	m		0.5000		
04-2-5-42	车行道隔离护栏安装 固定式隔离护栏 预埋式 预拌混凝土(非泵送型)C20 粒径5~20	m		0.5000		
04-2-5-43	车行道隔离护栏安装 中央分隔墩	m			1.0000	
04-2-5-44	车行道隔离护栏安装 伸缩隔离护栏	m				1.0000

工作内容：放样、安装、校正、固定、清扫等。

定额编号				E-3-4-1	E-3-4-2	E-3-4-3	E-3-4-4
项 目				活动式隔离护栏	固定式隔离护栏	中央分隔墩	伸缩隔离护栏
名 称			单位	m	m	m	m
人工	00070117	综合人工(安装)	工日	0.1020	0.1190	0.2000	0.1500
材料	Z36130401	固定式车行分隔栏	片		(0.4000)		
	Z36130501	活动式车行分隔栏	片	(0.4000)			
	Z36130601	伸缩隔离护栏(50kg/m)φ40镀锌钢管	m				(1.0000)
	03018103	膨胀螺栓(钢制)	套		0.4080		
	13010101	调和漆	kg	0.4043	0.4941		
	13056101	红丹防锈漆	kg	0.5747	0.7269		
	36131011	中央隔离墩 2m×0.8m	套			0.5000	
	80210514	预拌混凝土(非泵送型)C20 粒径5~20	m³		0.0133		
机械	99070540	载重汽车 6t	台班	0.0101	0.0118	0.0214	0.0134
	99090360	汽车式起重机 8t	台班			0.0170	

工作内容：挖土、浇筑基础、安装立柱及铁丝网等。

定 额 编 号			E-3-4-5
项　　　目			禁入栅
			$H=1.8$m
			m
预算定额编号	预算定额名称	预算定额单位	数　量
04-1-1-35	挖基坑土方 人工挖土 $S\leqslant 150$m² 深2m以内 一、二类土	m³	0.0300
04-2-5-2【换】	基础混凝土 预拌混凝土（非泵送型）C30 粒径5～40	m³	0.0300
04-7-3-4	桥涵工程模板 基础 模板	m²	0.2967
公路5-1-3-7	铁丝网	100m²	0.0180
公路5-1-3-3	钢管立柱	t	0.0017

工作内容：挖土、浇筑基础、安装立柱及铁丝网等。

	定 额 编 号		E-3-4-5
	项　　　目		禁入栅
			$H=1.8$m
			m
	名　　称	单位	
人工	00070111 综合人工(土建)	工日	0.0896
	00070117 综合人工(安装)	工日	0.1591
材料	01150103 热轧型钢 综合	kg	0.0004
	02090101 塑料薄膜	m²	0.0280
	03130101 电焊条	kg	0.0160
	03150101 圆钉	kg	0.0142
	03152115 镀锌铁丝网 $\phi 3.0\times 50\times 50$	m²	1.8360
	03154813 铁件	kg	0.0364
	17030156 镀锌焊接钢管 DN50	t	0.0013
	34110101 水	m³	0.0170
	35010101 钢模板	kg	0.1889
	35010703 木模板成材	m³	0.0009
	35020106 钢模支撑	kg	0.0743
	35020401 钢模零配件	kg	0.3575
	80210521 预拌混凝土(非泵送型)C30 粒径5～40	m³	0.0303
	X0045 其他材料费	％	0.0500
机械	99050940 混凝土振捣器 平板式	台班	0.0008
	99070520 载重汽车 4t	台班	0.0015
	99070540 载重汽车 6t	台班	0.0009
	99090080 履带式起重机 10t	台班	0.0007
	99250020 交流弧焊机 32kV·A	台班	0.0022

第五节 其他交通管理设施

工作内容：1. 放样、钻孔、开凿基坑、安装、清扫等。
2. 挖土、浇筑混凝土基础、安装轮廓标等。

定额编号			E-3-5-1	E-3-5-2
项　　目			安装反光道钉	安装轮廓标
			综合	
			只	只
预算定额编号	预算定额名称	预算定额单位	数　　量	
04-1-1-35	挖基坑土方 人工挖土 S≤150m² 深2m以内 一、二类土	m³	0.0300	
04-2-5-18	安装反光道钉 综合	只	1.0000	
04-2-5-19	安装轮廓标 附着式	只		0.8000
04-2-5-20	安装轮廓标 立柱式	只		0.2000
04-2-5-2【换】	基础混凝土 预拌混凝土（非泵送型）C30 粒径5～40	m³		0.0800
04-7-3-4	桥涵工程模板 基础 模板	m²		0.8000

工作内容： 1. 放样、钻孔、开凿基坑、安装、清扫等。
2. 挖土、浇筑混凝土基础、安装轮廓标等。

	定 额 编 号			E-3-5-1	E-3-5-2
	项 目			安装反光道钉	安装轮廓标
				综合	
	名 称		单位	只	只
人工	00070111	综合人工(土建)	工日		0.2194
	00070117	综合人工(安装)	工日	0.0680	0.1388
材料	Z36210551	反光道钉	个	(1.0000)	
	Z36213111	立柱式轮廓标	根		(0.2000)
	Z36213121	路边线轮廓标	个		(0.8000)
	02090101	塑料薄膜	m²		0.0746
	03018103	膨胀螺栓(钢制)	套		1.6000
	03150101	圆钉	kg		0.0383
	03211101	风镐凿子	根		0.0080
	14210101	环氧树脂	kg	0.2000	
	34110101	水	m³		0.0452
	35010101	钢模板	kg		0.5094
	35010703	木模板成材	m³		0.0024
	35020106	钢模支撑	kg		0.2004
	35020401	钢模零配件	kg		0.9640
	80210521	预拌混凝土(非泵送型) C30 粒径5~40	m³		0.0808
	X0045	其他材料费	%		0.0500
机械	99030780	道钉钻孔机	台班	0.0100	
	99050940	混凝土振捣器 平板式	台班		0.0022
	99070540	载重汽车 6t	台班	0.0089	0.0149
	99090080	履带式起重机 10t	台班		0.0018
	99330010	风镐	台班		0.0060
	99430200	电动空气压缩机 0.6m³/min	台班		0.0060

工作内容： 1. 定位、起吊、安装、校准等。
2. 安装、就位等。

定 额 编 号			E-3-5-3	E-3-5-4
项　　目			安装值警亭	安装防撞筒
			综合	
			只	只
预算定额编号	预算定额名称	预算定额单位	数　　量	
04-2-5-39	安装值警亭 综合	只	1.0000	
04-2-5-62	防撞筒	只		1.0000

工作内容： 1. 定位、起吊、安装、校准等。
2. 安装、就位等。

定 额 编 号			E-3-5-3	E-3-5-4
项　　目			安装值警亭	安装防撞筒
			综合	
			只	只
	名　　称	单位	只	只
人工	00070117　综合人工（安装）	工日	2.5000	0.3700
材料	Z36110311　防撞筒 高度920mm、φ900mm	个		(1.0000)
	Z36250201　中型值勤亭	只	(1.0000)	
机械	99070540　载重汽车 6t	台班	0.4450	0.0178
	99090360　汽车式起重机 8t	台班	0.5000	

工作内容： 安装、就位等。

定额编号			E-3-5-5	E-3-5-6
项 目			安装铁制反光柱	安装塑制反光柱
			根	根
预算定额编号	预算定额名称	预算定额单位	数 量	
04-2-5-64	安装铁制反光柱	根	1.0000	
04-2-5-65	安装塑制反光柱	根		1.0000

工作内容： 安装、就位等。

	定额编号			E-3-5-5	E-3-5-6
	项 目			安装铁制反光柱	安装塑制反光柱
	名 称		单位	根	根
人工	00070117	综合人工（安装）	工日	0.2400	0.1500
材料	Z36210311	反光柱 $\phi 90 \times 1200$	根	(1.0000)	
	Z36210332	塑制反光柱（EVA）$\phi 80, H=45cm$	根		(1.0000)
	03018103	膨胀螺栓（钢制）	套		3.0000
	03211101	风镐凿子	根	0.1250	
	X0045	其他材料费	％	2.0000	
机械	99070540	载重汽车 6t	台班	0.0267	0.0356
	99330010	风镐	台班	0.0600	
	99350150	冲击电钻	台班		0.0800
	99430200	电动空气压缩机 $0.6m^3/min$	台班	0.0300	

工作内容：放样、钻孔、安装、清扫等。

定 额 编 号			E-3-5-7	E-3-5-8
项 目			安装减速垄	安装路名牌
			m	套
预算定额编号	预算定额名称	预算定额单位	数 量	
04-2-5-67	安装减速垄	m	1.0000	
04-2-5-69	安装路名牌 B型	套		1.0000

工作内容：放样、钻孔、安装、清扫等。

	定 额 编 号			E-3-5-7	E-3-5-8
	项 目			安装减速垄	安装路名牌
	名 称		单位	m	套
人工	00070117	综合人工（安装）	工日	0.0840	0.3356
材料	Z36214012	B型铝板路名牌 LM1500×450	套		(1.0000)
	Z36290411	减速垄	块	(2.0000)	
机械	99070540	载重汽车 6t	台班	0.0748	0.1143
	99350150	冲击电钻	台班	0.0840	

工作内容：开箱检查、设备固定、安装、接线、初步调试等。

定 额 编 号			E-3-5-9	E-3-5-10
项 目			安装监控设备（摄像机）	安装监控设备（照相机）
			台	台
预算定额编号	预算定额名称	预算定额单位	数 量	
04-2-5-71	安装支架式摄像机	台	0.5000	
04-2-5-72	安装云台式摄像机	台	0.5000	
04-2-5-73	安装照相机	台		1.0000

工作内容：开箱检查、设备固定、安装、接线、初步调试等。

	定 额 编 号			E-3-5-9	E-3-5-10
	项 目			安装监控设备（摄像机）	安装监控设备（照相机）
	名 称		单位	台	台
人工	00070117	综合人工（安装）	工日	1.6500	3.4040
材料	Z30031113	摄像机 不变焦	台	(0.5000)	
	Z30031114	摄像机 可变焦	台	(0.5000)	
	Z30031201	数码相机	台		(1.0000)
	03014223	镀锌六角螺栓连母垫 M10×40	10套	0.4100	
	03018173	膨胀螺栓（钢制）M10	套	4.0600	
	03131851	松香焊锡丝（熔度55℃）φ2～3	kg	0.0100	
	14330114	乙醇（酒精）99.5%	kg	0.0300	
	30030311	电动云台	台	0.5000	
	30031301	摄像机支架	套	0.5000	
	X0045	其他材料费	%	0.5000	
机械	98051140	数字万用表 PS-56	台班	0.2000	0.2500
	98390530	彩色监视器 14″	台班	0.5000	
	99091780	平台作业升降车 9m	台班		0.2500

工作内容：现场拼装、安装、调整水平垂直度、固定、接线、初步调试等。

定额编号			E-3-5-11
项　目			安装可变信息情报板
			套
预算定额编号	预算定额名称	预算定额单位	数　量
04-2-5-74	安装可变信息情报板	套	1.0000

工作内容：现场拼装、安装、调整水平垂直度、固定、接线、初步调试等。

定额编号			E-3-5-11
项　目			安装可变信息情报板
名　　称		单位	套
人工	00070117	综合人工(安装)	工日	8.3400
材料	Z30032211	可变信息情报板 5m×5m	套	(1.0000)
	27061421	接地线 BVR-16mm²	m	10.2000
	27062210	接地棒 φ50×4×2500	根	1.0000
机械	99070540	载重汽车 6t	台班	1.3884
	99090360	汽车式起重机 8t	台班	0.5000
	99091780	平台作业升降车 9m	台班	1.1400

第六节 照 明 设 施

工作内容：1，2. 安装接地棒、敷设保护管及线缆、安装灯杆及灯具、配线及接线、单灯调试等。
　　　　　　3. 接线、单灯调试等。
　　　　　　4. 安装控制箱、调试等。

定额编号			E-3-6-1	E-3-6-2	E-3-6-3	E-3-6-4
项目			常规路灯	高杆路灯	地道照明	控制箱
			套	套	套	套
预算定额编号	预算定额名称	预算定额单位	数　量			
04-1-1-35	挖基础土方	m³	6.2800	112.5000		
04-1-1-24	挖沟槽土方	m³	41.2500			
04-2-5-55	安装接地棒	根	1	1.0000		
04-8-1-16	槽钢 制作	10m				0.2500
04-8-1-17	槽钢 安装	10m				0.2500
04-8-1-3	路灯控制箱 落地式安装	台				1.0000
04-8-2-17	开关箱、路灯编号	100个	0.0100	0.0100		0.0100
04-8-2-18	基础钢筋制作、安装	t	0.0300	3.4700		
04-8-2-19	架空线路工程 基础混凝土 C25	m³	0.3400	34.7000		
04-8-2-22	基础预埋件安装 法兰直径 400mm 以内	个	1.0000			
04-8-2-25	基础预埋件安装 法兰直径 1000mm 以上	个		1.0000		
04-8-3-14	电缆井设置 砖砌井 765×665	座	1.2000	1.0000		
04-8-3-2	电缆保护管理地敷设 钢管 DN100以内	10m	3.0000			
04-8-3-4	电缆敷设 水平敷设 截面 35mm² 以内	100m	0.3000			
04-8-3-6	电缆终端头制作安装 截面 35mm² 以内	个	3.0000			
04-8-4-10	接线盒安装	10个	0.1000	0.1000		
04-8-4-3	管内穿线 照明线路 导线截面 2.5mm² 以内	100m	0.1050	3.5000	0.1680	
04-8-5-2	常规照明灯安装 组装式单灯臂杆灯	10套	0.1000			
04-8-5-5【换】	高杆灯安装	套		1.0000		
04-8-5-6	地道涵洞灯	10套			0.1000	
04-8-5-8	单灯控制终端	10套	0.1000	0.1000		
04-8-5-9	区域控制器	套				1.0000
04-8-6-5	避雷针	套		2.0000		
04-8-7-1	单灯控制终端调试	10个	0.1000	0.1000		
04-8-7-2	区域控制器调试	套				1.0000
04-8-7-5	接地装置调试 接地极	10根				0.1000

工作内容: 1,2. 安装接地棒、敷设保护管及线缆、安装灯杆及灯具、配线及接线、单灯调试等。
　　　　　　3. 接线、单灯调试等。
　　　　　　4. 安装控制箱、调试等。

	定额编号		E-3-6-1	E-3-6-2	E-3-6-3	E-3-6-4
	项　目		常规路灯	高杆路灯	地道照明	控制箱
	名　称	单位	套	套	套	套
人工	00070111	综合人工(土建)	工日	21.3492	148.3190		
	00070117	综合人工(安装)	工日	13.3956	36.5086	0.5198	8.3245
材料	Z01010120	成型钢筋	t	(0.0303)	(3.5047)		
	Z01130347	镀锌扁钢 1.5~2m	根	(1.0300)	(1.0300)		
	Z01190269	热轧槽钢 10#	m				(2.6250)
	Z25330501	道路照明灯	套	(1.0100)	(10.0000)	(1.0100)	
	Z27050801	避雷针	根		(2.0000)		
	Z27062210	接地棒 φ50×4×2500	根	(1.0300)	(1.0300)		
	Z28030101	绝缘导线	m	(11.0250)	(367.5000)	(17.6400)	
	Z29060281	钢管(电缆保护管)	m	(31.2000)			
	Z29110101	接线盒(箱)	个	(1.0200)	(1.0200)		
	Z34130213	号码牌	个	(1.0100)	(1.0100)		(1.0100)
	01010120	成型钢筋	t		0.0180		
	01030102	钢丝	kg	0.0144	0.3150	0.0151	
	01130332	镀锌扁钢 40×4	kg		4.0200		
	01130351	镀锌扁钢 50×5	kg				0.5925
	01290602	镀锌薄钢板	kg				0.2500
	01530512	封铅 含铅65% 含锡35%	kg	0.3060			
	02070210	橡胶垫 δ2	m²	0.0210			
	02090101	塑料薄膜	m²	0.3169	32.3404		
	03014612	精制六角螺栓连母垫 M8×80	套	9.1800			
	03014623	精制六角螺栓连母垫 M10×75	套	24.4800			
	03014626	精制六角螺栓连母垫 M12×55	套				8.1600
	03018120	膨胀螺栓(钢制) M8×60	套			4.0800	
	03018123-1	膨胀螺栓(钢制) M10×80	套	4.8960			
	03130101	电焊条	kg	1.0707	15.5833		0.6150
	03131901	焊锡	kg	0.1500			
	03131941	焊锡膏 50g/瓶	kg	0.0300			
	03150101	圆钉	kg	0.1071	10.9270		
	03152508	镀锌铁丝 8#~12#	kg	0.0960			
	03152510	镀锌铁丝 10#~12#	kg	0.2100			
	03152546	镀锌铁丝 22#	kg	0.1196	13.8384		

(续表)

	定 额 编 号		E-3-6-1	E-3-6-2	E-3-6-3	E-3-6-4
	项 目		常规路灯	高杆路灯	地道照明	控制箱
	名 称	单位	套	套	套	套
材料	03210207 硬质合金冲击钻头 φ8～10	根	0.0480			
	04030115 黄砂 中粗	t	0.0356	0.0297	0	0
	04050215 碎石 5～25	t	0.1148	0.0957		
	04131754 蒸压灰砂砖 240×115×53	1000块	0.1001	0.0834		
	13010101 调和漆	kg				0.3750
	13011001 清油	kg		0.0200		0.1250
	13050201 铅油	kg		0.0400		
	13050511 醇酸防锈漆 C53-1	kg	1.3500	0.0400		0.4425
	13053111 沥青清漆	kg	0.3300			
	14050111 溶剂油 200#	kg				0.0875
	14050131 溶剂汽油	kg	0.3300			
	14050201 松香水	kg				0.1000
	14090611 电力复合脂 一级	kg	0.0900			
	14091901 凡士林	kg				0.0400
	14332511 硬脂酸 一级	kg	0.0150			
	14390101 氧气	m³	2.7400	0.2000		0.3750
	14390301 乙炔气	m³	1.1000	0.1000		0.0750
	14431411 自粘性橡胶带 20×5m	卷	1.5000			
	20110801 法兰	片	1.0030	1.0030		
	25510901 高杆灯灯盘	套		(1.0000)		
	25611211 单灯控制器	个	1.0300	1.0300		
	25611901 升降传动装置	套		(1.0000)		
	27061325 接地铜缆 25mm²	m				1.5750
	27170611 相色带 20×20m	卷	0.7800			
	27251301 沥青绝缘胶	kg	0.0300			
	28010705 镀锡裸铜绞线 16～25mm²	kg	0.6000			
	28020101 电缆	m	30.3000			
	28030214 铜芯聚氯乙烯绝缘线 BV-1.5mm²	m			1.6800	
	28030215 铜芯聚氯乙烯绝缘线 BV-2.5mm²	m	10.5000	73.5000		
	28030223 铜芯聚氯乙烯绝缘线 BV-50mm²	m		30.6000		
	29020631 电缆固定压板(铁件)	kg				1.2750
	29062303 锁紧螺母 M15～20(电管用)	个	2.2250	2.2250		
	29063206 塑料护口(电管用) DN15～20	个	2.2250	2.2250		

(续表)

	定 额 编 号		E-3-6-1	E-3-6-2	E-3-6-3	E-3-6-4
	项 目		常规路灯	高杆路灯	地道照明	控制箱
	名 称	单位	套	套	套	套
材料	29070361 电缆终端头	个	3.0600			
	29090216 铜接线端子 DT-25	个	3.0600			20.4000
	29190421-1 常规灯灯杆	套	(1.0000)			
	29190421-2 高杆灯灯杆	套		(1.0000)		
	29252633 电缆固定卡子 3×80	个	6.1800			
	29252681 镀锌电缆固定卡子 2×35	个	7.0200			
	29252815 镀锌电缆吊挂 3.0×50	套	2.1330	0	0	0
	29252901 电缆防盗夹	套	2.4000	2.0000		
	34110101 水	m³	0.1923	19.6228		
	34130112 塑料扁形标志牌	个	1.8000			
	35010102 组合钢模板	kg	1.4236	145.2889		
	35010703 木模板成材	m³	0.0068	0.6940		
	35020106 钢模支撑	kg	0.5600	57.1509		
	35020422 钢模零星卡具	kg	2.6938	274.9281		
	36011461 铸铁井盖井座	套	1.2000	1.0000		
	80060413 湿拌砌筑砂浆 WM M10.0	m³	0.0061	0.0051		
	80210518 预拌混凝土（非泵送型）C25 粒径 5~40	m³	0.3434	35.0470		
	80210521 预拌混凝土（非泵送型）C30 粒径 5~40	m³	0.0958	0.0798		
	X0045 其他材料费	％	2.1200	2.5600	3.0000	2.5600
机械	98010270 高精度定位采集设备	台班	0.1500	0.1500		1.0000
	98050580 接地电阻测试仪 3150	台班				0.0500
	98050980 数字万用表 F-87	台班	0.1500	0.1500		1.0000
	98051630 各量程电压电流表	台班	0.1500	0.1500		1.0000
	98410210 单灯终端调试手持设备	台班	0.1500	0.1500		
	98410310 区域控制器调试手持设备	台班				1.0000
	99050940 混凝土振捣器 平板式	台班	0.0095	0.9716		
	99070540 载重汽车 6t	台班	0.0966	1.2306		0.2210
	99090080 履带式起重机 10t	台班	0.0051	0.5205		
	99090360 汽车式起重机 8t	台班	0.1030	0.1500		
	99090400 汽车式起重机 16t	台班		0.5000		
	99091845 路灯高架工程车 14m	台班	0.0500		0.0500	
	99091847 路灯高架工程车 20m	台班		0.5000		
	99250010 交流弧焊机 21kV·A	台班	0.2250	0.9100		0.2015
	99250020 交流弧焊机 32kV·A	台班	0.0768	4.3001		

(续表)

第四章　桥涵工程

第四章 桥涵工程

说　明

一、本章定额由桩基工程、下部结构、上部结构、桥面系工程，共四节组成。

二、本章定额适用范围：

1. 单跨150m以内的城市桥梁工程（含高架桥梁）。
2. 护岸(包括防洪墙)工程。
3. 过水箱涵工程。

三、本章定额中的提升高度(指单跨内原地面至梁底的纵向平均高度)以8m为界；超过8m时，应考虑超高因素(悬浇箱梁除外)。

1. 按提升高度不同将全桥划分为若干段，超高段承台顶面以上的模板、钢筋的工程量，按表4-1调整相应定额中的人工消耗量、起重机械的规格及消耗量，且需分段计算。
2. 陆上安装钢筋混凝土梁可按表4-1调整相应定额中的人工及起重机械台班的消耗量，但起重机械的规格不作调整。

表4-1　人工及起重机械台班消耗量调整

项　目	模板、钢筋			陆上安装钢筋混凝土梁	
	人　工	10t履带式起重机		人　工	起重机械
提升高度 H (m)	消耗量系数	消耗量系数	规格调整为	消耗量系数	消耗量系数
$H \leqslant 15$	1.02	1.02	15t履带式起重机	1.10	1.25
$H \leqslant 22$	1.05	1.05	25t履带式起重机	1.25	1.60
$H > 22$	1.10	1.10	40t履带式起重机	1.50	2.00

四、桥涵及护岸工程中绝对标高2.2m以下部分的项目(不包括打桩与搭拆支架)，在无筑围堰等防水措施而需赶潮施工时，可按相应定额增计75%的人工及机械台班数量。

五、桩基工程：

1. 打桩及钻孔桩分水上与陆上两种，其划分范围如下(图4-1)：

（1）水上基础工程：凡从河道原有河岸线向陆地延伸2.5m范围，均属水上基础工程。

（2）陆上基础工程：水上基础工程范围以外的陆地部分，均属陆上基础工程，但不包括河塘坑洼地段。

在河塘坑洼地段，如平均水深超过2m时，可套用水上基础工程定额；平均水深在1～2m范围内，套用水上基础工程定额，其中水上工作平台消耗量乘以50%计算；平均水深在1m以内时，套用陆上基础工程。

2. 当钻孔灌注桩采用硬地法施工或在原有可利用道路上施工时，则不计陆上工作平台。

3. 本章定额按打直桩计算。打斜桩斜度在1∶6以内时，人工数量乘以1.33系数，机械台班数量乘以1.43系数。

4. 打桩定额中已包括送桩。

（1）钢筋混凝土桩送桩深度大于4m时，按相应定额乘以表4-2中的系数。

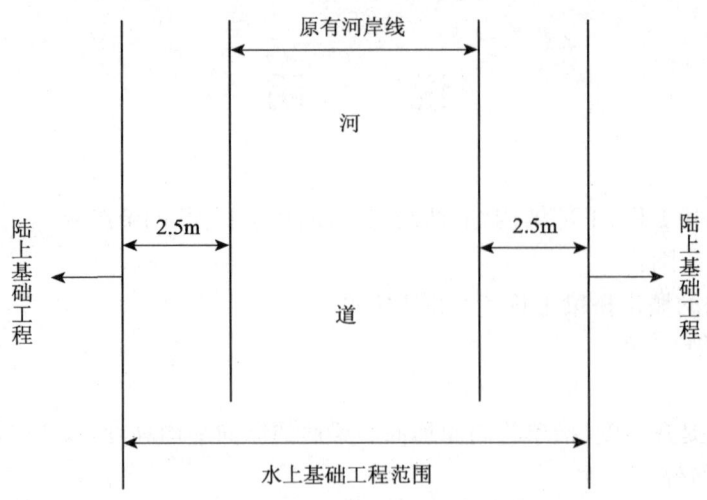

图 4-1 水上、陆上基础工程划分图示

表 4-2 钢筋混凝土桩调整系数

送桩深度	调整系数
5m 以内	1.2
6m 以内	1.5
7m 以内	2.0
7m 以上每超 1m 以 7m 为基数	1.75

(2) 钢管桩送桩根据送桩深度，按相应打桩定额的人工、机械台班数量乘以表 4-3 中系数。

表 4-3 钢管桩调整系数

送桩深度	调整系数
2m 以内	1.25
4m 以内	1.43
4m 以外	1.67

5. 静钻根植桩：
(1) 定额中已包括成孔、注浆、植桩(含送桩及接桩)、管桩填芯、声测管等内容。
(2) 预应力混凝土根植管桩可按设计桩径(指桩的节外径)调整。
(3) 注浆已考虑充盈系数和材料损耗，一般不予调整。桩端水灰比采用 0.6，桩周水灰比采用 1，实际配比不同可调整定额含量。
(4) 渣土及泥浆外运，套用第一章土方及基坑支护工程中相应定额另行计算。

六、下部结构：
1. 预制立柱、预制盖梁安装未考虑地基处理，发生时套用相关定额。
2. 现浇混凝土过水箱涵定额中不包括回填土。
3. 涵洞及出口护坡、出口挡墙按单孔考虑，双孔按相应定额乘以 1.8 系数。

七、上部结构：
1. 现浇盖梁及支架上现浇混凝土梁定额中不含支架及地基加固处理等内容，应根据设计要求另计。
2. 系杆、吊索定额中未包括锚具用量，但已包括锚具安装。

八、桥面系工程：
1. 沥青混凝土桥面铺装，套用第二章道路工程中相应定额。
2. 预制装配式防撞墙中不包括橡胶止水条及伸缩缝安装，在零星工程费中计列。
3. 钢管栏杆及钢扶手定额中钢材的材质、数量与设计不符时可以换算。
4. 隔声屏障定额可按设计要求调换屏体材料。若设置在路基上时，基础套用相应定额。
5. 伸缩缝按成品计列。
6. 桥面连续定额中已包括钢筋。

工程量计算规则

一、桩基工程

1. 打桩：

(1) 钢筋混凝土方桩按桩长（包括桩尖长度）乘以桩截面面积以立方米计算，钢筋混凝土管桩及PHC管桩按桩长（包括桩尖长度）以米计算。

(2) 钢管桩按设计长度（设计桩顶至桩底标高）、管径、壁厚以吨计算。

$$W = (D - \delta) \times \delta \times 0.0246 \times L / 1000$$

式中：W —— 钢管桩重量(t)；

D —— 钢管桩直径(mm)；

δ —— 钢管桩壁厚(mm)；

L —— 钢管桩长度(m)。

2. 钻孔灌注桩：

(1) 陆上灌注桩按设计桩长（设计桩顶至桩底），乘以设计桩径截面面积以立方米计算。

(2) 水上灌注桩按设计桩长增加0.75m，乘以设计桩径截面面积以立方米计算。

(3) 灌注桩后注浆按设计规定的单根注浆量以立方米计算。

3. 静钻根植桩按设计桩长以米计算。

二、下部结构

1. 现浇混凝土墙、板上单孔面积在0.3m²以内的孔洞体积不予扣除；单孔面积在0.3m²以外的应予扣除。

2. 现浇混凝土过水箱涵按设计箱涵混凝土体积以立方米计算，包括顶板、底板与侧墙连接的扩大部分。

3. 砌筑工程量按设计图尺寸以立方米计算，不扣除嵌入砌体中的钢管、沉降缝、伸缩缝以及单孔面积0.3m²以内的预留孔所占体积。

4. 抛石工程量按松方体积计算。

5. 安装预制构件按构件混凝土实体积计算，不包括空心部分。

6. 钢结构工程量按设计图纸的主材（不包括螺栓）质量以吨计算。

7. 钢立柱上的节点板、加强环、内衬管、牛腿等并入钢立柱工程量内。

三、上部结构

1. 混凝土工程量按设计尺寸以实体积（扣除空心板、梁的空心体积）计算，不扣除钢筋、铁丝、铁件、预留压浆孔道和螺栓所占的体积。

2. 钢箱梁质量为钢梁（含横隔板）、桥面板、横肋、横梁及锚筋之和。如为钢混组合梁结构，其结合部的剪力钉质量也应计入钢箱梁质量内。

3. 钢拱肋的工程量包括拱肋钢管、横撑、腹板、拱脚处外侧钢板、拱脚接头钢板及各种加劲块。

4. 橡胶支座按体积以立方分米计算，盆式组合支座按设计数量以个计算。

四、桥面系工程

1. 人行道按桥梁长度乘以两侧以米计算。

2. 安装钢管栏杆以米计算。

第一节 桩 基 工 程

工作内容： 1，2. 搭拆打桩工作平台，竖拆桩架，场内运输以及打、送、凿桩等。
3，4. 搭拆打桩工作平台，竖拆桩架，场内运输以及打、接、送、凿桩等。

定额编号			E-4-1-1	E-4-1-2	E-4-1-3	E-4-1-4
项　目			打钢筋混凝土方桩			
			$L \leqslant 12m$		$L \leqslant 28m$	
			陆上	支架上	陆上	支架上
			m^3	m^3	m^3	m^3
预算定额编号	预算定额名称	预算定额单位	数　量			
04-3-1-1	搭、拆陆上桩基础工作平台 锤重≤2.5t	m^2	4.0000			
04-3-1-17	组装、拆卸柴油打桩机 轨道式 锤重≤2.5t	架·次		0.0040		
04-3-1-18	组装、拆卸柴油打桩机 轨道式 锤重≤4.0t	架·次				0.0035
04-3-1-19	组装、拆卸柴油打桩机 履带式 锤重≤2.5t	架·次	0.0040			
04-3-1-2	搭、拆陆上桩基础工作平台 锤重≤5.0t	m^2			3.8830	
04-3-1-20	组装、拆卸柴油打桩机 履带式 锤重≤5.0t	架·次			0.0040	
04-3-1-23	打钢筋混凝土方桩 $L \leqslant 12m$ 陆上	m^3	1.0000			
04-3-1-24	打钢筋混凝土方桩 $L \leqslant 12m$ 支架上	m^3		1.0000		
04-3-1-25	打钢筋混凝土方桩 $L \leqslant 28m$ 陆上	m^3			1.0000	
04-3-1-26	打钢筋混凝土方桩 $L \leqslant 28m$ 支架上	m^3				1.0000
04-3-1-61	方桩焊接桩	个			0.2062	0.2062
04-3-1-7	搭、拆水上桩基础工作平台 锤重≤2.5t	m^2		4.0000		
04-3-1-70	送方桩 $L \leqslant 12m$ 陆上	m^3	0.0600			
04-3-1-71	送方桩 $L \leqslant 12m$ 支架上	m^3		0.0300		
04-3-1-72	送方桩 $L \leqslant 28m$ 陆上	m^3			0.0500	
04-3-1-73	送方桩 $L \leqslant 28m$ 支架上	m^3				0.0250
04-3-1-8	搭、拆水上桩基础工作平台 锤重≤4.0t	m^2				3.8830
04-3-5-39	预制构件场内运输	m^3	1.0000	1.0000	1.0000	1.0000
04-6-2-5【系】	拆除钢筋混凝土结构	m^3	0.0150	0.0150	0.0100	0.0100

工作内容: 1,2. 搭拆打桩工作平台,竖拆桩架,场内运输以及打、送、凿桩等。
3,4. 搭拆打桩工作平台,竖拆桩架,场内运输以及打、接、送、凿桩等。

	定 额 编 号		E-4-1-1	E-4-1-2	E-4-1-3	E-4-1-4
	项 目		打钢筋混凝土方桩			
			$L \leq 12m$		$L \leq 28m$	
			陆上	支架上	陆上	支架上
	名 称	单位	m^3	m^3	m^3	m^3
人工	00070111 综合人工(土建)	工日	1.0689	6.7018	1.2111	9.3980
材料	01050102 钢丝绳	kg	0.0001	0.0001	0.0001	0.0001
	01150103 热轧型钢 综合	kg		3.5640	5.2581	9.5515
	02190201 尼龙绳	kg	0.0001		0.0001	
	02330401 草垫	只	0.1200	0.0600	0.1000	0.0500
	03014101 六角螺栓连母垫	kg		1.0056		1.4984
	03130101 电焊条	kg			0.8248	0.8248
	03150101 圆钉	kg		0.0004		0.0004
	03152501 镀锌铁丝	kg		0.0100		0.0097
	03154813 铁件	kg	0.0100	1.6480	0.0100	2.4419
	03211101 风镐凿子	根	0.0042	0.0042	0.0028	0.0028
	03211121 破碎锤钎杆 φ140	根	0.0001	0.0001		
	04050215 碎石 5~25	t	0.6204		0.9036	
	04290407 钢筋混凝土方桩(制品)	m^3	1.0100	1.0100	1.0100	1.0100
	05030101 成材	m^3	0.0009	0.0009	0.0009	0.0009
	05030103 圆木	m^3		0.0996		0.1487
	05031801 枕木	m^3		0.0448		0.0513
	14390101 氧气	m^3	0.0055	0.0055	0.0037	0.0037
	14390301 乙炔气	m^3	0.0021	0.0021	0.0014	0.0014
	35091901 钢桩帽摊销	kg	0.0733	0.0733	0.0733	0.0733
	35091911 送桩器摊销	kg	0.0463	0.0232	0.0386	0.0193
	35092321 打桩专用圆木墩	只	0.0005	0.0002	0.0004	0.0002
	X0045 其他材料费	%	0.6500	0.6700	0.6400	0.6200
机械	99010060 履带式单斗液压挖掘机 1m^3	台班	0.0007	0.0007	0.0005	0.0005
	99010610 液压镐头	台班	0.0005	0.0005	0.0004	0.0004
	99030030 履带式柴油打桩机 2.5t	台班	0.0516			
	99030050 履带式柴油打桩机 5t	台班			0.0349	
	99030070 履带式柴油打桩机 8t	台班			0.0129	0.0129
	99030080 轨道式柴油打桩机 0.6t	台班		0.1584		0.2318
	99030120 轨道式柴油打桩机 2.5t	台班		0.0645		
	99030140 轨道式柴油打桩机 4t	台班				0.0473
	99070790 平板拖车组 60t	台班	0.0079	0.0079	0.0079	0.0079
	99090080 履带式起重机 10t	台班		0.1972		0.2734
	99090090 履带式起重机 15t	台班	0.0496	0.0625	0.0329	0.0456
	99090390 汽车式起重机 12t	台班	0.0200		0.0200	
	99090400 汽车式起重机 16t	台班		0.0200		
	99090410 汽车式起重机 20t	台班				0.0175
	99090450 汽车式起重机 40t	台班	0.0062	0.0062	0.0062	0.0062
	99091440 电动卷扬机 双筒快速50kN	台班		0.2404		0.3510
	99130110 内燃光轮压路机 轻型	台班	0.0012		0.0012	
	99130350 内燃夯实机 700N·m	台班	0.0216		0.0315	
	99250020 交流弧焊机 32kV·A	台班			0.0258	0.0258
	99330010 风镐	台班	0.0030	0.0030	0.0020	0.0020
	99410530 铁驳船 80t	t·d		73.9200		107.0543
	99430230 电动空气压缩机 6m^3/min	台班	0.0015	0.0015	0.0010	0.0010

工作内容：搭拆打桩工作平台，竖拆桩架，场内运输以及打、接、送、凿桩等。

定 额 编 号			E-4-1-5
项 目			打钢筋混凝土方桩
			L≤45m
			陆上
			m³
预算定额编号	预算定额名称	预算定额单位	数 量
04-3-1-21	组装、拆卸柴油打桩机 履带式 锤重≤7.0t	架·次	0.0033
04-3-1-27	打钢筋混凝土方桩 L≤45m 陆上	m³	1.0000
04-3-1-3	搭、拆陆上桩基础工作平台 锤重≤8.0t	m²	3.7341
04-3-1-61	方桩焊接桩	个	0.2126
04-3-1-74	送方桩 L≤45m 陆上	m³	0.0497
04-3-5-39	预制构件场内运输	m³	1.0000
04-6-2-5【系】	拆除钢筋混凝土结构	m³	0.0200

工作内容：搭拆打桩工作平台，竖拆桩架，场内运输以及打、接、送、凿桩等。

	定 额 编 号			E-4-1-5
	项 目			打钢筋混凝土方桩
				L≤45m
				陆上
				m³
	名 称		单位	
人工	00070111	综合人工（土建）	工日	1.2522
材料	01050102	钢丝绳	kg	0.0001
	01150103	热轧型钢 综合	kg	5.4213
	02190201	尼龙绳	kg	0.0001
	02330401	草垫	只	0.0994
	03130101	电焊条	kg	0.8504
	03154813	铁件	kg	0.0100
	03211101	风镐凿子	根	0.0056
	03211121	破碎锤钎杆 φ140	根	0.0001
	04050215	碎石 5～25	t	1.1583
	04290407	钢筋混凝土方桩（制品）	m³	1.0100
	05030101	成材	m³	0.0009
	14390101	氧气	m³	0.0073
	14390301	乙炔气	m³	0.0029
	35091901	钢桩帽摊销	kg	0.0733
	35091911	送桩器摊销	kg	0.0384
	35092321	打桩专用圆木墩	只	0.0004
	X0045	其他材料费	％	0.6200
机械	99010060	履带式单斗液压挖掘机 1m³	台班	0.0010
	99010610	液压镐头	台班	0.0007
	99030060	履带式柴油打桩机 7t	台班	0.0282
	99030070	履带式柴油打桩机 8t	台班	0.0169
	99070790	平板拖车组 60t	台班	0.0079
	99090090	履带式起重机 15t	台班	0.0302
	99090400	汽车式起重机 16t	台班	0.0165
	99090450	汽车式起重机 40t	台班	0.0062
	99130110	内燃光轮压路机 轻型	台班	0.0011
	99130350	内燃夯实机 700N·m	台班	0.0403
	99250020	交流弧焊机 32kV·A	台班	0.0266
	99330010	风镐	台班	0.0040
	99430230	电动空气压缩机 6m³/min	台班	0.0020

工作内容： 搭拆打桩工作平台，竖拆桩架，场内运输以及打、接、送桩，管桩填芯，吊放钢筋笼等。

定额编号			E-4-1-6	E-4-1-7	E-4-1-8	E-4-1-9
项目			打 PC 管桩			
			φ≤400		φ≤550	
			L≤16m		L≤24m	
			陆上	支架上	陆上	支架上
			m	m	m	m
预算定额编号	预算定额名称	预算定额单位	数量			
04-3-1-1	搭、拆陆上桩基础工作平台 锤重≤2.5t	m²	0.8492			
04-3-1-17	组装、拆卸柴油打桩机 轨道式 锤重≤2.5t	架·次		0.0010		
04-3-1-18	组装、拆卸柴油打桩机 轨道式 锤重≤4.0t	架·次				0.0006
04-3-1-19	组装、拆卸柴油打桩机 履带式 锤重≤2.5t	架·次	0.0010			
04-3-1-2	搭、拆陆上桩基础工作平台 锤重≤5.0t	m²			0.5661	
04-3-1-20	组装、拆卸柴油打桩机 履带式 锤重≤5.0t	架·次			0.0006	
04-3-1-28	打预应力混凝土管桩（PC桩）φ≤400，L≤16m 陆上	m	1.0000			
04-3-1-29	打预应力混凝土管桩（PC桩）φ≤400，L≤16m 支架上	m		1.0000		
04-3-1-30	打预应力混凝土管桩（PC桩）φ≤550，L≤24m 陆上	m			1.0000	
04-3-1-31	打预应力混凝土管桩（PC桩）φ≤550，L≤24m 支架上	m				1.0000
04-3-1-57	管桩填芯 混凝土 预拌混凝土（非泵送型）C20 粒径5～20	m³	0.0087	0.0087	0.0118	0.0118
04-3-1-65	预应力混凝土管桩（PC桩）电焊接桩 φ≤400	个	0.0625	0.0625		
04-3-1-66	预应力混凝土管桩（PC桩）电焊接桩 φ≤550	个			0.0417	0.0417
04-3-1-7	搭、拆水上桩基础工作平台 锤重≤2.5t	m²		0.8492		
04-3-1-75	送预应力混凝土管桩（PC桩）φ≤400 L≤16m 陆上	m	0.2500			
04-3-1-76	送预应力混凝土管桩（PC桩）φ≤400 L≤16m 支架上	m		0.2500		
04-3-1-77	送预应力混凝土管桩（PC桩）φ≤550 L≤24m 陆上	m			0.1667	
04-3-1-78	送预应力混凝土管桩（PC桩）φ≤550 L≤24m 支架上	m				0.1667
04-3-1-8	搭、拆水上桩基础工作平台 锤重≤4.0t	m²				0.5661
04-3-5-39	预制构件场内运输	m³	0.0910	0.0910	0.1257	0.1257
04-5-1-20	钻孔灌注桩 钢筋笼	t	0.0014	0.0014	0.0019	0.0019

工作内容： 搭拆打桩工作平台，竖拆桩架，场内运输以及打、接、送桩，管桩填芯，吊放钢筋笼等。

	定 额 编 号		E-4-1-6	E-4-1-7	E-4-1-8	E-4-1-9
			打PC管桩			
	项 目		φ≤400		φ≤550	
			L≤16m		L≤24m	
			陆上	支架上	陆上	支架上
	名 称	单位	m	m	m	m
人工	00070111 综合人工（土建）	工日	0.2002	1.3863	0.1957	1.3998
材料	01010311 热轧带肋钢筋（HRB400）φ10～32	t	0.0012	0.0012	0.0016	0.0016
	01010411 热轧光圆钢筋（HPB300）φ≤10	t	0.0002	0.0002	0.0003	0.0003
	01050102 钢丝绳	kg			0.0001	0.0001
	01150103 热轧型钢 综合	kg		0.7566		0.6259
	02190201 尼龙绳	kg	0.0001	0.0001	0.0002	0.0002
	02330401 草垫	只	0.0182	0.0182	0.0439	0.0439
	03014101 六角螺栓连母垫	kg		0.2135		0.2185
	03130101 电焊条	kg	0.0908	0.0908	0.0916	0.0916
	03150101 圆钉	kg		0.0001		0.0001
	03152501 镀锌铁丝	kg	0.0025	0.0046	0.0034	0.0048
	03154813 铁件	kg	0.0009	0.3487	0.0013	0.3558
	04050215 碎石 5～25	t	0.1317		0.1317	
	04290311 钢筋混凝土管桩 φ≤400	m	1.0100	1.0100		
	04290321 钢筋混凝土管桩 φ≤550	m			1.0100	1.0100
	05030101 成材	m³	0.0001	0.0001	0.0001	0.0001
	05030103 圆木	m³		0.0211		0.0217
	05031801 枕木	m³		0.0095		0.0075
	34110101 水	m³	0.0026	0.0026	0.0035	0.0035
	35091901 钢桩帽摊销	kg	0.0079	0.0079	0.0198	0.0198
	35091911 送桩器摊销	kg	0.0104	0.0104	0.0174	0.0174
	35092311 打桩专用方木板	只	0.0061	0.0061	0.0146	0.0146
	35092321 打桩专用圆木墩	只	0.0004	0.0004	0.0012	0.0012
	80210514 预拌混凝土（非泵送型）C20 粒径5～20	m³	0.0088	0.0088	0.0119	0.0119
机械	99030030 履带式柴油打桩机 2.5t	台班	0.0065			
	99030050 履带式柴油打桩机 5t	台班			0.0099	0.0026
	99030080 轨道式柴油打桩机 0.6t	台班		0.0336		0.0338
	99030120 轨道式柴油打桩机 2.5t	台班	0.0028	0.0112		
	99030140 轨道式柴油打桩机 4t	台班				0.0104
	99050930 混凝土振捣器 插入式	台班	0.0032	0.0032	0.0044	0.0044
	99070790 平板拖车组 60t	台班	0.0007	0.0007	0.0010	0.0010
	99090080 履带式起重机 10t	台班		0.0419		0.0399
	99090090 履带式起重机 15t	台班	0.0060	0.0079	0.0070	0.0101
	99090360 汽车式起重机 8t	台班	0.0005	0.0005	0.0007	0.0007
	99090390 汽车式起重机 12t	台班	0.0050		0.0030	
	99090400 汽车式起重机 16t	台班		0.0050		
	99090410 汽车式起重机 20t	台班				0.0030
	99090450 汽车式起重机 40t	台班	0.0006	0.0006	0.0008	0.0008
	99091440 电动卷扬机 双筒快速 50kN	台班		0.0510		0.0512
	99130110 内燃光轮压路机 轻型	台班	0.0003		0.0002	
	99130350 内燃夯实机 700N·m	台班	0.0046		0.0046	
	99170030 钢筋切断机 φ40	台班	0.0006	0.0006	0.0008	0.0008
	99250020 交流弧焊机 32kV·A	台班	0.0067	0.0067	0.0079	0.0079
	99410530 铁驳船 80t	t·d		15.6932		15.6074
	99440330 潜水泵 φ100	台班	0.0001	0.0001	0.0001	0.0001

工作内容：搭拆打桩工作平台，竖拆桩架，场内运输以及打、接、送桩，管桩填芯，吊放钢筋笼等。

定额编号			E-4-1-10
项目			打PC管桩 $\phi \leqslant 550$ $L \leqslant 32m$ 陆上 m
预算定额编号	预算定额名称	预算定额单位	数量
04-3-1-2	搭、拆陆上桩基础工作平台 锤重≤5.0t	m^2	0.4246
04-3-1-20	组装、拆卸柴油打桩机 履带式 锤重≤5.0t	架·次	0.0005
04-3-1-32	打预应力混凝土管桩(PC桩)$\phi \leqslant 550$，$L \leqslant 32m$ 陆上	m	1.0000
04-3-1-57	管桩填芯 混凝土 预拌混凝土(非泵送型)C20 粒径5~20	m^3	0.0088
04-3-1-66	预应力混凝土管桩(PC桩)电焊接桩 $\phi \leqslant 550$	个	0.0625
04-3-1-79	送预应力混凝土管桩(PC桩)$\phi \leqslant 550$ $L \leqslant 32m$ 陆上	m	0.1250
04-3-5-39	预制构件场内运输	m^3	0.1257
04-5-1-20	钻孔灌注桩 钢筋笼	t	0.0014

工作内容：搭拆打桩工作平台，竖拆桩架，场内运输以及打、接、送桩，管桩填芯，吊放钢筋笼等。

定 额 编 号				E-4-1-10
项　目				打 PC 管桩
				φ≤550
				L≤32m
				陆上
		名　称	单位	m
人工	00070111	综合人工（土建）	工日	0.1799
材料	01010311	热轧带肋钢筋（HRB400）φ10～32	t	0.0012
	01010411	热轧光圆钢筋（HPB300）φ≤10	t	0.0002
	01050102	钢丝绳	kg	
	02190201	尼龙绳	kg	0.0002
	02330401	草垫	只	0.0430
	03130101	电焊条	kg	0.1177
	03152501	镀锌铁丝	kg	0.0025
	03154813	铁件	kg	0.0013
	04050215	碎石 5～25	t	0.0988
	04290321	钢筋混凝土管桩 φ≤550	m	1.0100
	05030101	成材	m³	0.0001
	34110101	水	m³	0.0026
	35091901	钢桩帽摊销	kg	0.0198
	35091911	送桩器摊销	kg	0.0130
	35092311	打桩专用方木板	只	0.0143
	35092321	打桩专用圆木墩	只	0.0012
	80210514	预拌混凝土（非泵送型）C20 粒径 5～20	m³	0.0089
机械	99030050	履带式柴油打桩机 5t	台班	0.0090
	99030070	履带式柴油打桩机 8t	台班	0.0016
	99050930	混凝土振捣器 插入式	台班	0.0033
	99070790	平板拖车组 60t	台班	0.0010
	99090090	履带式起重机 15t	台班	0.0066
	99090360	汽车式起重机 8t	台班	0.0005
	99090390	汽车式起重机 12t	台班	0.0025
	99090450	汽车式起重机 40t	台班	0.0008
	99130110	内燃光轮压路机 轻型	台班	0.0001
	99130350	内燃夯实机 700N·m	台班	0.0034
	99170030	钢筋切断机 φ40	台班	0.0006
	99250020	交流弧焊机 32kV·A	台班	0.0078
	99440330	潜水泵 φ100	台班	0.0001

工作内容：搭拆打桩工作平台,竖拆桩架,场内运输以及打、接、送桩,管桩填芯,吊放钢筋笼等。

定额编号			E-4-1-11	E-4-1-12	E-4-1-13
项　目			陆上打PHC管桩		
			φ≤600	φ≤800	φ≤1000
			m	m	m
预算定额编号	预算定额名称	预算定额单位	数　量		
04-3-1-21	组装、拆卸柴油打桩机 履带式 锤重≤7.0t	架·次	0.0005		
04-3-1-22	组装、拆卸柴油打桩机 履带式 锤重≤8.0t	架·次		0.0004	0.0004
04-3-1-3	搭、拆陆上桩基础工作平台 锤重≤8.0t	m²	0.4246	0.4246	0.4246
04-3-1-35	打预应力高强混凝土管桩(PHC桩)φ≤600 L≤40m 陆上	m	1.0000		
04-3-1-38	打预应力高强混凝土管桩(PHC桩)φ≤800 L≤40m 陆上	m		1.0000	
04-3-1-42	打预应力高强混凝土管桩(PHC桩)φ≤1000 L≤40m 陆上	m			1.0000
04-3-1-57	管桩填芯 混凝土 预拌混凝土(非泵送型)C20 粒径5～20	m³	0.0142	0.0330	0.0538
04-3-1-67	预应力高强混凝土管桩(PHC桩)电焊接桩 φ≤600	个	0.0625		
04-3-1-68	预应力高强混凝土管桩(PHC桩)电焊接桩 φ≤800	个		0.0625	
04-3-1-69	预应力高强混凝土管桩(PHC桩)电焊接桩 φ≤1000	个			0.0625
04-3-1-82	送预应力高强混凝土管桩(PHC桩)φ≤600 L≤40m 陆上	m	0.1250		
04-3-1-85	送预应力高强混凝土管桩(PHC桩)φ≤800 L≤40m 陆上	m		0.1250	
04-3-1-89	送预应力高强混凝土管桩(PHC桩)φ≤1000 L≤40m 陆上	m			0.1250
04-3-5-39	预制构件场内运输	m³	0.1693	0.2385	0.3553
04-5-1-20	钻孔灌注桩 钢筋笼	t	0.0023	0.0053	0.0086

工作内容： 搭拆打桩工作平台，竖拆桩架，场内运输以及打、接、送桩，管桩填芯，吊放钢筋笼等。

	定 额 编 号		E-4-1-11	E-4-1-12	E-4-1-13
	项 目		\multicolumn{3}{c}{陆上打PHC管桩}		
			$\phi \leqslant 600$	$\phi \leqslant 800$	$\phi \leqslant 1000$
	名 称	单位	m	m	m
人工	00070111	综合人工（土建）	工日	0.2174	0.2771	0.3577
材料	01010311	热轧带肋钢筋（HRB400）ϕ10～32	t	0.0020	0.0045	0.0073
	01010411	热轧光圆钢筋（HPB300）$\phi \leqslant 10$	t	0.0004	0.0009	0.0015
	01050102	钢丝绳	kg	0.0001	0.0001	0.0001
	02190201	尼龙绳	kg	0.0003	0.0004	0.0008
	02330401	草垫	只	0.0540	0.1012	0.1888
	03130101	电焊条	kg	0.1388	0.2152	0.2957
	03152501	镀锌铁丝	kg	0.0041	0.0095	0.0155
	03154813	铁件	kg	0.0017	0.0024	0.0036
	04050215	碎石 5～25	t	0.1317	0.1317	0.1317
	04290331	钢筋混凝土管桩 $\phi \leqslant 600$	m	1.0100		
	04290341	钢筋混凝土管桩 $\phi \leqslant 800$	m		1.0100	
	04290351	钢筋混凝土管桩 $\phi \leqslant 1000$	m			1.0100
	05030101	成材	m³	0.0002	0.0002	0.0003
	34110101	水	m³	0.0043	0.0099	0.0161
	35091901	钢桩帽摊销	kg	0.0248	0.0465	0.0868
	35091911	送桩器摊销	kg	0.0164	0.0306	0.0573
	35092311	打桩专用方木板	只	0.0180	0.0337	0.0629
	35092321	打桩专用圆木墩	只	0.0001	0.0027	0.0051
	80210514	预拌混凝土（非泵送型）C20 粒径5～20	m³	0.0143	0.0333	0.0543
机械	99030060	履带式柴油打桩机 7t	台班	0.0003		
	99030070	履带式柴油打桩机 8t	台班	0.0118	0.0138	0.0166
	99050930	混凝土振捣器 插入式	台班	0.0053	0.0122	0.0199
	99070790	平板拖车组 60t	台班	0.0013	0.0019	0.0028
	99090090	履带式起重机 15t	台班	0.0075	0.0024	0.0028
	99090110	履带式起重机 25t	台班		0.0056	0.0066
	99090360	汽车式起重机 8t	台班	0.0008	0.0019	0.0031
	99090400	汽车式起重机 16t	台班	0.0025	0.0020	0.0020
	99090450	汽车式起重机 40t	台班	0.0010	0.0015	0.0022
	99130110	内燃光轮压路机 轻型	台班	0.0001	0.0001	0.0001
	99130350	内燃夯实机 700N·m	台班	0.0046	0.0046	0.0046
	99170030	钢筋切断机 ϕ40	台班	0.0010	0.0024	0.0038
	99250020	交流弧焊机 32kV·A	台班	0.0106	0.0204	0.0309
	99440330	潜水泵 ϕ100	台班	0.0001	0.0002	0.0004

工作内容： 搭拆打桩工作平台，竖拆桩架，场内运输以及打、送、接、切割桩，精割盖帽，钻孔取土，管桩填芯，吊放钢筋笼等。

定 额 编 号			E-4-1-14	E-4-1-15
项　　目			柴油打桩机打钢管桩	
			$\phi \leqslant 650$	$\phi \leqslant 1000$
			t	t
预算定额编号	预算定额名称	预算定额单位	数　　量	
04-3-1-22	组装、拆卸柴油打桩机 履带式 锤重≤8.0t	架·次	0.0017	0.0013
04-3-1-3	搭、拆陆上桩基础工作平台 锤重≤8.0t	m²	1.8420	1.3250
04-3-1-46	打钢管桩 桩径≤650mm 送桩	t	0.0600	
04-3-1-47	打钢管桩 桩径≤650mm 桩长30m以外	t	1.0000	
04-3-1-48	打钢管桩 桩径≤1000mm 送桩	t		0.0600
04-3-1-49	打钢管桩 桩径≤1000mm 桩长30m以外	t		1.0000
04-3-1-51	打钢管桩 钢管桩内切割 桩径≤650mm	根	0.0824	
04-3-1-52	打钢管桩 钢管桩内切割 桩径≤1000mm	根		0.0477
04-3-1-54	打钢管桩 钢管桩精割盖帽 桩径≤650mm	个	0.0824	
04-3-1-55	打钢管桩 钢管桩精割盖帽 桩径≤1000mm	个		0.0477
04-3-1-56	打钢管桩 钢管桩管内钻孔取土	m³	0.2360	0.3090
04-3-1-57	管桩填芯 混凝土 预拌混凝土（非泵送型）C20 粒径5～20	m³	0.0189	0.0247
04-3-1-63	钢管桩电焊接桩 桩径≤650mm	个	0.1647	
04-3-1-64	钢管桩电焊接桩 桩径≤1000mm	个		0.0953
04-3-5-39	预制构件场内运输	m³	0.1274	0.1274
04-5-1-20	钻孔灌注桩 钢筋笼	t	0.0030	0.0039

工作内容：搭拆打桩工作平台，竖拆桩架，场内运输以及打、送、接、切割桩，精割盖帽，钻孔取土，管桩填芯，吊放钢筋笼等。

	定 额 编 号		E-4-1-14	E-4-1-15
	项 目		柴油打桩机打钢管桩	
			$\phi \leqslant 650$	$\phi \leqslant 1000$
	名 称	单位	t	t
人工	00070111 综合人工(土建)	工日	1.4375	1.1865
材料	01010311 热轧带肋钢筋(HRB400) $\phi 10 \sim 32$	t	0.0026	0.0033
	01010411 热轧光圆钢筋(HPB300) $\phi \leqslant 10$	t	0.0005	0.0007
	03130101 电焊条	kg	0.0405	0.0526
	03130971 电焊丝	kg	0.6400	0.5520
	03131501 焊剂	kg	0.3200	0.2760
	03152501 镀锌铁丝	kg	0.0054	0.0070
	03154813 铁件	kg	0.0013	0.0013
	04050215 碎石 5～25	t	0.5714	0.4110
	05030101 成材	m³	0.0001	0.0001
	14390101 氧气	m³	0.2678	0.1860
	14390301 乙炔气	m³	0.0890	0.0620
	33010011 钢管桩	t	1.0706	1.0706
	33010073 钢帽 $\phi 600$	个	0.0824	
	33010075 钢帽 $\phi 900$	个		0.0477
	34110101 水	m³	0.0057	0.0074
	35091901 钢桩帽摊销	kg	1.7588	2.9453
	80210514 预拌混凝土(非泵送型)C20 粒径5～20	m³	0.0191	0.0249
	X0045 其他材料费	%	0.2200	0.4100
机械	99030030 履带式柴油打桩机 2.5t	台班	0.0189	0.0247
	99030070 履带式柴油打桩机 8t	台班	0.1164	0.0816
	99030590 螺旋钻机 $\phi 600$	台班	0.0189	0.0247
	99050930 混凝土振捣器 插入式	台班	0.0070	0.0091
	99070790 平板拖车组 60t	台班	0.0010	0.0010
	99090090 履带式起重机 15t	台班	0.1213	0.0853
	99090360 汽车式起重机 8t	台班	0.0011	0.0014
	99090400 汽车式起重机 16t	台班	0.0085	0.0065
	99090450 汽车式起重机 40t	台班	0.0008	0.0008
	99130110 内燃光轮压路机 轻型	台班	0.0006	0.0004
	99130350 内燃夯实机 700N·m	台班	0.0199	0.0143
	99170030 钢筋切断机 $\phi 40$	台班	0.0013	0.0017
	99230150 管内外切割机 CG-100	台班	0.0198	0.0138
	99230240 气割设备	台班	0.1139	0.0786
	99250020 交流弧焊机 32kV·A	台班	0.0289	0.0356
	99440330 潜水泵 $\phi 100$	台班	0.0114	0.0067

工作内容：搭拆打桩工作平台，埋设拆除钢护筒，钻机钻孔，吊放钢筋笼，安装声测管，灌注混凝土，凿桩等。

定额编号			E-4-1-16	E-4-1-17	E-4-1-18	E-4-1-19
项 目			回旋钻机钻孔灌注桩			
			$\phi \leqslant 600$		$\phi \leqslant 800$	
			陆上	支架上	陆上	支架上
			m³	m³	m³	m³
预算定额编号	预算定额名称	预算定额单位	数 量			
04-3-1-1	搭、拆陆上桩基础工作平台 锤重≤2.5t	m²	1.5560		1.5030	
04-3-1-101	回旋钻机钻孔($\phi \leqslant 600$) 护壁泥浆	m³	1.0250	0.9750		
04-3-1-102	回旋钻机钻孔($\phi \leqslant 800$) 护壁泥浆	m³			1.0250	0.9750
04-3-1-118	灌注桩混凝土 预拌水下混凝土（非泵送型）C30 粒径5～40	m³	1.0000	1.0000	1.0000	1.0000
04-3-1-120	声测管	t	0.0291	0.0291	0.0243	0.0246
04-3-1-7	搭、拆水上桩基础工作平台 锤重≤2.5t	m²		1.5560		1.5030
04-3-1-91	埋设拆除钢护筒 陆上 $\phi \leqslant 600$	m	0.2081			
04-3-1-92	埋设拆除钢护筒 陆上 $\phi \leqslant 800$	m			0.1170	
04-3-1-96	埋设拆除钢护筒 支架上 $\phi \leqslant 600$	m		0.4161		
04-3-1-97	埋设拆除钢护筒 支架上 $\phi \leqslant 800$	m				0.2341
04-5-1-20	钻孔灌注桩 钢筋笼	t	0.0900	0.0900	0.0900	0.0900
04-6-2-5【系】	拆除钢筋混凝土结构	m³	0.0350	0.1050	0.0300	0.0900

工作内容：搭拆打桩工作平台，埋设拆除钢护筒，钻机钻孔，吊放钢筋笼，安装声测管，灌注混凝土，凿桩等。

定 额 编 号			E-4-1-16	E-4-1-17	E-4-1-18	E-4-1-19
项 目			回旋钻机钻孔灌注桩			
			φ≤600		φ≤800	
			陆上	支架上	陆上	支架上
名 称		单位	m³	m³	m³	m³
人工	00070111	综合人工（土建）	工日	1.7238	4.0127	1.5476	3.7142
材料	01010311	热轧带肋钢筋（HRB400）φ10～32	t	0.0769	0.0769	0.0769	0.0769
	01010411	热轧光圆钢筋（HPB300）φ≤10	t	0.0154	0.0154	0.0154	0.0154
	01150103	热轧型钢 综合	kg		1.3864		1.3392
	03014101	六角螺栓连母垫	kg		0.3912		0.3779
	03130101	电焊条	kg	1.2141	1.2141	1.2141	1.2141
	03150101	圆钉	kg		0.0006		0.0004
	03150501	骑马钉	kg		0.0129		0.0073
	03152501	镀锌铁丝	kg	0.1982	0.2021	0.1922	0.1963
	03154813	铁件	kg		0.6372		0.6155
	03211101	风镐凿子	根	0.0098	0.0294	0.0084	0.0252
	03211121	破碎锤钎杆 φ140	根	0.0001	0.0004	0.0001	0.0003
	04050215	碎石 5～25	t	0.2413		0.2331	
	05030103	圆木	m³		0.0389		0.0375
	05031801	枕木	m³		0.0186		0.0175
	14390101	氧气	m³	0.0128	0.0384	0.0110	0.0329
	14390301	乙炔气	m³	0.0050	0.0150	0.0043	0.0129
	17070111	无缝钢管	kg	29.7126	29.7126	24.7860	25.0716
	34110101	水	m³	2.8591	2.7403	2.7782	2.6633
	35010703	木模板成材	m³		0.0001		
	35091111	钢护筒 φ600	t	0.0004	0.0008		
	35091121	钢护筒 φ800	t			0.0003	0.0006
	37010111	轻轨	kg		0.5293		0.2977

(续表)

定额编号			E-4-1-16	E-4-1-17	E-4-1-18	E-4-1-19
项目			回旋钻机钻孔灌注桩			
			$\phi \leqslant 600$		$\phi \leqslant 800$	
			陆上	支架上	陆上	支架上
名称		单位	m^3	m^3	m^3	m^3
材料	80112011	护壁泥浆	m^3	0.2255	0.2145	0.6765	0.6435
	80211213	预拌水下混凝土（非泵送型）C30 粒径5～40	m^3	1.2484	1.2484	1.2484	1.2484
	X0045	其他材料费	%	1.7600	1.5700	1.7400	1.5900
机械	99010060	履带式单斗液压挖掘机 1m³	台班	0.0017	0.0050	0.0014	0.0043
	99010610	液压镐头	台班	0.0012	0.0037	0.0011	0.0032
	99030080	轨道式柴油打桩机 0.6t	台班		0.0616		0.0595
	99030620	工程钻机 GPS-10	台班	0.0857	0.0815	0.0663	0.0631
	99030630	工程钻机 GPS-15	台班	0.0263	0.0263	0.0263	0.0263
	99030980	震动锤 90kW	台班		0.0316		0.0237
	99050150	泥浆排放设备	台班	0.2088	0.1986	0.1061	0.1009
	99090080	履带式起重机 10t	台班	0.0055	0.0767	0.0041	0.0741
	99090360	汽车式起重机 8t	台班	0.0326	0.0326	0.0326	0.0326
	99091380	电动卷扬机 单筒快速 10kN	台班		0.0316		0.0112
	99091440	电动卷扬机 双筒快速 50kN	台班		0.0935		0.0903
	99091530	电动卷扬机 双筒慢速 50kN	台班		0.0166		0.0125
	99092040	索具 4号	台班		0.0316		0.0237
	99130110	内燃光轮压路机 轻型	台班	0.0005		0.0005	
	99130350	内燃夯实机 700N·m	台班	0.0084		0.0081	
	99170030	钢筋切断机 φ40	台班	0.0400	0.0400	0.0400	0.0400
	99250020	交流弧焊机 32kV·A	台班	0.2502	0.2502	0.2502	0.2502
	99330010	风镐	台班	0.0070	0.0211	0.0060	0.0181
	99410530	铁驳船 80t	t·d		28.7549		27.7754
	99430200	电动空气压缩机 0.6m³/min	台班	0.0451	0.0429	0.0451	0.0429
	99430230	电动空气压缩机 6m³/min	台班	0.0035	0.0105	0.0030	0.0090
	99440240	泥浆泵 φ50	台班	0.0857	0.0815	0.0663	0.0631

工作内容: 搭拆打桩工作平台,埋设拆除钢护筒,钻机钻孔,吊放钢筋笼,安装声测管,灌注混凝土,凿桩等。

定额编号			E-4-1-20	E-4-1-21	E-4-1-22	E-4-1-23
项 目			回旋钻机钻孔灌注桩			
			$\phi\leqslant$1000		$\phi\leqslant$1200	
			陆上	支架上	陆上	支架上
			m³	m³	m³	m³
预算定额编号	预算定额名称	预算定额单位	数 量			
04-3-1-1	搭、拆陆上桩基础工作平台 锤重≤2.5t	m²	1.4950		1.4950	
04-3-1-103	回旋钻机钻孔($\phi\leqslant$1000) 护壁泥浆	m³	1.0250	0.9750		
04-3-1-104	回旋钻机钻孔($\phi\leqslant$1200) 护壁泥浆	m³			1.0250	0.9750
04-3-1-118	灌注桩混凝土 预拌水下混凝土(非泵送型)C30 粒径5～40	m³	1.0000	1.0000	1.0000	1.0000
04-3-1-120	声测管	t	0.0157	0.0157	0.0109	0.0109
04-3-1-7	搭、拆水上桩基础工作平台 锤重≤2.5t	m²		1.4950		1.4950
04-3-1-93	埋设拆除钢护筒 陆上 $\phi\leqslant$1000	m	0.0749			
04-3-1-94	埋设拆除钢护筒 陆上 $\phi\leqslant$1200	m			0.0520	
04-3-1-98	埋设拆除钢护筒 支架上 $\phi\leqslant$1000	m		0.1500		
04-3-1-99	埋设拆除钢护筒 支架上 $\phi\leqslant$1200	m				0.1040
04-5-1-20	钻孔灌注桩 钢筋笼	t	0.0900	0.0900	0.0900	0.0900
04-6-2-5【系】	拆除钢筋混凝土结构	m³	0.0285	0.0856	0.0285	0.0856

工作内容： 搭拆打桩工作平台，埋设拆除钢护筒，钻机钻孔，吊放钢筋笼，安装声测管，灌注混凝土，凿桩等。

	定额编号		E-4-1-20	E-4-1-21	E-4-1-22	E-4-1-23
	项 目		回旋钻机钻孔灌注桩			
			φ≤1000		φ≤1200	
			陆上	支架上	陆上	支架上
	名 称	单位	m³	m³	m³	m³
人工	00070111 综合人工（土建）	工日	1.4332	3.5737	1.3666	3.5033
材料	01010311 热轧带肋钢筋（HRB400）φ10～32	t	0.0769	0.0769	0.0769	0.0769
	01010411 热轧光圆钢筋（HPB300）φ≤10	t	0.0154	0.0154	0.0154	0.0154
	01150103 热轧型钢 综合	kg		1.3320		1.3320
	03014101 六角螺栓连母垫	kg		0.3758		0.3758
	03130101 电焊条	kg	1.2141	1.2141	1.2141	1.2141
	03150101 圆钉	kg		0.0003		0.0002
	03150501 骑马钉	kg		0.0046		0.0032
	03152501 镀锌铁丝	kg	0.1815	0.1853	0.1756	0.1793
	03154813 铁件	kg		0.6122		0.6122
	03211101 风镐凿子	根	0.0080	0.0240	0.0080	0.0240
	03211121 破碎锤钎杆 φ140	根	0.0001	0.0003	0.0001	0.0003
	04050215 碎石 5～25	t	0.2319		0.2319	
	05030103 圆木	m³		0.0373		0.0373
	05031801 枕木	m³		0.0172		0.0170
	14390101 氧气	m³	0.0104	0.0313	0.0104	0.0313
	14390301 乙炔气	m³	0.0041	0.0122	0.0041	0.0122
	17070111 无缝钢管	kg	16.0140	16.0140	11.1180	11.1180
	34110101 水	m³	2.6742	2.5644	2.5471	2.4435
	35010703 木模板成材	m³				
	35091131 钢护筒 φ1000	t	0.0002	0.0005		
	35091141 钢护筒 φ1200	t			0.0003	0.0005
	37010111 轻轨	kg		0.1908		0.2117
	80112011 护壁泥浆	m³	0.6427	0.6113	0.6089	0.5792
	80211213 预拌水下混凝土（非泵送型）C30 粒径5～40	m³	1.2484	1.2484	1.2484	1.2484
	X0045 其他材料费	％	1.8400	1.6800	1.9300	1.8200
机械	99010060 履带式单斗液压挖掘机 1m³	台班	0.0014	0.0041	0.0014	0.0041
	99010610 液压镐头	台班	0.0010	0.0030	0.0010	0.0030
	99030080 轨道式柴油打桩机 0.6t	台班		0.0592		0.0592
	99030630 工程钻机 GPS-15	台班	0.0833	0.0805	0.0775	0.0751
	99030980 震动锤 90kW	台班		0.0190		0.0165
	99050150 泥浆排放设备	台班	0.1008	0.0958	0.0955	0.0909
	99090080 履带式起重机 10t	台班	0.0033	0.0737	0.0028	0.0737
	99090360 汽车式起重机 8t	台班	0.0326	0.0326	0.0326	0.0326
	99091380 电动卷扬机 单筒快速 10kN	台班		0.0090		0.0078
	99091440 电动卷扬机 双筒快速 50kN	台班		0.0898		0.0898
	99091530 电动卷扬机 双筒慢速 50kN	台班		0.0100		0.0087
	99092040 索具 4号	台班		0.0190		0.0165
	99130110 内燃光轮压路机 轻型	台班	0.0004		0.0004	
	99130350 内燃夯实机 700N·m	台班	0.0081		0.0081	
	99170030 钢筋切断机 φ40	台班	0.0400	0.0400	0.0400	0.0400
	99250020 交流弧焊机 32kV·A	台班	0.2502	0.2502	0.2502	0.2502
	99330010 风镐	台班	0.0057	0.0172	0.0057	0.0172
	99410530 铁驳船 80t	t·d		27.6276		27.6276
	99430200 电动空气压缩机 0.6m³/min	台班	0.0451	0.0429	0.0451	0.0429
	99430230 电动空气压缩机 6m³/min	台班	0.0029	0.0086	0.0029	0.0086
	99440240 泥浆泵 φ50	台班	0.0570	0.0542	0.0512	0.0488

第四章 桥涵工程

工作内容： 搭拆打桩工作平台，埋设拆除钢护筒，钻机钻孔，吊放钢筋笼，安装声测管，灌注混凝土，凿桩等。

定额编号			E-4-1-24	E-4-1-25
项目			回旋钻机钻孔灌注桩	
			$\phi \leqslant 1500$	
			陆上	支架上
			m³	m³
预算定额编号	预算定额名称	预算定额单位	数 量	
04-3-1-1	搭、拆陆上桩基础工作平台 锤重≤2.5t	m²	1.4950	
04-3-1-100	埋设拆除钢护筒 支架上 $\phi \leqslant 1500$	m		0.0666
04-3-1-105	回旋钻机钻孔($\phi \leqslant 1500$) 护壁泥浆	m³	1.0250	0.9750
04-3-1-118	灌注桩混凝土 预拌水下混凝土(非泵送型)C30 粒径5～40	m³	1.0000	1.0000
04-3-1-120	声测管	t	0.0070	0.0070
04-3-1-7	搭、拆水上桩基础工作平台 锤重≤2.5t	m²		1.4950
04-3-1-95	埋设拆除钢护筒 陆上 $\phi \leqslant 1500$	m	0.0333	
04-5-1-20	钻孔灌注桩 钢筋笼	t	0.0900	0.0900
04-6-2-5【系】	拆除钢筋混凝土结构	m³	0.0285	0.0856

工作内容： 搭拆打桩工作平台，埋设拆除钢护筒，钻机钻孔，吊放钢筋笼，安装声测管，灌注混凝土，凿桩等。

	定额编号		E-4-1-24	E-4-1-25
			回旋钻机钻孔灌注桩	
	项 目		$\phi \leqslant 1500$	
			陆上	支架上
	名 称	单位	m^3	m^3
人工	00070111 综合人工（土建）	工日	1.3111	3.4500
材料	01010311 热轧带肋钢筋（HRB400）$\phi 10 \sim 32$	t	0.0769	0.0769
	01010411 热轧光圆钢筋（HPB300）$\phi \leqslant 10$	t	0.0154	0.0154
	01150103 热轧型钢 综合	kg		1.3320
	03014101 六角螺栓连母垫	kg		0.3758
	03130101 电焊条	kg	1.2141	1.2141
	03150101 圆钉	kg		0.0002
	03150501 骑马钉	kg		0.0019
	03152501 镀锌铁丝	kg	0.1707	0.1744
	03154813 铁件	kg		0.6122
	03211101 风镐凿子	根	0.0080	0.0240
	03211121 破碎锤钎杆 $\phi 140$	根	0.0001	0.0003
	04050215 碎石 $5 \sim 25$	t	0.2319	
	05030103 圆木	m^3		0.0373
	05031801 枕木	m^3		0.0169
	14390101 氧气	m^3	0.0104	0.0313
	14390301 乙炔气	m^3	0.0041	0.0122
	17070111 无缝钢管	kg	7.1400	7.1400
	34110101 水	m^3	2.5471	2.4435
	35010703 木模板成材	m^3		
	35091151 钢护筒 $\phi 1600$	t	0.0002	0.0004
	37010111 轻轨	kg		0.1270
	80112011 护壁泥浆	m^3	0.5750	0.5470
	80211213 预拌水下混凝土（非泵送型）C30 粒径 $5 \sim 40$	m^3	1.2484	1.2484
	X0045 其他材料费	%	2.0000	1.8900
机械	99010060 履带式单斗液压挖掘机 $1 m^3$	台班	0.0014	0.0041
	99010610 液压镐头	台班	0.0010	0.0030
	99030080 轨道式柴油打桩机 0.6t	台班		0.0592
	99030630 工程钻机 GPS-15	台班	0.0263	0.0263
	99030640 工程钻机 GPS-20	台班	0.0465	0.0443
	99030980 震动锤 90kW	台班		0.0141
	99050150 泥浆排放设备	台班	0.0902	0.0858
	99090080 履带式起重机 10t	台班	0.0021	0.0737
	99090360 汽车式起重机 8t	台班	0.0326	0.0326
	99091380 电动卷扬机 单筒快速 10kN	台班		0.0067
	99091440 电动卷扬机 双筒快速 50kN	台班		0.0898
	99091530 电动卷扬机 双筒慢速 50kN	台班		0.0074
	99092040 索具 4号	台班		0.0141
	99130110 内燃光轮压路机 轻型	台班	0.0004	
	99130350 内燃夯实机 700N·m	台班	0.0081	
	99170030 钢筋切断机 $\phi 40$	台班	0.0400	0.0400
	99250020 交流弧焊机 32kV·A	台班	0.2502	0.2502
	99330010 风镐	台班	0.0057	0.0172
	99410530 铁驳船 80t	t·d		27.6276
	99430200 电动空气压缩机 $0.6 m^3/min$	台班	0.0451	0.0429
	99430230 电动空气压缩机 $6 m^3/min$	台班	0.0029	0.0086
	99440240 泥浆泵 $\phi 50$	台班	0.0465	0.0443

工作内容：搭拆打桩工作平台,埋设拆除钢护筒,钻机钻孔,吊放钢筋笼,安装声测管,灌注混凝土,凿桩等。

定额编号			E-4-1-26	E-4-1-27	E-4-1-28	E-4-1-29
项 目			旋挖钻机钻孔灌注桩			
			$\phi \leq 600$		$\phi \leq 800$	
			陆上	支架上	陆上	支架上
			m³	m³	m³	m³
预算定额编号	预算定额名称	预算定额单位	数 量			
04-3-1-1	搭、拆陆上桩基础工作平台 锤重≤2.5t	m²	1.5560		1.5030	
04-3-1-107	旋挖钻机钻孔 $\phi \leq 600$ $H \leq 40m$ 护壁泥浆	m³	1.0250	0.9750		
04-3-1-110【换】	旋挖钻机钻孔 $\phi \leq 800$ $H \leq 40m$ 护壁泥浆	m³			1.0250	0.9750
04-3-1-118	灌注桩混凝土 预拌水下混凝土(非泵送型)C30 粒径5～40	m³	1.0000	1.0000	1.0000	1.0000
04-3-1-120	声测管	t	0.0291	0.0291	0.0246	0.0246
04-3-1-7	搭、拆水上桩基础工作平台 锤重≤2.5t	m²		1.5560		1.5030
04-3-1-91	埋设拆除钢护筒 陆上 $\phi \leq 600$	m	0.2081			
04-3-1-92	埋设拆除钢护筒 陆上 $\phi \leq 800$	m			0.1170	
04-3-1-96	埋设拆除钢护筒 支架上 $\phi \leq 600$	m		0.4161		
04-3-1-97	埋设拆除钢护筒 支架上 $\phi \leq 800$	m				0.2341
04-5-1-20	钻孔灌注桩 钢筋笼	t	0.0900	0.0900	0.0900	0.0900
04-6-2-5【系】	拆除钢筋混凝土结构	m³	0.0285	0.0856	0.0285	0.0856

工作内容：搭拆打桩工作平台，埋设拆除钢护筒，钻机钻孔，吊放钢筋笼，安装声测管，灌注混凝土，凿桩等。

	定额编号		E-4-1-26	E-4-1-27	E-4-1-28	E-4-1-29
	项 目		旋挖钻机钻孔灌注桩			
			φ≤600		φ≤800	
			陆上	支架上	陆上	支架上
	名 称	单位	m³	m³	m³	m³
人工	00070111 综合人工(土建)	工日	2.1520	4.3835	1.8794	4.0258
材料	01010311 热轧带肋钢筋(HRB400) φ10～32	t	0.0769	0.0769	0.0769	0.0769
	01010411 热轧光圆钢筋(HPB300) φ≤10	t	0.0154	0.0154	0.0154	0.0154
	01050102 钢丝绳	kg	1.2665	1.2047	0.7124	0.6776
	01150103 热轧型钢 综合	kg		1.3864		1.3392
	03014101 六角螺栓连母垫	kg		0.3912		0.3779
	03130101 电焊条	kg	1.2141	1.2141	1.2141	1.2141
	03150101 圆钉	kg		0.0006		0.0004
	03150501 骑马钉	kg		0.0129		0.0073
	03152501 镀锌铁丝	kg	0.1982	0.2021	0.1926	0.1964
	03154813 铁件	kg		0.6372		0.6155
	03211101 风镐凿子	根	0.0080	0.0240	0.0080	0.0240
	03211121 破碎锤钎杆 φ140	根	0.0001	0.0003	0.0001	0.0003
	03213811 旋挖钻机钻齿具	个	0.0453	0.0431	0.0255	0.0243
	04050215 碎石 5～25	t	0.2413		0.2331	
	05030103 圆木	m³		0.0389		0.0375
	05031801 枕木	m³		0.0186		0.0175
	14390101 氧气	m³	0.0104	0.0313	0.0104	0.0313
	14390301 乙炔气	m³	0.0041	0.0122	0.0041	0.0122
	17070111 无缝钢管	kg	29.6820	29.6820	25.0920	25.0920
	34110101 水	m³	0.4227	0.4227	0.4227	0.4227
	35010703 木模板成材	m³		0.0001		
	35091111 钢护筒 φ600	t	0.0004	0.0008		
	35091121 钢护筒 φ800	t			0.0003	0.0006
	37010111 轻轨	kg		0.5293		0.2977
	80112011 护壁泥浆	m³	0.5125	0.4875	0.5125	0.4875
	80211213 预拌水下混凝土(非泵送型)C30 粒径5～40	m³	1.2484	1.2484	1.2484	1.2484
	X0045 其他材料费	%	0.4800	0.5100	0.4900	0.5200

(续表)

	定 额 编 号		E-4-1-26	E-4-1-27	E-4-1-28	E-4-1-29
	项 目		旋挖钻机钻孔灌注桩			
			φ≤600		φ≤800	
			陆上	支架上	陆上	支架上
	名 称	单位	m³	m³	m³	m³
机械	99010060 履带式单斗液压挖掘机 1m³	台班	0.0014	0.0041	0.0014	0.0041
	99010610 液压镐头	台班	0.0010	0.0030	0.0010	0.0030
	99030080 轨道式柴油打桩机 0.6t	台班		0.0616		0.0595
	99030430 履带式旋挖钻机 φ600	台班	0.0462	0.0440		
	99030435 履带式旋挖钻机 φ800	台班			0.0358	0.0340
	99030630 工程钻机 GPS-15	台班	0.0263	0.0263	0.0263	0.0263
	99030980 震动锤 90kW	台班		0.0316		0.0237
	99070220 轮胎式装载机 1m³	台班	0.0103	0.0097	0.0080	0.0076
	99090080 履带式起重机 10t	台班	0.0055	0.0767	0.0041	0.0741
	99090360 汽车式起重机 8t	台班	0.0326	0.0326	0.0326	0.0326
	99091380 电动卷扬机 单筒快速 10kN	台班		0.0316		0.0112
	99091440 电动卷扬机 双筒快速 50kN	台班		0.0935		0.0903
	99091530 电动卷扬机 双筒慢速 50kN	台班		0.0166		0.0125
	99092040 索具 4号	台班		0.0316		0.0237
	99130110 内燃光轮压路机 轻型	台班	0.0005		0.0005	
	99130350 内燃夯实机 700N·m	台班	0.0084		0.0081	
	99170030 钢筋切断机 φ40	台班	0.0400	0.0400	0.0400	0.0400
	99250020 交流弧焊机 32kV·A	台班	0.2502	0.2502	0.2502	0.2502
	99330010 风镐	台班	0.0057	0.0172	0.0057	0.0172
	99350590 泥浆制作循环设备	台班	0.0462	0.0440	0.0358	0.0340
	99410530 铁驳船 80t	t·d		28.7549		27.7754
	99430230 电动空气压缩机 6m³/min	台班	0.0029	0.0086	0.0029	0.0086
	99440240 泥浆泵 φ50	台班	0.0922	0.0877	0.0713	0.0679
	99440250 泥浆泵 φ100	台班	0.0922	0.0877	0.0713	0.0679

工作内容: 搭拆打桩工作平台,埋设拆除钢护筒,钻机钻孔,吊放钢筋笼,安装声测管,灌注混凝土,凿桩等。

定额编号			E-4-1-30	E-4-1-31	E-4-1-32	E-4-1-33
项 目			旋挖钻机钻孔灌注桩			
			$\phi\leqslant 1000$		$\phi\leqslant 1200$	
			陆上	支架上	陆上	支架上
			m³	m³	m³	m³
预算定额编号	预算定额名称	预算定额单位	数 量			
04-3-1-1	搭、拆陆上桩基础工作平台 锤重≤2.5t	m²	1.4950		1.4950	
04-3-1-112【换】	旋挖钻机钻孔 $\phi\leqslant 1000$ $H\leqslant 40$m 护壁泥浆	m³	1.0250	0.9750		
04-3-1-114【换】	旋挖钻机钻孔 $\phi\leqslant 1200$ $H\leqslant 40$m 护壁泥浆	m³			1.0250	0.9750
04-3-1-118	灌注桩混凝土 预拌水下混凝土(非泵送型)C30 粒径5~40	m³	1.0000	1.0000	1.0000	1.0000
04-3-1-120	声测管	t	0.0157	0.0157	0.0109	0.0109
04-3-1-7	搭、拆水上桩基础工作平台 锤重≤2.5t	m²		1.4950		1.4950
04-3-1-93	埋设拆除钢护筒 陆上 $\phi\leqslant 1000$	m	0.0749			
04-3-1-94	埋设拆除钢护筒 陆上 $\phi\leqslant 1200$	m			0.0520	
04-3-1-98	埋设拆除钢护筒 支架上 $\phi\leqslant 1000$	m		0.1498		
04-3-1-99	埋设拆除钢护筒 支架上 $\phi\leqslant 1200$	m				0.1040
04-5-1-20	钻孔灌注桩 钢筋笼	t	0.0900	0.0900	0.0900	0.0900
04-6-2-5【系】	拆除钢筋混凝土结构	m³	0.0285	0.0856	0.0285	0.0856

工作内容： 搭拆打桩工作平台，埋设拆除钢护筒，钻机钻孔，吊放钢筋笼，安装声测管，灌注混凝土，凿桩等。

	定额编号		E-4-1-30	E-4-1-31	E-4-1-32	E-4-1-33
	项 目		旋挖钻机钻孔灌注桩			
			φ≤1000		φ≤1200	
			陆上	支架上	陆上	支架上
	名 称	单位	m³	m³	m³	m³
人工	00070111	综合人工(土建)	工日	1.6528	3.7823	1.4957	3.6261
材料	01010311	热轧带肋钢筋(HRB400) φ10~32	t	0.0769	0.0769	0.0769	0.0769
	01010411	热轧光圆钢筋(HPB300) φ≤10	t	0.0154	0.0154	0.0154	0.0154
	01050102	钢丝绳	kg	0.4559	0.4337	0.2095	0.1993
	01150103	热轧型钢 综合	kg		1.3320		1.3320
	03014101	六角螺栓连母垫	kg		0.3758		0.3758
	03130101	电焊条	kg	1.2141	1.2141	1.2141	1.2141
	03150101	圆钉	kg		0.0003		0.0002
	03150501	骑马钉	kg		0.0046		0.0032
	03152501	镀锌铁丝	kg	0.1815	0.1853	0.1756	0.1793
	03154813	铁件	kg		0.6122		0.6122
	03211101	风镐凿子	根	0.0080	0.0240	0.0080	0.0240
	03211121	破碎锤钎杆 φ140	根	0.0001	0.0003	0.0001	0.0003
	03213811	旋挖钻机钻齿具	个	0.0163	0.0155	0.0089	0.0085
	04050215	碎石 5~25	t	0.2319		0.2319	
	05030103	圆木	m³		0.0373		0.0373
	05031801	枕木	m³		0.0172		0.0170
	14390101	氧气	m³	0.0104	0.0313	0.0104	0.0313
	14390301	乙炔气	m³	0.0041	0.0122	0.0041	0.0122
	17070111	无缝钢管	kg	16.0140	16.0140	11.1180	11.1180
	34110101	水	m³	0.4227	0.4227	0.4227	0.4227
	35010703	木模板成材	m³				
	35091131	钢护筒 φ1000	t	0.0002	0.0005		
	35091141	钢护筒 φ1200	t			0.0003	0.0005
	37010111	轻轨	kg		0.1905		0.2117
	80112011	护壁泥浆	m³	0.5125	0.4875	0.5125	0.4875
	80211213	预拌水下混凝土(非泵送型)C30 粒径 5~40	m³	1.2484	1.2484	1.2484	1.2484
	X0045	其他材料费	%	0.4900	0.5300	0.5000	0.5500

(续表)

定额编号			E-4-1-30	E-4-1-31	E-4-1-32	E-4-1-33
项目			旋挖钻机钻孔灌注桩			
			$\phi \leqslant 1000$		$\phi \leqslant 1200$	
			陆上	支架上	陆上	支架上
名称		单位	m³	m³	m³	m³
机械	99010060 履带式单斗液压挖掘机 1m³	台班	0.0014	0.0041	0.0014	0.0041
	99010610 液压镐头	台班	0.0010	0.0030	0.0010	0.0030
	99030080 轨道式柴油打桩机 0.6t	台班		0.0592		0.0592
	99030440 履带式旋挖钻机 ϕ1000	台班	0.0277	0.0263		
	99030445 履带式旋挖钻机 ϕ1200	台班			0.0214	0.0204
	99030630 工程钻机 GPS-15	台班	0.0263	0.0263	0.0263	0.0263
	99030980 震动锤 90kW	台班		0.0190		0.0165
	99070220 轮胎式装载机 1m³	台班	0.0062	0.0059	0.0048	0.0046
	99090080 履带式起重机 10t	台班	0.0033	0.0737	0.0028	0.0737
	99090360 汽车式起重机 8t	台班	0.0326	0.0326	0.0326	0.0326
	99091380 电动卷扬机 单筒快速 10kN	台班		0.0090		0.0078
	99091440 电动卷扬机 双筒快速 50kN	台班		0.0898		0.0898
	99091530 电动卷扬机 双筒慢速 50kN	台班		0.0100		0.0087
	99092040 索具 4号	台班		0.0190		0.0165
	99130110 内燃光轮压路机 轻型	台班	0.0004		0.0004	
	99130350 内燃夯实机 700N·m	台班	0.0081		0.0081	
	99170030 钢筋切断机 ϕ40	台班	0.0400	0.0400	0.0400	0.0400
	99250020 交流弧焊机 32kV·A	台班	0.2502	0.2502	0.2502	0.2502
	99330010 风镐	台班	0.0057	0.0172	0.0057	0.0172
	99350590 泥浆制作循环设备	台班	0.0277	0.0263	0.0214	0.0204
	99410530 铁驳船 80t	t·d		27.6276		27.6276
	99430230 电动空气压缩机 6m³/min	台班	0.0029	0.0086	0.0029	0.0086
	99440240 泥浆泵 ϕ50	台班	0.0554	0.0527	0.0427	0.0407
	99440250 泥浆泵 ϕ100	台班	0.0554	0.0527	0.0427	0.0407

工作内容： 搭拆打桩工作平台，埋设拆除钢护筒，钻机钻孔，吊放钢筋笼，安装声测管，灌注混凝土，凿桩等。

定额编号			E-4-1-34	E-4-1-35
项 目			旋挖钻机钻孔灌注桩	
			$\phi \leqslant 1500$	
			陆上	支架上
			m^3	m^3
预算定额编号	预算定额名称	预算定额单位	数 量	
04-3-1-1	搭、拆陆上桩基础工作平台 锤重≤2.5t	m^2	1.4950	
04-3-1-100	埋设拆除钢护筒 支架上 $\phi \leqslant 1500$	m		0.0666
04-3-1-116【换】	旋挖钻机钻孔 $\phi \leqslant 1600$ $H \leqslant 40m$ 护壁泥浆	m^3	1.0250	0.9750
04-3-1-118	灌注桩混凝土 预拌水下混凝土（非泵送型）C30 粒径5～40	m^3	1.0000	1.0000
04-3-1-120	声测管	t	0.0070	0.0070
04-3-1-7	搭、拆水上桩基础工作平台 锤重≤2.5t	m^2		1.4950
04-3-1-95	埋设拆除钢护筒 陆上 $\phi \leqslant 1500$	m	0.0333	
04-5-1-20	钻孔灌注桩 钢筋笼	t	0.0900	0.0900
04-6-2-5【系】	拆除钢筋混凝土结构	m^3	0.0285	0.0856

工作内容：搭拆打桩工作平台,埋设拆除钢护筒,钻机钻孔,吊放钢筋笼,安装声测管,灌注混凝土,凿桩等。

定额编号				E-4-1-34	E-4-1-35
项 目				旋挖钻机钻孔灌注桩	
				φ≤1500	
				陆上	支架上
	名 称		单位	m^3	m^3
人工	00070111	综合人工(土建)	工日	1.3613	3.4978
材料	01010311	热轧带肋钢筋(HRB400)φ10~32	t	0.0769	0.0769
	01010411	热轧光圆钢筋(HPB300)φ≤10	t	0.0154	0.0154
	01050102	钢丝绳	kg	0.1780	0.1694
	01150103	热轧型钢 综合	kg		1.3320
	03014101	六角螺栓连母垫	kg		0.3758
	03130101	电焊条	kg	1.2141	1.2141
	03150101	圆钉	kg		0.0002
	03150501	骑马钉	kg		0.0019
	03152501	镀锌铁丝	kg	0.1707	0.1744
	03154813	铁件	kg		0.6122
	03211101	风镐凿子	根	0.0080	0.0240
	03211121	破碎锤钎杆 φ140	根	0.0001	0.0003
	03213811	旋挖钻机钻齿具	个	0.0635	0.0604
	04050215	碎石 5~25	t	0.2319	
	05030103	圆木	m^3		0.0373
	05031801	枕木	m^3		0.0169
	14390101	氧气	m^3	0.0104	0.0313
	14390301	乙炔气	m^3	0.0041	0.0122
	17070111	无缝钢管	kg	7.1400	7.1400
	34110101	水	m^3	0.4227	0.4227
	35010703	木模板成材	m^3		
	35091151	钢护筒 φ1600	t	0.0002	0.0004
	37010111	轻轨	kg		0.1270
	80112011	护壁泥浆	m^3	0.5125	0.4875
	80211213	预拌水下混凝土(非泵送型) C30 粒径 5~40	m^3	1.2484	1.2484
	X0045	其他材料费	%	0.5100	0.5600

第四章 桥涵工程

(续表)

定额编号				E-4-1-34	E-4-1-35
项　　目				旋挖钻机钻孔灌注桩	
				$\phi \leqslant 1500$	
				陆上	支架上
	名　　称		单位	m³	m³
机械	99010060	履带式单斗液压挖掘机 1m³	台班	0.0014	0.0041
	99010610	液压镐头	台班	0.0010	0.0030
	99030080	轨道式柴油打桩机 0.6t	台班		0.0592
	99030450	履带式旋挖钻机 ϕ1500	台班	0.0164	0.0156
	99030630	工程钻机 GPS-15	台班	0.0263	0.0263
	99030980	震动锤 90kW	台班		0.0141
	99070220	轮胎式装载机 1m³	台班	0.0037	0.0035
	99090080	履带式起重机 10t	台班	0.0021	0.0737
	99090360	汽车式起重机 8t	台班	0.0326	0.0326
	99091380	电动卷扬机 单筒快速 10kN	台班		0.0067
	99091440	电动卷扬机 双筒快速 50kN	台班		0.0898
	99091530	电动卷扬机 双筒慢速 50kN	台班		0.0074
	99092040	索具 4 号	台班		0.0141
	99130110	内燃光轮压路机 轻型	台班	0.0004	
	99130350	内燃夯实机 700N·m	台班	0.0081	
	99170030	钢筋切断机 ϕ40	台班	0.0400	0.0400
	99250020	交流弧焊机 32kV·A	台班	0.2502	0.2502
	99330010	风镐	台班	0.0057	0.0172
	99350590	泥浆制作循环设备	台班	0.0164	0.0156
	99410530	铁驳船 80t	t·d		27.6276
	99430230	电动空气压缩机 6m³/min	台班	0.0029	0.0086
	99440240	泥浆泵 ϕ50	台班	0.0328	0.0312
	99440250	泥浆泵 ϕ100	台班	0.0328	0.0312

工作内容：注浆管开塞、压水测试、配制浆液、运料、桩底注浆、注浆管封孔、清洗设备等。

定额编号	E-4-1-36
项目	灌注桩后注浆
	水泥浆
	m³

预算定额编号	预算定额名称	预算定额单位	数量
04-3-1-119	灌注桩后注浆 水泥浆	m³	1.0000

工作内容：注浆管开塞、压水测试、配制浆液、运料、桩底注浆、注浆管封孔、清洗设备等。

定额编号			E-4-1-36
项目			灌注桩后注浆
			水泥浆
名称		单位	m³

	编号	名称	单位	数量
人工	00070111	综合人工（土建）	工日	0.3750
材料	04010112	水泥 42.5级	t	0.8838
	34110101	水	m³	0.8755
	X0045	其他材料费	%	1.0000
机械	99050773	灰浆搅拌机 200L	台班	0.0625
	99440670	液压注浆泵 HYB50/50-1型	台班	0.0625

工作内容：成孔、注浆、植桩、吊放钢筋笼、安装声测管、管桩填芯、场内运输等。

定额编号			E-4-1-37	E-4-1-38
项目			静钻根植桩	
			φ≤650	φ≤900
			m	m
预算定额编号	预算定额名称	预算定额单位	数 量	
04-3-1-120	声测管	t	0.0083	0.0124
04-3-1-121	静钻根植桩成孔 φ≤650	m³	0.3634	
04-3-1-122	静钻根植桩成孔 φ≤900	m³		0.7199
04-3-1-123	静钻根植桩注浆 桩端	m³	0.0518	0.1374
04-3-1-124	静钻根植桩注浆 桩周	m³	0.0382	0.0367
04-3-1-125	静钻根植桩植桩	m	1.0000	1.0000
04-3-1-57	管桩填芯 混凝土 预拌混凝土（非泵送型）C20 粒径5～20	m³	0.0088	0.0330
04-3-5-39	预制构件场内运输	m³	0.1257	0.2385
04-5-1-20	钻孔灌注桩 钢筋笼	t	0.0014	0.0053

工作内容：成孔、注浆、植桩、吊放钢筋笼、安装声测管、管桩填芯、场内运输等。

定额编号				E-4-1-37	E-4-1-38
项目				静钻根植桩	
				φ≤650	φ≤900
				m	m
		名 称	单位		
人工	00070111	综合人工（土建）	工日	0.1988	0.3471
材料	01010311	热轧带肋钢筋（HRB400）φ10～32	t	0.0012	0.0045
	01010411	热轧光圆钢筋（HPB300）φ≤10	t	0.0002	0.0009
	03130101	电焊条	kg	0.0189	0.0715
	03152501	镀锌铁丝	kg	0.0128	0.0250
	03154813	铁件	kg	0.0013	0.0024
	04010112	水泥 42.5级	t	0.0863	0.1794
	04290361	预应力混凝土根植管桩	m	1.0100	1.0100
	05030101	成材	m³	0.0001	0.0002
	05030121	木板成材	m³	0.0034	0.0045
	17070111	无缝钢管	kg	8.4660	12.6480
	34110101	水	m³	0.5616	1.0887
	80210514	预拌混凝土（非泵送型）C20 粒径5～20	m³	0.0089	0.0333
	X0045	其他材料费	％	2.4600	1.8100
机械	99010060	履带式单斗液压挖掘机 1m³	台班	0.0096	0.0157
	99030712	履带式单轴钻孔机 D-150HP	台班	0.0117	0.0178
	99050816	水泥自动配料搅拌设备 BL20	台班	0.0096	0.0157
	99050930	混凝土振捣器 插入式	台班	0.0033	0.0122
	99070790	平板拖车组 60t	台班	0.0010	0.0019
	99090180	履带式起重机 90t	台班	0.0117	0.0178
	99090360	汽车式起重机 8t	台班	0.0005	0.0019
	99090450	汽车式起重机 40t	台班	0.0008	0.0015
	99170030	钢筋切断机 φ40	台班	0.0006	0.0024
	99250020	交流弧焊机 32kV·A	台班	0.0039	0.0147
	99440330	潜水泵 φ100	台班	0.0001	0.0002

第二节 下部结构

工作内容：浇筑垫层、安拆模板、绑扎钢筋、浇筑基础、泵车输送等。

定额编号			E-4-2-1
项 目			现浇混凝土基础
			m³
预算定额编号	预算定额名称	预算定额单位	数 量
04-3-3-2	垫层 混凝土 预拌混凝土(非泵送型)C20 粒径5～40	m³	0.0850
04-3-3-3【换】	混凝土基础 预拌混凝土(泵送型)C30 粒径5～40(不含泵送费)	m³	1.0000
04-5-1-3	现场绑扎钢筋 桥梁 基础钢筋	t	0.0850
04-7-3-4	桥涵工程模板 基础 模板	m²	0.7620
04-7-4-1	商品混凝土输送 泵车	m³	1.0100

工作内容：浇筑垫层、安拆模板、绑扎钢筋、浇筑基础、泵车输送等。

定额编号				E-4-2-1
项 目				现浇混凝土基础
	名 称		单位	m³
人工	00070111	综合人工(土建)	工日	0.7567
材料	01010311	热轧带肋钢筋(HRB400) ϕ10～32	t	0.0602
	01010411	热轧光圆钢筋(HPB300) ϕ≤10	t	0.0269
	03130101	电焊条	kg	0.2967
	03150101	圆钉	kg	0.0365
	03152501	镀锌铁丝	kg	0.3617
	34110101	水	m³	0.1575
	35010101	钢模板	kg	0.4852
	35010703	木模板成材	m³	0.0023
	35020106	钢模支撑	kg	0.1909
	35020401	钢模零配件	kg	0.9182
	36030252	涤纶针刺土工布 200g/m²	m²	0.3798
	80210424	预拌混凝土(泵送型)C30 粒径5～40	m³	1.0100
	80210515	预拌混凝土(非泵送型)C20 粒径5～40	m³	0.0858
	X0045	其他材料费	%	0.0100
机械	99050540	混凝土输送泵车 75m³/h	台班	0.0169
	99050930	混凝土振捣器 插入式	台班	0.0570
	99050940	混凝土振捣器 平板式	台班	0.0316
	99070540	载重汽车 6t	台班	0.0023
	99090080	履带式起重机 10t	台班	0.0018
	99170030	钢筋切断机 ϕ40	台班	0.0489
	99170050	钢筋弯曲机 ϕ40	台班	0.0489
	99250020	交流弧焊机 32kV·A	台班	0.0665

第四章 桥涵工程

工作内容：浇筑垫层(无底模承台)、安拆模板、绑扎钢筋、浇筑承台、泵车输送等。

定额编号			E-4-2-2	E-4-2-3
项 目			现浇混凝土有底模承台	现浇混凝土无底模承台
			m³	m³
预算定额编号	预算定额名称	预算定额单位	数 量	
04-3-3-2	垫层 混凝土 预拌混凝土(非泵送型)C20 粒径5~40	m³		0.0850
04-3-3-4【换】	混凝土承台 预拌混凝土(泵送型)C30 粒径5~40(不含泵送费)	m³	1.0000	1.0000
04-5-1-4	现场绑扎钢筋 桥梁 下部结构钢筋	t	0.1000	0.1000
04-7-3-5	桥涵工程模板 承台 有底模模板	m²	2.5130	
04-7-3-6	桥涵工程模板 承台 无底模模板	m²		1.2070
04-7-4-1	商品混凝土输送 泵车	m³	1.0100	1.0100

工作内容：浇筑垫层(无底模承台)、安拆模板、绑扎钢筋、浇筑承台、泵车输送等。

	定额编号			E-4-2-2	E-4-2-3
	项 目			现浇混凝土有底模承台	现浇混凝土无底模承台
	名 称		单位	m³	m³
人工	00070111	综合人工(土建)	工日	1.5035	1.0979
材料	01010311	热轧带肋钢筋(HRB400)φ10~32	t	0.0773	0.0773
	01010411	热轧光圆钢筋(HPB300)φ≤10	t	0.0252	0.0252
	02090101	塑料薄膜	m²	1.7804	1.7804
	03130101	电焊条	kg	0.4024	0.4024
	03150101	圆钉	kg	0.4973	0.5417
	03152501	镀锌铁丝	kg	0.3988	0.3988
	33330507	铁件	kg	0.4099	
	34110101	水	m³	0.1893	0.1893
	35010101	钢模板	kg		0.7686
	35010703	木模板成材	m³	0.0523	0.0043
	35020106	钢模支撑	kg		0.6049
	35020401	钢模零配件	kg		0.2871
	80210424	预拌混凝土(泵送型)C30 粒径5~40	m³	1.0100	1.0100
	80210515	预拌混凝土(非泵送型)C20 粒径5~40	m³		0.0858
	X0045	其他材料费	%	0.0200	0.0100
机械	99050540	混凝土输送泵车 75m³/h	台班	0.0169	0.0169
	99050930	混凝土振捣器 插入式	台班	0.0824	0.0824
	99050940	混凝土振捣器 平板式	台班		0.0031
	99070540	载重汽车 6t	台班		0.0035
	99090080	履带式起重机 10t	台班	0.0410	0.0027
	99170030	钢筋切断机 φ40	台班	0.0515	0.0515
	99170050	钢筋弯曲机 φ40	台班	0.0515	0.0515
	99210010	木工圆锯机 φ500	台班	0.0244	
	99250020	交流弧焊机 32kV·A	台班	0.1012	0.1012

工作内容：搭拆脚手架（柱式墩台身）、安拆模板、绑扎钢筋、浇筑混凝土、泵车输送等。

定额编号			E-4-2-4	E-4-2-5	E-4-2-6	E-4-2-7
项目			现浇混凝土支撑梁	现浇混凝土横梁	现浇混凝土实体式墩台身	现浇混凝土柱式墩台身
			m³	m³	m³	m³
预算定额编号	预算定额名称	预算定额单位	数 量			
04-3-3-5【换】	混凝土支撑梁 预拌混凝土（泵送型）C30 粒径5~40（不含泵送费）	m³	1.0000			
04-3-3-6【换】	混凝土横梁 预拌混凝土（泵送型）C30 粒径5~40（不含泵送费）	m³		1.0000		
04-3-3-7【换】	混凝土实体式墩台身 预拌混凝土（泵送型）C30 粒径5~40（不含泵送费）	m³			1.0000	
04-3-3-8【换】	混凝土柱式墩台身 预拌混凝土（泵送型）C30 粒径5~40（不含泵送费）	m³				1.0000
04-5-1-4	现场绑扎钢筋 桥梁 下部结构钢筋	t	0.1100	0.1000	0.1750	0.2500
04-7-2-4	脚手架 桥梁立柱 高10m以内	m²				7.4300
04-7-3-10	桥涵工程模板 柱式墩台身 模板	m²				4.2950
04-7-3-7	桥涵工程模板 支撑梁 模板	m²	10.0000			
04-7-3-8	桥涵工程模板 横梁 模板	m²		6.8330		
04-7-3-9	桥涵工程模板 实体式墩台身 模板	m²			1.4990	
04-7-4-1	商品混凝土输送 泵车	m³	1.0100	1.0100	1.0100	1.0100

工作内容：搭拆脚手架（柱式墩台身）、安拆模板、绑扎钢筋、浇筑混凝土、泵车输送等。

	定 额 编 号		E-4-2-4	E-4-2-5	E-4-2-6	E-4-2-7
	项 目		现浇混凝土支撑梁	现浇混凝土横梁	现浇混凝土实体式墩台身	现浇混凝土柱式墩台身
	名 称	单位	m³	m³	m³	m³
人工	00070111	综合人工（土建）	工日	4.5769	3.2035	1.7989	5.2014
材料	01010311	热轧带肋钢筋（HRB400）$\phi10\sim32$	t	0.0850	0.0773	0.1352	0.1932
	01010411	热轧光圆钢筋（HPB300）$\phi\leqslant10$	t	0.0278	0.0252	0.0442	0.0631
	02090101	塑料薄膜	m²	4.6083	2.3053	0.3619	0.3462
	02190101	尼龙帽	个			0.5199	1.4895
	03130101	电焊条	kg	0.4426	0.4024	0.7042	1.0060
	03150101	圆钉	kg	1.7540	14.8454	0.0291	0.2981
	03152501	镀锌铁丝	kg	0.4387	0.3988	0.6979	1.5208
	05031801	枕木	m³				0.0007
	33330507	铁件	kg			1.1869	2.9498
	34110101	水	m³	0.1772	0.1391	0.1070	0.1070
	35010101	钢模板	kg			0.9546	2.7351
	35010703	木模板成材	m³	0.2090	0.1326	0.0048	0.0163
	35020106	钢模支撑	kg			0.7513	4.0309
	35020401	钢模零配件	kg			0.3566	1.0218
	35030343	钢管 $\phi48.3\times3.6$	kg				1.1843
	35030612	钢管底座 $\phi48$	只				0.0089
	35031212	对接扣件 $\phi48$	只				0.0178
	35031213	迴转扣件 $\phi48$	只				0.0795
	35031214	直角扣件 $\phi48$	只				0.1627
	35031242	扣件螺栓	只				4.0263
	35032122	钢直扶梯	kg				0.0520
	35033115	钢板网	m²				0.2095
	35050122	安全网（锦纶）	m²				0.3462
	80210424	预拌混凝土（泵送型）C30 粒径5～40	m³	1.0100	1.0100	1.0100	1.0100
	X0045	其他材料费	%	0.0300	0.0400	0.0200	0.0100
机械	99050540	混凝土输送泵车 75m³/h	台班	0.0169	0.0169	0.0169	0.0169
	99050930	混凝土振捣器 插入式	台班	0.0906	0.0824	0.1058	0.1439
	99070540	载重汽车 6t	台班			0.0043	0.0259
	99090080	履带式起重机 10t	台班	0.2000	0.1367	0.0435	0.1787
	99170030	钢筋切断机 $\phi40$	台班	0.0566	0.0515	0.0901	0.1288
	99170050	钢筋弯曲机 $\phi40$	台班	0.0566	0.0515	0.0901	0.1288
	99210010	木工圆锯机 $\phi500$	台班	0.1000	0.0512		
	99250020	交流弧焊机 32kV·A	台班	0.1114	0.1012	0.1772	0.2531

工作内容：浇筑连接面砂浆、安装预制立柱、套筒灌浆等。

定 额 编 号			E-4-2-8
项　　目			安装预制立柱
			重量≤100t
			m³
预算定额编号	预算定额名称	预算定额单位	数　　量
04-3-5-26	安装预制立柱 重量≤100t	m³	1.0000
04-3-5-27	砂浆接缝 承台面 高强无收缩砂浆料 C60	m²	0.1250
04-3-5-28	连接套筒灌浆 承台面 高强无收缩砂浆料 C100	根	1.0274

工作内容：浇筑连接面砂浆、安装预制立柱、套筒灌浆等。

	定 额 编 号			E-4-2-8
	项　　目			安装预制立柱
				重量≤100t
	名　　称		单位	m³
人工	00070111	综合人工(土建)	工日	0.4392
材料	01050102	钢丝绳	kg	0.1680
	02190261	尼龙吊装带 40t	m	0.0379
	02270201	帆布	m²	0.4289
	03014101	六角螺栓连母垫	kg	0.2130
	03152501	镀锌铁丝	kg	0.0013
	03154813	铁件	kg	0.4558
	04291061	钢筋混凝土立柱	m³	1.0000
	05031801	枕木	m³	0.0006
	34110101	水	m³	0.0162
	36030201	涤纶针刺土工布	m²	0.0903
	36310601	橡胶支座	dm³	0.0360
	80075103	高强无收缩砂浆料 C60	kg	11.7722
	80075105	高强无收缩砂浆料 C100	kg	10.7021
	X0045	其他材料费	%	0.3100
机械	99050773	灰浆搅拌机 200L	台班	0.0015
	99090230	履带式起重机 250t	台班	0.0130
	99091810	平台作业升降车 25m	台班	0.0116
	99091880	千斤顶 15t	台班	0.5011
	99150300	多功能高压清洗机	台班	0.0082
	99350150	冲击电钻	台班	0.0053
	99430200	电动空气压缩机 0.6m³/min	台班	0.0131
	99440670	液压注浆泵 HYB50/50-1型	台班	0.0047

工作内容：构件场内运输、就位、安装等。

定额编号			E-4-2-9
项　　目			安装钢立柱
			t
预算定额编号	预算定额名称	预算定额单位	数　　量
04-3-7-7	钢立柱安装	t	1.0000

工作内容：构件场内运输、就位、安装等。

	定额编号		E-4-2-9
	项　　目		安装钢立柱
	名　　称	单位	t
人工	00070111	综合人工（土建）	工日	3.5600
材料	03010101	铆钉 综合	kg	0.1240
	03130101	电焊条	kg	2.0300
	05030121	木板成材	m^3	0.0240
	14390101	氧气	m^3	21.9000
	14390301	乙炔气	m^3	7.3700
	33010131	钢立柱	t	1.0000
	X0045	其他材料费	%	1.5000
机械	99090410	汽车式起重机 20t	台班	0.1200
	99250020	交流弧焊机 32kV·A	台班	0.5800
	99270090	组合烘箱	台班	0.0580

工作内容：安拆模板、绑扎钢筋、浇筑混凝土、泵车输送等。

定 额 编 号			E-4-2-10	E-4-2-11
项 目			现浇混凝土墩帽	现浇混凝土台帽
			m³	m³
预算定额编号	预算定额名称	预算定额单位	数 量	
04-3-3-9【换】	混凝土墩帽 预拌混凝土（泵送型）C30 粒径 5~40（不含泵送费）	m³	1.0000	
04-3-3-10【换】	混凝土台帽 预拌混凝土（泵送型）C30 粒径 5~40（不含泵送费）	m³		1.0000
04-7-3-11	桥涵工程模板 墩帽 模板	m²	2.2520	
04-7-3-12	桥涵工程模板 台帽 模板	m²		3.7990
04-5-1-4	现场绑扎钢筋 桥梁 下部结构钢筋	t	0.1800	0.1800
04-7-4-1	商品混凝土输送 泵车	m³	1.0100	1.0100

工作内容：安拆模板、绑扎钢筋、浇筑混凝土、泵车输送等。

	定 额 编 号			E-4-2-10	E-4-2-11
	项 目			现浇混凝土墩帽	现浇混凝土台帽
	名 称		单位	m³	m³
人工	00070111	综合人工（土建）	工日	2.1306	2.6472
材料	01010311	热轧带肋钢筋（HRB400）ϕ10~32	t	0.1391	0.1391
	01010411	热轧光圆钢筋（HPB300）$\phi\leqslant$10	t	0.0454	0.0454
	02090101	塑料薄膜	m²	2.0931	1.8317
	03130101	电焊条	kg	0.7243	0.7243
	03150101	圆钉	kg	0.3124	0.3024
	03152501	镀锌铁丝	kg	0.7178	0.7178
	34110101	水	m³	0.1356	0.1313
	35010703	木模板成材	m³	0.0439	0.0889
	80210424	预拌混凝土（泵送型）C30 粒径 5~40	m³	1.0100	1.0100
	X0045	其他材料费	％	0.0200	0.0200
机械	99050540	混凝土输送泵车 75m³/h	台班	0.0169	0.0169
	99050930	混凝土振捣器 插入式	台班	0.1156	0.1111
	99090080	履带式起重机 10t	台班	0.0432	0.0729
	99170030	钢筋切断机 ϕ40	台班	0.0927	0.0927
	99170050	钢筋弯曲机 ϕ40	台班	0.0927	0.0927
	99210010	木工圆锯机 ϕ500	台班	0.0216	0.0365
	99250020	交流弧焊机 32kV·A	台班	0.1822	0.1822

工作内容：1. 搭拆脚手架、安拆模板、绑扎钢筋、浇筑混凝土、张拉钢绞线、压浆、安装锚具、泵车输送等。
2，3. 搭拆脚手架、安拆模板、绑扎钢筋、浇筑混凝土、泵车输送等。

定 额 编 号			E-4-2-12	E-4-2-13	E-4-2-14
项 目			现浇预应力混凝土墩盖梁	现浇混凝土墩盖梁	现浇混凝土台盖梁
			m³	m³	m³
预算定额编号	预算定额名称	预算定额单位	数 量		
04-3-3-11【换】	混凝土墩盖梁 预拌混凝土（泵送型）C50 粒径5~40（不含泵送费）	m³	1.0000		
04-3-3-11【换】	混凝土墩盖梁 预拌混凝土（泵送型）C40 粒径5~40（不含泵送费）	m³		1.0000	
04-3-3-12	混凝土台盖梁 预拌混凝土（泵送型）C30 粒径5~40（不含泵送费）	m³			1.0000
04-7-3-13	桥涵工程模板 墩盖梁 模板	m²	3.0310	3.0310	
04-7-3-14	桥涵工程模板 台盖梁 模板	m²			3.0310
04-5-1-4	现场绑扎钢筋 桥梁 下部结构钢筋	t	0.1500	0.2000	0.2000
04-5-2-3	预应力钢绞线 后张法群锚束长40m以内 7孔以内	t	0.0138		
04-5-2-4	预应力钢绞线 后张法群锚束长40m以内 12孔以内	t	0.0112		
04-5-2-9	压浆管道	延长米	1.8955		
04-5-2-11	压浆	m³	0.0098		
04-7-2-6	脚手架 桥梁盖梁 高10m以内	m²	2.4444	6.9929	6.9929
04-7-4-1	商品混凝土输送 泵车	m³	1.0100	1.0100	1.0100
B0000001	锚具（预应力钢绞线）	孔	1.4015		

工作内容：1. 搭拆脚手架、安拆模板、绑扎钢筋、浇筑混凝土、张拉钢绞线、压浆、安装锚具、泵车输送等。
2, 3. 搭拆脚手架、安拆模板、绑扎钢筋、浇筑混凝土、泵车输送等。

	定额编号		E-4-2-12	E-4-2-13	E-4-2-14
	项 目		现浇预应力混凝土墩盖梁	现浇混凝土墩盖梁	现浇混凝土台盖梁
	名 称	单位	m^3	m^3	m^3
人工	00070111	综合人工(土建)	工日	3.3460	3.6386	4.8292
材料	80210436	预拌混凝土(泵送型) C50 粒径 5～40	m^3	1.0100		
	80210432	预拌混凝土(泵送型) C40 粒径 5～40	m^3		1.0100	
	80210424	预拌混凝土(泵送型) C30 粒径 5～40	m^3			1.0100
	B0000001	锚具(预应力钢绞线)	孔	1.4015		
	01010311	热轧带肋钢筋(HRB400) $\phi 10\sim 32$	t	0.1159	0.1545	0.1545
	01010411	热轧光圆钢筋(HPB300) $\phi \leqslant 10$	t	0.0378	0.0505	0.0505
	01070301	预应力钢绞线	t	0.0260		
	02090101	塑料薄膜	m^2	1.4275	1.4275	1.4586
	02190101	尼龙帽	个	1.0512	1.0512	1.0512
	03130101	电焊条	kg	0.6036	0.8048	0.8048
	03150101	圆钉	kg	0.1855	0.1855	0.1237
	03150501	骑马钉	kg	0.0205	0.0587	0.0587
	03152501	镀锌铁丝	kg	0.6421	0.9046	0.9046
	04010112	水泥 42.5 级	t	0.0155		
	05030121	木板成材	m^3	0.0007	0.0021	0.0021
	05031801	枕木	m^3	0.0002	0.0007	0.0007
	14390101	氧气	m^3	0.0158		
	14390301	乙炔气	m^3	0.0056		
	17210131	钢制波纹管 $\phi 50$	m	2.0441		
	17210135	钢制波纹管 $\phi 70$	m	0.0538		
	33330507	铁件	kg	0.0246	0.0246	0.0612
	34110101	水	m^3	0.1334	0.1246	0.1251
	35010101	钢模板	kg	1.9301	1.9301	1.9301
	35010703	木模板成材	m^3	0.0100	0.0100	0.0121
	35020106	钢模支撑	kg	1.5191	1.5191	1.5191

(续表)

	定 额 编 号		E-4-2-12	E-4-2-13	E-4-2-14
	项 目		现浇预应力混凝土墩盖梁	现浇混凝土墩盖梁	现浇混凝土台盖梁
材料	35020401 钢模零配件	kg	0.7211	0.7211	0.7211
	35030343 钢管 φ48.3×3.6	kg	0.5561	1.5909	2.5678
	35030612 钢管底座 φ48	只	0.0095	0.0273	0.0431
	35031212 对接扣件 φ48	只	0.0120	0.0343	0.0624
	35031213 迴转扣件 φ48	只	0.0139	0.0399	0.0730
	35031214 直角扣件 φ48	只	0.0924	0.2643	0.5080
	35031242 扣件螺栓	只	1.0775	3.0825	3.0825
	35032042 钢管支架使用费	t·d			11.3558
	35033115 钢板网	m²	0.0533	0.1524	0.1524
	35050122 安全网（锦纶）	m²	0.0809	0.2315	0.2315
	X0045 其他材料费	%	0.0100	0.0100	0.0100
机械	99050540 混凝土输送泵车 75m³/h	台班	0.0169	0.0169	0.0169
	99050780 挤压式灰浆搅拌机 200L	台班	0.0066		
	99050930 混凝土振捣器 插入式	台班	0.1156	0.1156	0.1111
	99070540 载重汽车 6t	台班	0.0112	0.0158	0.0158
	99090080 履带式起重机 10t	台班	0.1152	0.1152	0.1264
	99170030 钢筋切断机 φ40	台班	0.0772	0.1030	0.1030
	99170050 钢筋弯曲机 φ40	台班	0.0772	0.1030	0.1030
	99170160 预应力钢筋拉伸机 1500kN	台班	0.0188		
	99170170 预应力钢筋拉伸机 2500kN	台班	0.0090		
	99210010 木工圆锯机 φ500	台班	0.0097	0.0097	0.0109
	99250020 交流弧焊机 32kV·A	台班	0.1518	0.2025	0.2025
	99440390 高压油泵 80MPa	台班	0.0278		
	99440670 液压注浆泵 HYB50/50-1 型	台班	0.0066		

工作内容：安装操作平台、浇筑连接面砂浆、安装预制盖梁、套筒灌浆等。

定额编号			E-4-2-15
项　目			安装预制盖梁
			重量≤200t
			m³
预算定额编号	预算定额名称	预算定额单位	数　量
04-3-5-29	安装预制盖梁 重量≤200t	m³	1.0000
04-3-5-30	砂浆接缝 盖梁底面	m²	0.0547
04-3-5-31	连接套筒灌浆 盖梁底面	根	0.4498
04-7-2-8	预制盖梁安装操作平台	m²	0.1323

工作内容：安装操作平台、浇筑连接面砂浆、安装预制盖梁、套筒灌浆等。

	定额编号			E-4-2-15
	项　目			安装预制盖梁
				重量≤200t
	名　称		单位	m³
人工	00070111	综合人工(土建)	工日	0.6006
材料	01050102	钢丝绳	kg	6.4086
	01150103	热轧型钢 综合	kg	0.1575
	01290202	热轧钢板(薄板)	kg	0.0762
	03014101	六角螺栓连母垫	kg	0.0097
	03130101	电焊条	kg	0.0235
	03154813	铁件	kg	0.1871
	04291671	预制钢筋混凝土盖梁	m³	1.0000
	13010101	调和漆	kg	0.0025
	13056101	红丹防锈漆	kg	0.0032
	14030101	汽油	kg	0.0010
	14390101	氧气	m³	0.0033
	14390301	乙炔气	m³	0.0011
	34110101	水	m³	0.0033
	36310601	橡胶支座	dm³	0.0315
	80075103	高强无收缩砂浆料 C60	kg	5.1515
	80075105	高强无收缩砂浆料 C100	kg	4.6854
	X0045	其他材料费	％	0.1000
机械	99050773	灰浆搅拌机 200L	台班	0.0007
	99090230	履带式起重机 250t	台班	0.0180
	99090360	汽车式起重机 8t	台班	0.0023
	99091810	平台作业升降车 25m	台班	0.0172
	99150300	多功能高压清洗机	台班	0.0054
	99250030	交流弧焊机 40kV·A	台班	0.0025
	99350150	冲击电钻	台班	0.0023
	99430200	电动空气压缩机 0.6m³/min	台班	0.0003
	99440670	液压注浆泵 HYB50/50-1型	台班	0.0035

工作内容：构件场内运输、就位、安装等。

定额编号	E-4-2-16
项 目	安装人行天桥钢结构
	t

预算定额编号	预算定额名称	预算定额单位	数 量
04-3-7-1	钢梁安装 人行天桥钢主梁	t	1.0000

工作内容：构件场内运输、就位、安装等。

定额编号			E-4-2-16
项 目			安装人行天桥钢结构
名 称		单位	t
人工	00070111	综合人工(土建)	工日	2.2050

	编号	名称	单位	数量
人工	00070111	综合人工(土建)	工日	2.2050
材料	01010214	热轧带肋钢筋(HRB400)$\phi>10$	kg	11.4000
	01150103	热轧型钢 综合	kg	8.6000
	03014101	六角螺栓连母垫	kg	1.1400
	03110201	砂轮片	片	10.0000
	03130101	电焊条	kg	3.3000
	03154813	铁件	kg	2.7970
	14390101	氧气	m³	42.0000
	14390301	乙炔气	m³	14.0000
	33010531	钢箱梁	t	1.0000
	X0045	其他材料费	%	1.4000
机械	99090490	汽车式起重机 75t	台班	0.0400
	99250020	交流弧焊机 32kV·A	台班	0.9400
	99270090	组合烘箱	台班	0.0940

工作内容：铺筑碎石垫层（护坡）、砌筑、勾缝等。

定 额 编 号			E-4-2-17	E-4-2-18
项 目			浆砌块石护坡	浆砌块石挡墙
			m³	m³
预算定额编号	预算定额名称	预算定额单位	数 量	
04-3-3-1	垫层 碎石	m³	0.2821	
04-3-6-12	坞工浆砌块石 勾凸缝	m²	2.6070	1.3800
04-3-6-4	浆砌块石 护坡	m³	1.0000	
04-3-6-9	浆砌块石 挡墙	m³		1.0000

工作内容：铺筑碎石垫层（护坡）、砌筑、勾缝等。

	定 额 编 号			E-4-2-17	E-4-2-18
	项 目			浆砌块石护坡	浆砌块石挡墙
	名 称		单位	m³	m³
人工	00070111	综合人工（土建）	工日	1.4576	1.0189
材料	02090101	塑料薄膜	m²	5.5399	1.9434
	04050215	碎石 5～25	t	0.1001	
	04050313	道碴 50～70	t	0.4172	
	04110701	护坡块石	t	1.9594	1.9594
	34110101	水	m³	0.9961	0.3698
	80060412	湿拌砌筑砂浆 WM M7.5	m³	0.3925	0.3805
机械	99090080	履带式起重机 10t	台班		0.1100

工作内容：装石、运输、抛石等。

定 额 编 号			E-4-2-19	E-4-2-20
项　目			抛石	
			陆上	船上
			m³	m³
预算定额编号	预算定额名称	预算定额单位	数　量	
04-3-6-13	抛石 陆上	m³	1.0000	
04-3-6-14	抛石 船上	m³		1.0000

工作内容：装石、运输、抛石等。

定 额 编 号				E-4-2-19	E-4-2-20
项　目				抛石	
				陆上	船上
	名　称		单位	m³	m³
人工	00070111	综合人工(土建)	工日	0.5340	0.4423
材料	04110507	块石 100～400	t	1.7340	1.7340
机械	99410530	铁驳船 80t	t·d		7.5000

工作内容：铺筑垫层、搭拆脚手架及钢管支架、安拆模板、绑扎钢筋、浇筑混凝土、泵车输送、砌筑出口护坡等。

定 额 编 号			E-4-2-21
项　　目			现浇混凝土过水箱涵
			m³
预算定额编号	预算定额名称	预算定额单位	数　　量
04-3-3-1	垫层 碎石	m³	0.2194
04-3-3-22	混凝土箱涵制作 底板	m³	0.2802
04-3-3-23	混凝土箱涵制作 侧墙	m³	0.4395
04-3-3-24	混凝土箱涵制作 顶板	m³	0.2802
04-3-3-2	垫层 混凝土 预拌混凝土（非泵送型）C20 粒径5～40	m³	0.0896
04-3-6-12	坞工浆砌块石 勾凸缝	m²	0.3969
04-3-6-4	浆砌块石 护坡	m³	0.1649
04-3-8-40	工程防水 喷涂沥青	m²	2.4072
04-4-5-4	变形缝 外贴式	m	0.2233
04-4-5-5	施工缝 钢板止水带	m	0.5599
04-5-1-8	现场绑扎钢筋 箱涵钢筋	t	0.1600
04-7-2-1	脚手架 双排 高10m以内	m²	1.0180
04-7-3-23	桥涵工程模板 箱涵制作 底板 模板	m²	0.1120
04-7-3-24	桥涵工程模板 箱涵制作 侧墙 模板	m²	2.0363
04-7-3-25	桥涵工程模板 箱涵制作 顶板 模板	m²	0.6718
04-7-3-56	桥梁满堂式 钢管支架（空间体积）	m³ 空间体积	1.6794
04-7-3-57	钢管支架使用费	t·d	2.6451
04-7-4-1	商品混凝土输送 泵车	m³	1.0100

工作内容： 铺筑垫层、搭拆脚手架及钢管支架、安拆模板、绑扎钢筋、浇筑混凝土、泵车输送、砌筑出口护坡等。

	定 额 编 号			E-4-2-21
	项 目			现浇混凝土过水箱涵
	名 称		单位	m³
人工	00070111	综合人工(土建)	工日	3.8426
材料	01010311	热轧带肋钢筋(HRB400) φ10～32	t	0.1394
	01010411	热轧光圆钢筋(HPB300) φ≤10	t	0.0246
	02090101	塑料薄膜	m²	1.8651
	02190101	尼龙帽	个	0.1018
	03130101	电焊条	kg	0.9312
	03150101	圆钉	kg	0.1853
	03152501	镀锌铁丝	kg	0.5627
	04050215	碎石 5～25	t	0.0778
	04050313	道碴 50～70	t	0.3245
	04110701	护坡块石	t	0.3231
	05031801	枕木	m³	0.0002
	13310424	石油沥青 55#	t	0.0091
	13370318	内防水橡胶止水带	m	0.2278
	13370801	钢板止水带	m	0.5879
	33330507	铁件	kg	0.2036
	34110101	水	m³	0.2774
	35010101	钢模板	kg	1.7958
	35010703	木模板成材	m³	0.0045
	35020106	钢模支撑	kg	1.5642
	35020401	钢模零配件	kg	0.6681
	35030343	钢管 φ48.3×3.6	kg	0.5691
	35030612	钢管底座 φ48	只	0.0073
	35031212	对接扣件 φ48	只	0.0174
	35031213	迴转扣件 φ48	只	0.0202
	35031214	直角扣件 φ48	只	0.0966
	35031242	扣件螺栓	只	0.4955
	35032042	钢管支架使用费	t·d	2.6451
	35032122	钢直扶梯	kg	0.0206
	35033112	钢板网	kg	3.0540
	35050122	安全网(锦纶)	m²	0.0283
	80060412	湿拌砌筑砂浆 WM M7.5	m³	0.0644
	80210422	预拌混凝土(泵送型) C30 粒径5～20	m³	1.0099
	80210512	预拌混凝土(非泵送型) C15 粒径5～40	m³	0.0905
	X0045	其他材料费	%	0.0300
机械	99050540	混凝土输送泵车 75m³/h	台班	0.0169
	99050930	混凝土振捣器 插入式	台班	0.0646
	99050940	混凝土振捣器 平板式	台班	0.0198
	99070540	载重汽车 6t	台班	0.0107
	99090080	履带式起重机 10t	台班	0.0433
	99090090	履带式起重机 15t	台班	0.0002
	99130460	柏油喷布器 300kg	台班	0.0176
	99170030	钢筋切断机 φ40	台班	0.0304
	99170050	钢筋弯曲机 φ40	台班	0.0480
	99250020	交流弧焊机 32kV·A	台班	0.1856
	99250260	对焊机 10kV·A	台班	0.1248

工作内容：铺筑垫层、安拆模板、绑扎钢筋、浇筑基座或压顶混凝土、砌筑护脚或挡墙等。

定额编号			E-4-2-22	E-4-2-23	E-4-2-24	E-4-2-25
项 目			涵洞出口护坡	涵洞出口挡墙		
			φ800	φ1000～φ1200	φ1400～φ1600	φ1800～φ2000
			处	处	处	处
预算定额编号	预算定额名称	预算定额单位	数 量			
04-3-3-21	混凝土压顶	m³		0.6400	1.2900	1.4500
04-3-6-12	坞工浆砌块石 勾凸缝	m²	33.0500	77.9800	113.7500	141.5800
04-3-6-3	浆砌块石 护脚	m³	8.2600	11.8700	17.2700	21.4700
04-3-6-5	浆砌块石 锥坡	m³	6.8400	8.1600	9.8000	10.9000
04-3-6-9	浆砌块石 挡墙	m³		24.4000	44.6700	66.8500
04-7-3-22	桥涵工程模板 压顶 模板	m²		4.3600	5.3600	5.9900
52-1-4-3	管道砾石砂垫层	m³	3.6500	5.0600	6.6600	9.2200
52-1-5-1【换】	管道基座 混凝土 预拌混凝土（泵送型）C30 粒径 5～20	m³	5.4800	7.5800	9.9800	13.8300
52-1-5-2	管道基座 钢筋	t	0.1100	0.1500	0.2000	0.3500
52-4-5-1	模板工程 管道基座	m²	6.6800	7.9700	9.4900	10.7800

工作内容：铺筑垫层、安拆模板、绑扎钢筋、浇筑基座或压顶混凝土、砌筑护脚或挡墙等。

定额编号				E-4-2-22	E-4-2-23	E-4-2-24	E-4-2-25
项目				涵洞出口护坡	涵洞出口挡墙		
				$\phi800$	$\phi1000\sim\phi1200$	$\phi1400\sim\phi1600$	$\phi1800\sim\phi2000$
		名称	单位	处	处	处	处
人工	00070111	综合人工（土建）	工日	27.5583	62.5812	94.4661	126.7324
材料	01010411	热轧光圆钢筋（HPB300）$\phi\leq10$	t	0.0316	0.0430	0.0574	0.1004
	01010412	热轧光圆钢筋（HPB300）$\phi>10$	t	0.0812	0.1107	0.1476	0.2583
	02090101	塑料薄膜	m²	71.2842	144.8482	217.8293	290.3806
	03150101	圆钉	kg	1.3287	2.5902	3.1230	3.5248
	03152501	镀锌铁丝	kg	0.3399	0.4635	0.6180	1.0815
	04030701	砾石砂	t	8.0698	11.1872	14.7246	20.3845
	04110701	护坡块石	t	29.5869	87.0561	140.5674	194.4117
	34110101	水	m³	13.6122	27.2470	40.3815	51.9932
	35010102	组合钢模板	kg	4.1697	4.9749	5.9237	6.7289
	35010703	木模板成材	m³	0.0261	0.0921	0.1121	0.1259
	35020401	钢模零配件	kg	1.5417	1.8395	2.1903	2.4880
	80060412	湿拌砌筑砂浆 WM M7.5	m³	5.8656	17.0700	27.4433	37.8012
	80210422	预拌混凝土（泵送型）C30 粒径5～20	m³	5.5348	7.6558	10.0798	13.9683
	80210416	预拌混凝土（泵送型）C20 粒径5～40	m³		0.6464	1.3029	1.4645
	X0045	其他材料费	%	0.0100	0.0100	0.0100	0.0100
机械	99050930	混凝土振捣器 插入式	台班	0.7508	1.1217	1.5350	2.0832
	99050940	混凝土振捣器 平板式	台班	0.9030	1.2495	1.6450	2.2792
	99070520	载重汽车 4t	台班	0.0107	0.0128	0.0152	0.0172
	99090080	履带式起重机 10t	台班		2.6840	4.9137	7.3535
	99090350	汽车式起重机 5t	台班	0.0073	0.0088	0.0104	0.0119
	99170005	钢筋调直机	台班	0.0535	0.0729	0.0972	0.1701
	99170025	钢筋切断机	台班	0.0535	0.0729	0.0972	0.1701
	99210010	木工圆锯机 $\phi500$	台班		0.0593	0.0729	0.0815
	99210065	木工平刨床 刨削宽度450	台班	0.0154	0.0183	0.0218	0.0248
	99210070	木工平刨床 刨削宽度500	台班		0.0593	0.0729	0.0815

工作内容：沟槽开挖、湿土排水、铺筑垫层、安拆模板、绑扎钢筋、浇筑基座、铺设钢筋混凝土管、沟槽回填等。

定额编号			E-4-2-26	E-4-2-27	E-4-2-28	E-4-2-29
项 目			涵洞			
			φ800	φ1000	φ1200	φ1400
			m	m	m	m
预算定额编号	预算定额名称	预算定额单位	数 量			
04-1-1-28	无支护机械挖沟槽土方（深3m以内）装车	m³	10.9423	13.1521	16.2372	19.6664
04-1-2-14	沟槽及基坑填筑 回填土	m³	9.4957	11.1452	13.5799	16.3899
04-3-3-2	垫层 混凝土 预拌混凝土（非泵送型）C20 粒径5～40	m³	0.0625	0.0750	0.0850	0.0950
04-7-8-1	湿土排水	m³	3.7823	5.1588	7.1307	9.4269
52-1-4-3	管道砾石砂垫层	m³	0.2200	0.2200	0.2400	0.2600
52-1-5-1【换】	管道基座 混凝土 预拌混凝土（泵送型）C30 粒径5～20	m³	0.4037	0.5430	0.6810	0.7048
52-1-5-2	管道基座 钢筋	t	0.0070	0.0083	0.0136	0.0145
52-1-6-2	管道铺设 承插式钢筋混凝土管 φ800	100m	0.0100			
52-1-6-3	管道铺设 承插式钢筋混凝土管 φ1000	100m		0.0100		
52-1-6-4	管道铺设 承插式钢筋混凝土管 φ1200	100m			0.0100	
52-1-6-5	管道铺设 企口式钢筋混凝土管 φ1350	100m				0.0100
52-4-5-1	模板工程 管道基座	m²	0.9600	1.1120	1.2940	1.3340

工作内容：沟槽开挖、湿土排水、铺筑垫层、安拆模板、绑扎钢筋、浇筑基座、铺设钢筋混凝土管、沟槽回填等。

定额编号				E-4-2-26	E-4-2-27	E-4-2-28	E-4-2-29
项 目				涵洞			
				φ800	φ1000	φ1200	φ1400
	名 称		单位	m	m	m	m
人工	00070111	综合人工(土建)	工日	4.1568	4.9127	6.0082	7.1476
材料	01010411	热轧光圆钢筋(HPB300) φ≤10	t	0.0020	0.0024	0.0039	0.0042
	01010412	热轧光圆钢筋(HPB300) φ>10	t	0.0052	0.0061	0.0100	0.0107
	02090101	塑料薄膜	m²	1.2335	1.6591	2.0808	2.1535
	03150101	圆钉	kg	0.1909	0.2212	0.2574	0.2653
	03152501	镀锌铁丝	kg	0.0216	0.0256	0.0420	0.0448
	04030701	砾石砂	t	0.4864	0.4864	0.5306	0.5748
	13058211	焦油聚氨酯防水涂料 851	kg	0.0633	0.0789	0.1298	
	17291012	钢筋混凝土承插管 φ800×2500	m	1.0050			
	17291013	钢筋混凝土承插管 φ1000×2500	m		1.0050		
	17291014	钢筋混凝土承插管 φ1200×2500	m			1.0050	
	17291111	钢筋混凝土企口管 φ1350×2000	m				1.0050
	18271113	管枕 φ800	块	1.6800			
	18271115	管枕 φ1000	块		1.6800		
	18271117	管枕 φ1200	块			1.6800	
	18271119	管枕 φ1350	块				2.0000
	34110101	水	m³	0.0247	0.0332	0.0416	0.0431
	35010102	组合钢模板	kg	0.5992	0.6941	0.8077	0.8327
	35010703	木模板成材	m³	0.0037	0.0043	0.0050	0.0052
	35020401	钢模零配件	kg	0.2216	0.2566	0.2987	0.3079
	80060214	干混抹灰砂浆 DP M20.0	m³				0.0003
	80210422	预拌混凝土(泵送型) C30 粒径 5~20	m³	0.4077	0.5484	0.6878	0.7118
	80210515	预拌混凝土(非泵送型) C20 粒径 5~40	m³	0.0631	0.0757	0.0858	0.0959
	X0045	其他材料费	%	0.0100	0.0100	0.0100	0.0500
机械	99010060	履带式单斗液压挖掘机 1m³	台班	0.0219	0.0263	0.0325	0.0393
	99050930	混凝土振捣器 插入式	台班	0.0553	0.0744	0.0933	0.0966
	99050940	混凝土振捣器 平板式	台班	0.0668	0.0863	0.1064	0.1109
	99070520	载重汽车 4t	台班	0.0115	0.0168	0.0171	0.0021
	99070550	载重汽车 8t	台班				0.0060
	99090350	汽车式起重机 5t	台班	0.0228	0.0012	0.0014	0.0015
	99090360	汽车式起重机 8t	台班		0.0325	0.0325	0.0060
	99090390	汽车式起重机 12t	台班				0.0200
	99091880	千斤顶 15t	台班				0.0400
	99130350	内燃夯实机 700N·m	台班	0.1880	0.2207	0.2689	0.3245
	99170005	钢筋调直机	台班	0.0034	0.0040	0.0066	0.0070
	99170025	钢筋切断机	台班	0.0034	0.0040	0.0066	0.0070
	99210065	木工平刨床 刨削宽度 450	台班	0.0022	0.0026	0.0030	0.0031
	99440010	电动单级离心清水泵 φ50	台班	0.4539	0.6191	0.8557	1.1312

工作内容：沟槽开挖、湿土排水、铺筑垫层、安拆模板、绑扎钢筋、浇筑基座、铺设钢筋混凝土管、沟槽回填等。

定额编号			E-4-2-30	E-4-2-31	E-4-2-32
项 目			涵洞		
			φ1600	φ1800	φ2000
			m	m	m
预算定额编号	预算定额名称	预算定额单位	数 量		
04-1-1-28	无支护机械挖沟槽土方（深3m以内）装车	m³	25.6312	28.8053	33.2400
04-1-2-14	沟槽及基坑填筑 回填土	m³	21.0131	23.4646	26.8782
04-3-3-2	垫层 混凝土 预拌混凝土（非泵送型）C20 粒径5～40	m³	0.1125	0.1200	0.1300
04-7-8-1	湿土排水	m³	13.6007	15.8991	19.1754
52-1-4-3	管道砾石砂垫层	m³	0.2950	0.3100	0.3300
52-1-5-1【换】	管道基座 混凝土 预拌混凝土（泵送型）C30 粒径5～20	m³	0.9741	1.1094	1.3022
52-1-5-2	管道基座 钢筋	t	0.0260	0.0274	0.0290
52-1-6-7	管道铺设 企口式钢筋混凝土管 φ1650	100m	0.0100		
52-1-6-8	管道铺设 企口式钢筋混凝土管 φ1800	100m		0.0100	
52-1-6-9	管道铺设 企口式钢筋混凝土管 φ2000	100m			0.0100
52-4-5-1	模板工程 管道基座	m²	1.5900	1.7280	1.9040

工作内容： 沟槽开挖、湿土排水、铺筑垫层、安拆模板、绑扎钢筋、浇筑基座、铺设钢筋混凝土管、沟槽回填等。

定额编号			E-4-2-30	E-4-2-31	E-4-2-32
项　目			涵洞		
			φ1600	φ1800	φ2000
名　称		单位	m	m	m
人工	00070111	综合人工(土建)	工日	9.2585	10.3520	11.8703
材料	01010411	热轧光圆钢筋(HPB300) φ≤10	t	0.0075	0.0079	0.0083
	01010412	热轧光圆钢筋(HPB300) φ>10	t	0.0192	0.0202	0.0214
	02090101	塑料薄膜	m²	2.9764	3.3898	3.9789
	03150101	圆钉	kg	0.3163	0.3437	0.3787
	03152501	镀锌铁丝	kg	0.0803	0.0847	0.0896
	04030701	砾石砂	t	0.6522	0.6854	0.7296
	17291113	钢筋混凝土企口管 φ1650×2000	m	1.0050		
	17291114	钢筋混凝土企口管 φ1800×2000	m		1.0050	
	17291115	钢筋混凝土企口管 φ2000×2000	m			1.0050
	18271123	管枕 φ1650	块	2.0000		
	18271125	管枕 φ1800	块		2.0000	
	18271127	管枕 φ2000	块			2.0000
	34110101	水	m³	0.0595	0.0678	0.0796
	35010102	组合钢模板	kg	0.9925	1.0786	1.1885
	35010703	木模板成材	m³	0.0062	0.0067	0.0074
	35020401	钢模零配件	kg	0.3670	0.3988	0.4394
	80060214	干混抹灰砂浆 DP M20.0	m³	0.0004	0.0004	0.0005
	80210422	预拌混凝土(泵送型) C30 粒径5~20	m³	0.9838	1.1205	1.3152
	80210515	预拌混凝土(非泵送型) C20 粒径5~40	m³	0.1136	0.1212	0.1313
	X0045	其他材料费	%	0.0100	0.0100	0.0100
机械	99010060	履带式单斗液压挖掘机 1m³	台班	0.0513	0.0576	0.0665
	99050930	混凝土振捣器 插入式	台班	0.1335	0.1520	0.1784
	99050940	混凝土振捣器 平板式	台班	0.1499	0.1693	0.1969
	99070520	载重汽车 4t	台班	0.0025	0.0028	0.0030
	99070550	载重汽车 8t	台班	0.0072	0.0079	0.0088
	99090350	汽车式起重机 5t	台班	0.0017	0.0019	0.0021
	99090360	汽车式起重机 8t	台班	0.0072		
	99090390	汽车式起重机 12t	台班		0.0079	0.0088
	99090400	汽车式起重机 16t	台班	0.0238		
	99090410	汽车式起重机 20t	台班		0.0263	0.0294
	99091880	千斤顶 15t	台班	0.0476	0.0526	0.0588
	99130350	内燃夯实机 700N·m	台班	0.4161	0.4646	0.5322
	99170005	钢筋调直机	台班	0.0126	0.0133	0.0141
	99170025	钢筋切断机	台班	0.0126	0.0133	0.0141
	99210065	木工平刨床 刨削宽度450	台班	0.0037	0.0040	0.0044
	99440010	电动单级离心清水泵 φ50	台班	1.6321	1.9079	2.3010

第三节 上部结构

工作内容：扇形支架制作及安拆,安拆模板,绑扎钢筋,浇筑0号块混凝土,挂篮制作、安拆及推移,悬臂法浇筑混凝土梁等。

定额编号			E-4-3-1
项目			悬浇混凝土箱梁
			m³
预算定额编号	预算定额名称	预算定额单位	数量
04-3-3-13【换】	混凝土梁 箱梁 现浇0号块 预拌混凝土(泵送型) C50 粒径5~25	m³	0.1536
04-3-3-14【换】	混凝土梁悬浇箱梁 预拌混凝土(泵送型) C50 粒径5~25	m³	0.8464
04-5-1-5	现场绑扎钢筋 桥梁 上部结构钢筋	t	0.1550
04-5-1-6	现场绑扎钢筋 桥梁 现浇0号块钢筋	t	0.1550
04-5-2-11	压浆	m³	0.0304
04-5-2-3	预应力钢绞线 后张法群锚束长40m以内 7孔以内	t	0.0700
04-5-2-9	压浆管道	延长米	8.8613
04-7-3-15	桥涵工程模板 现浇箱梁0号块模板	m²	0.7493
04-7-3-16	桥涵工程模板悬浇箱梁 模板	m²	4.3235
04-7-3-61	0号块扇形支架安拆	m	0.0103
04-7-3-65	挂篮 制作	t	0.0032
04-7-3-66	挂篮 安拆	t	0.1033
04-7-3-67	挂篮 推移	t·m	4.4914
04-7-4-1	商品混凝土输送 泵车	m³	1.0100
B0000002	锚具(精轧螺纹钢筋)	孔	0.8454
B0000001	锚具(预应力钢绞线)	孔	2.9504

工作内容： 扇形支架制作及安拆，安拆模板，绑扎钢筋，浇筑 0 号块混凝土，挂篮制作、安拆及推移，悬臂法浇筑混凝土梁等。

	定 额 编 号		E-4-3-1
	项 目		悬浇混凝土箱梁
	名 称	单位	m³
人工	00070111 综合人工（土建）	工日	10.9478
材料	01010311 热轧带肋钢筋（HRB400）φ10~32	t	0.2469
	01010411 热轧光圆钢筋（HPB300）φ≤10	t	0.0709
	01070301 预应力钢绞线	t	0.0728
	01150101 热轧型钢 综合	t	0.0043
	01290202 热轧钢板（薄板）	kg	0.5117
	02090101 塑料薄膜	m²	2.2811
	03130101 电焊条	kg	1.6485
	03150101 圆钉	kg	0.5769
	03152501 镀锌铁丝	kg	1.2972
	04010112 水泥 42.5 级	t	0.0479
	13010101 调和漆	kg	0.0113
	13056101 红丹防锈漆	kg	0.0185
	14050121 油漆溶剂油	kg	0.0025
	14090101 黄油	kg	0.4491
	14390101 氧气	m³	0.1932
	14390301 乙炔气	m³	0.0690
	17210131 钢制波纹管 φ50	m	9.5560
	17210135 钢制波纹管 φ70	m	0.2517
	33330507 铁件	kg	0.4299
	34110101 水	m³	0.1661
	35010703 木模板成材	m³	0.1383
	36310901 聚四氟乙烯滑板	kg	0.0898
	80210435 预拌混凝土（泵送型）C50 粒径 5~25	m³	1.0100
	B0000002 锚具（精轧螺纹钢筋）	孔	0.8454
	B0000001 锚具（预应力钢绞线）	孔	2.9504
	X0045 其他材料费	%	0.0500

(续表)

定额编号			E-4-3-1
项目			悬浇混凝土箱梁
名称		单位	m³
机械	99050540	混凝土输送泵车 75m³/h	台班	0.0169
	99050780	挤压式灰浆搅拌机 200L	台班	0.0205
	99050930	混凝土振捣器 插入式	台班	0.3056
	99050940	混凝土振捣器 平板式	台班	0.1528
	99050950	混凝土振捣器 附着式	台班	0.5877
	99090080	履带式起重机 10t	台班	0.1542
	99090090	履带式起重机 15t	台班	0.2446
	99090400	汽车式起重机 16t	台班	0.0105
	99090490	汽车式起重机 75t	台班	0.0124
	99091320	立式油压千斤顶 100t	台班	2.1290
	99091530	电动卷扬机 双筒慢速 50kN	台班	0.1850
	99170030	钢筋切断机 φ40	台班	0.2616
	99170050	钢筋弯曲机 φ40	台班	0.2616
	99170160	预应力钢筋拉伸机 1500kN	台班	0.0957
	99190060	普通车床 φ630×2000	台班	0.0004
	99190120	龙门刨床 1000×3000	台班	0.0004
	99190250	立式钻床 φ50	台班	0.0004
	99210010	木工圆锯机 φ500	台班	0.3783
	99210070	木工平刨床 刨削宽度 500	台班	0.3783
	99250020	交流弧焊机 32kV·A	台班	0.3710
	99440390	高压油泵 80MPa	台班	0.0957
	99440670	液压注浆泵 HYB50/50-1型	台班	0.0205

工作内容：安拆模板、绑扎钢筋、浇筑混凝土、张拉钢绞线、压浆、安装锚具、泵车输送等。

定 额 编 号	E-4-3-2
项　　目	支架上现浇混凝土箱梁
	m³

预算定额编号	预算定额名称	预算定额单位	数　　量
04-3-3-15【换】	混凝土梁 支架上现浇箱梁 预拌混凝土（泵送型） C50 粒径5～25	m³	1.0000
04-5-1-5	现场绑扎钢筋 桥梁 上部结构钢筋	t	0.2000
04-5-2-11	压浆	m³	0.0184
04-5-2-3	预应力钢绞线 后张法群锚束长40m以内 7孔以内	t	0.0450
04-5-2-9	压浆管道	延长米	5.2870
04-7-3-17	桥涵工程模板 现浇箱梁 模板	m²	5.3870
04-7-4-1	商品混凝土输送 泵车	m³	1.0100
B0000001	锚具（预应力钢绞线）	孔	1.7900

工作内容：安拆模板、绑扎钢筋、浇筑混凝土、张拉钢绞线、压浆、安装锚具、泵车输送等。

	定 额 编 号			E-4-3-2
	项 目			支架上现浇混凝土箱梁
	名 称		单位	m³
人工	00070111	综合人工(土建)	工日	6.9709
材料	01010311	热轧带肋钢筋(HRB400) φ10~32	t	0.1572
	01010411	热轧光圆钢筋(HPB300) φ≤10	t	0.0478
	01070301	预应力钢绞线	t	0.0468
	01290202	热轧钢板(薄板)	kg	0.6657
	02090101	塑料薄膜	m²	2.5040
	03130101	电焊条	kg	0.7400
	03150101	圆钉	kg	0.5166
	03152501	镀锌铁丝	kg	0.8394
	04010112	水泥 42.5级	t	0.0290
	14390101	氧气	m³	0.0284
	14390301	乙炔气	m³	0.0101
	17210131	钢制波纹管 φ50	m	5.7015
	17210135	钢制波纹管 φ70	m	0.1502
	33330507	铁件	kg	0.7725
	34110101	水	m³	0.1590
	35010703	木模板成材	m³	0.1320
	80210435	预拌混凝土(泵送型) C50 粒径 5~25	m³	1.0100
	B0000001	锚具(预应力钢绞线)	孔	1.7900
	X0045	其他材料费	%	0.0100
机械	99050540	混凝土输送泵车 75m³/h	台班	0.0169
	99050780	挤压式灰浆搅拌机 200L	台班	0.0124
	99050930	混凝土振捣器 插入式	台班	0.3056
	99050940	混凝土振捣器 平板式	台班	0.1528
	99050950	混凝土振捣器 附着式	台班	0.7639
	99090080	履带式起重机 10t	台班	0.1185
	99090090	履带式起重机 15t	台班	0.1181
	99170030	钢筋切断机 φ40	台班	0.2124
	99170050	钢筋弯曲机 φ40	台班	0.2124
	99170160	预应力钢筋拉伸机 1500kN	台班	0.0615
	99210010	木工圆锯机 φ500	台班	0.2914
	99210070	木工平刨床 刨削宽度 500	台班	0.2914
	99250020	交流弧焊机 32kV·A	台班	0.1918
	99440390	高压油泵 80MPa	台班	0.0615
	99440670	液压注浆泵 HYB50/50-1型	台班	0.0124

工作内容： 构件场内运输、安装等。

定额编号	E-4-3-3
项 目	安装矩形板
	m³

预算定额编号	预算定额名称	预算定额单位	数 量
04-3-5-24	安装矩形板	m³	1.0000
04-3-5-39	预制构件场内运输	m³	1.0000

工作内容： 构件场内运输、安装等。

定额编号			E-4-3-3
项 目			安装矩形板
名 称		单位	m³
人工	00070111	综合人工(土建)	工日	0.4297

	编号	名称	单位	数量
人工	00070111	综合人工(土建)	工日	0.4297
材料	03154813	铁件	kg	0.0100
	04290715	钢筋混凝土矩形板	m³	1.0000
	05030101	成材	m³	0.0009
	80060113	干混砌筑砂浆 DM M10.0	m³	0.0340
机械	99070790	平板拖车组 60t	台班	0.0079
	99090360	汽车式起重机 8t	台班	0.0325
	99090450	汽车式起重机 40t	台班	0.0062

工作内容： 构件场内运输、安装、浇筑湿接缝、泵车输送等。

定额编号			E-4-3-4	E-4-3-5
项 目			陆上安装T形梁	水上安装T形梁
			$L \leqslant 40m$	
			m³	m³
预算定额编号	预算定额名称	预算定额单位	数 量	
04-3-3-31【换】	梁与梁接头 预拌混凝土（泵送型）C50 粒径5～25	m³	0.1202	0.1202
04-3-5-13	陆上安装T形梁 $L \leqslant 40m$	m³	0.8798	
04-3-5-17	水上安装T形梁 $L \leqslant 40m$	m³		0.8798
04-3-5-39	预制构件场内运输	m³	0.8798	0.8798
04-5-1-5	现场绑扎钢筋 桥梁 上部结构钢筋	t	0.0235	0.0235
04-7-3-29	桥涵工程模板 梁与梁接头模板	m²	0.8104	0.8104
04-7-4-1	商品混凝土输送 泵车	m³	0.1214	0.1214

工作内容：构件场内运输、安装、浇筑湿接缝、泵车输送等。

定 额 编 号				E-4-3-4	E-4-3-5
项 目				陆上安装T形梁	水上安装T形梁
				L≤40m	
名 称			单位	m³	m³
人工	00070111	综合人工（土建）	工日	0.9377	1.5610
材料	01010311	热轧带肋钢筋（HRB400）ϕ10～32	t	0.0185	0.0185
	01010411	热轧光圆钢筋（HPB300）ϕ≤10	t	0.0056	0.0056
	02090101	塑料薄膜	m²	0.0805	0.0805
	03130101	电焊条	kg	0.0869	0.0869
	03150101	圆钉	kg	0.0165	0.0178
	03150501	骑马钉	kg		0.0529
	03152501	镀锌铁丝	kg	0.4559	0.4559
	03154813	铁件	kg	0.0088	0.0088
	04292501	钢筋混凝土T形梁	m³	0.8798	0.8798
	05030101	成材	m³	0.0008	0.0008
	05030103	圆木	m³		0.0007
	05031801	枕木	m³		0.0055
	34110101	水	m³	0.0135	0.0135
	35010703	木模板成材	m³	0.0166	0.0171
	80210435	预拌混凝土（泵送型）C50 粒径5～25	m³	0.1214	0.1214
	X0045	其他材料费	％	0.0100	0.0100
机械	99050540	混凝土输送泵车 75m³/h	台班	0.0020	0.0020
	99050930	混凝土振捣器 插入式	台班	0.0339	0.0339
	99070790	平板拖车组 60t	台班	0.0070	0.0070
	99090080	履带式起重机 10t	台班	0.0286	
	99090090	履带式起重机 15t	台班	0.0139	0.0139
	99090450	汽车式起重机 40t	台班	0.0055	0.0055
	99090520	汽车式起重机 100t	台班	0.0217	
	99091380	电动卷扬机 单筒快速 10kN	台班		0.4598
	99091560	电动卷扬机 双筒慢速 100kN	台班		0.2299
	99092020	索具 2号	台班		0.2299
	99092050	索具 5号	台班		0.4598
	99170030	钢筋切断机 ϕ40	台班	0.0250	0.0250
	99170050	钢筋弯曲机 ϕ40	台班	0.0250	0.0250
	99210010	木工圆锯机 ϕ500	台班	0.0122	0.0122
	99210070	木工平刨床 刨削宽度500	台班	0.0122	0.0122
	99250020	交流弧焊机 32kV·A	台班	0.0225	0.0225
	99410530	铁驳船 80t	t·d		3.5368
	99410550	铁驳船 120t	t·d		26.7459

工作内容： 构件场内运输、安装、浇筑湿接缝、泵车输送等。

定额编号			E-4-3-6	E-4-3-7	E-4-3-8	E-4-3-9
项目			陆上安装板梁			
			L≤10m	L≤13m	L≤16m	L≤20m
			m³	m³	m³	m³
预算定额编号	预算定额名称	预算定额单位	数 量			
04-3-3-31【换】	梁与梁接头 预拌混凝土（泵送型）C50 粒径5～25	m³	0.1809	0.1239	0.1045	0.0758
04-3-5-1	陆上安装板梁 L≤10m	m³	0.8191			
04-3-5-2	陆上安装板梁 L≤13m	m³		0.8761		
04-3-5-3	陆上安装板梁 L≤16m	m³			0.8955	
04-3-5-39	预制构件场内运输	m³	0.8191	0.8761	0.8955	0.9242
04-3-5-4	陆上安装板梁 L≤20m	m³				0.9242
04-5-1-5	现场绑扎钢筋 桥梁 上部结构钢筋	t	0.0112	0.0093	0.0089	0.0076
04-7-3-29	桥涵工程模板 梁与梁接头模板	m²	1.2193	0.8351	0.7043	0.5109
04-7-4-1	商品混凝土输送 泵车	m³	0.1827	0.1251	0.1056	0.0766

工作内容： 构件场内运输、安装、浇筑湿接缝、泵车输送等。

定 额 编 号			E-4-3-6	E-4-3-7	E-4-3-8	E-4-3-9
项 目			陆上安装板梁			
			$L{\leqslant}10m$	$L{\leqslant}13m$	$L{\leqslant}16m$	$L{\leqslant}20m$
名 称		单位	m³	m³	m³	m³
人工	00070111	综合人工(土建)	工日	1.1244	0.8569	0.7631	0.6219
材料	01010311	热轧带肋钢筋(HRB400) $\phi10\sim32$	t	0.0088	0.0073	0.0070	0.0060
	01010411	热轧光圆钢筋(HPB300) $\phi{\leqslant}10$	t	0.0027	0.0022	0.0021	0.0018
	02090101	塑料薄膜	m²	0.1212	0.0830	0.0700	0.0508
	03130101	电焊条	kg	0.0414	0.0344	0.0329	0.0281
	03150101	圆钉	kg	0.0249	0.0170	0.0144	0.0104
	03152501	镀锌铁丝	kg	0.5862	0.4082	0.3486	0.2576
	03154813	铁件	kg	0.0082	0.0088	0.0090	0.0092
	04292401	钢筋混凝土空心板梁	m³	0.8191	0.8761	0.8955	0.9242
	05030101	成材	m³	0.0007	0.0008	0.0008	0.0008
	34110101	水	m³	0.0203	0.0139	0.0117	0.0085
	35010703	木模板成材	m³	0.0250	0.0171	0.0144	0.0105
	80210435	预拌混凝土(泵送型) C50 粒径 5~25	m³	0.1827	0.1251	0.1055	0.0766
	X0045	其他材料费	%	0.0100	0.0100	0.0100	0.0100
机械	99050540	混凝土输送泵车 75m³/h	台班	0.0031	0.0021	0.0018	0.0013
	99050930	混凝土振捣器 插入式	台班	0.0510	0.0349	0.0294	0.0214
	99070790	平板拖车组 60t	台班	0.0065	0.0069	0.0071	0.0073
	99090090	履带式起重机 15t	台班	0.0066	0.0055	0.0053	0.0045
	99090410	汽车式起重机 20t	台班	0.0117			
	99090450	汽车式起重机 40t	台班	0.0051	0.0054	0.0056	0.0057
	99090460	汽车式起重机 50t	台班		0.0114	0.0105	
	99090490	汽车式起重机 75t	台班				0.0096
	99170030	钢筋切断机 $\phi40$	台班	0.0119	0.0099	0.0095	0.0081
	99170050	钢筋弯曲机 $\phi40$	台班	0.0119	0.0099	0.0095	0.0081
	99210010	木工圆锯机 $\phi500$	台班	0.0183	0.0125	0.0106	0.0077
	99210070	木工平刨床 刨削宽度 500	台班	0.0183	0.0125	0.0106	0.0077
	99250020	交流弧焊机 32kV·A	台班	0.0107	0.0089	0.0085	0.0073

工作内容： 构件场内运输、安装、浇筑湿接缝、泵车输送等。

定额编号			E-4-3-10
项　　目			陆上安装板梁
			$L \leqslant 25m$
			m³
预算定额编号	预算定额名称	预算定额单位	数　　量
04-3-3-31【换】	梁与梁接头　预拌混凝土（泵送型）C50 粒径 5～25	m³	0.0682
04-3-5-39	预制构件场内运输	m³	0.9318
04-3-5-5	陆上安装板梁 $L \leqslant 25m$	m³	0.9318
04-5-1-5	现场绑扎钢筋　桥梁上部结构钢筋	t	0.0075
04-7-3-29	桥涵工程模板　梁与梁接头模板	m²	0.4597
04-7-4-1	商品混凝土输送　泵车	m³	0.0689

工作内容： 构件场内运输、安装、浇筑湿接缝、泵车输送等。

	定额编号			E-4-3-10
	项　　目			陆上安装板梁
				$L \leqslant 25m$
	名　　称		单位	m³
人工	00070111	综合人工（土建）	工日	0.5807
材料	01010311	热轧带肋钢筋（HRB400）$\phi 10 \sim 32$	t	0.0059
	01010411	热轧光圆钢筋（HPB300）$\phi \leqslant 10$	t	0.0018
	02090101	塑料薄膜	m²	0.0457
	03130101	电焊条	kg	0.0278
	03150101	圆钉	kg	0.0094
	03152501	镀锌铁丝	kg	0.2345
	03154813	铁件	kg	0.0093
	04292401	钢筋混凝土空心板梁	m³	0.9318
	05030101	成材	m³	0.0008
	34110101	水	m³	0.0076
	35010703	木模板成材	m³	0.0094
	80210435	预拌混凝土（泵送型）C50 粒径 5～25	m³	0.0689
	X0045	其他材料费	%	0.0100
机械	99050540	混凝土输送泵车 75m³/h	台班	0.0012
	99050930	混凝土振捣器　插入式	台班	0.0192
	99070790	平板拖车组 60t	台班	0.0074
	99090090	履带式起重机 15t	台班	0.0044
	99090450	汽车式起重机 40t	台班	0.0058
	99090520	汽车式起重机 100t	台班	0.0085
	99170030	钢筋切断机 $\phi 40$	台班	0.0080
	99170050	钢筋弯曲机 $\phi 40$	台班	0.0080
	99210010	木工圆锯机 $\phi 500$	台班	0.0069
	99210070	木工平刨床　刨削宽度 500	台班	0.0069
	99250020	交流弧焊机 32kV·A	台班	0.0072

工作内容： 构件场内运输、安装、浇筑湿接缝、泵车输送等。

定 额 编 号			E-4-3-11	E-4-3-12	E-4-3-13	E-4-3-14
项 目			水上安装板梁			
			$L\leqslant 10\mathrm{m}$	$L\leqslant 13\mathrm{m}$	$L\leqslant 16\mathrm{m}$	$L\leqslant 20\mathrm{m}$
			m³	m³	m³	m³
预算定额编号	预算定额名称	预算定额单位	数 量			
04-3-3-31【换】	梁与梁接头 预拌混凝土（泵送型）C50 粒径 5～25	m³	0.1809	0.1239	0.1045	0.0758
04-3-5-39	预制构件场内运输	m³	0.8191	0.8761	0.8955	0.9242
04-3-5-6	水上安装板梁 $L\leqslant 10\mathrm{m}$	m³	0.8191			
04-3-5-7	水上安装板梁 $L\leqslant 13\mathrm{m}$	m³		0.8761		
04-3-5-8	水上安装板梁 $L\leqslant 16\mathrm{m}$	m³			0.8955	
04-3-5-9	水上安装板梁 $L\leqslant 20\mathrm{m}$	m³				0.9242
04-5-1-5	现场绑扎钢筋 桥梁 上部结构钢筋	t	0.0112	0.0093	0.0089	0.0076
04-7-3-29	桥涵工程模板 梁与梁接头模板	m²	1.2193	0.8351	0.7043	0.5109
04-7-4-1	商品混凝土输送 泵车	m³	0.1827	0.1251	0.1056	0.0766

工作内容： 构件场内运输、安装、浇筑湿接缝、泵车输送等。

定额编号				E-4-3-11	E-4-3-12	E-4-3-13	E-4-3-14
项目				水上安装板梁			
				$L\leqslant 10m$	$L\leqslant 13m$	$L\leqslant 16m$	$L\leqslant 20m$
	名称		单位	m^3	m^3	m^3	m^3
人工	00070111	综合人工(土建)	工日	1.6880	1.4579	1.3847	1.2273
材料	01010311	热轧带肋钢筋(HRB400) $\phi 10\sim 32$	t	0.0088	0.0073	0.0070	0.0060
	01010411	热轧光圆钢筋(HPB300) $\phi\leqslant 10$	t	0.0027	0.0022	0.0021	0.0018
	02090101	塑料薄膜	m^2	0.1212	0.0830	0.0700	0.0508
	03130101	电焊条	kg	0.0414	0.0344	0.0329	0.0281
	03150101	圆钉	kg	0.0260	0.0183	0.0156	0.0117
	03150501	骑马钉	kg	0.0404	0.0527	0.0538	0.0555
	03152501	镀锌铁丝	kg	0.5862	0.4082	0.3486	0.2576
	03154813	铁件	kg	0.0082	0.0088	0.0090	0.0092
	04292401	钢筋混凝土空心板梁	m^3	0.8191	0.8761	0.8955	0.9242
	05030101	成材	m^3	0.0007	0.0008	0.0008	0.0008
	05030103	圆木	m^3	0.0005	0.0004	0.0004	0.0004
	05031801	枕木	m^3	0.0006	0.0021	0.0026	0.0022
	34110101	水	m^3	0.0203	0.0139	0.0117	0.0085
	35010703	木模板成材	m^3	0.0253	0.0176	0.0150	0.0110
	80210435	预拌混凝土(泵送型) C50 粒径 5～25	m^3	0.1827	0.1251	0.1055	0.0766
	X0045	其他材料费	%	0.0100	0.0100	0.0100	0.0100
机械	99050540	混凝土输送泵车 $75m^3/h$	台班	0.0031	0.0021	0.0018	0.0013
	99050930	混凝土振捣器 插入式	台班	0.0510	0.0349	0.0294	0.0214
	99070790	平板拖车组 60t	台班	0.0065	0.0069	0.0071	0.0073
	99090080	履带式起重机 10t	台班	0.0075	0.0137	0.0140	0.0144
	99090090	履带式起重机 15t	台班	0.0066	0.0055	0.0053	0.0045
	99090450	汽车式起重机 40t	台班	0.0051	0.0054	0.0056	0.0057
	99091380	电动卷扬机 单筒快速10kN	台班	0.4685	0.4510	0.4610	0.4325
	99091400	电动卷扬机 单筒快速20kN	台班	0.2364			
	99091440	电动卷扬机 双筒快速50kN	台班		0.2255	0.2305	0.1442
	99091560	电动卷扬机 双筒慢速100kN	台班				0.0721
	99092020	索具 2号	台班				0.0721
	99092030	索具 3号	台班		0.2255	0.2305	0.1442
	99092040	索具 4号	台班	0.2364			
	99092050	索具 5号	台班	0.4685	0.4510	0.4610	0.4325
	99170030	钢筋切断机 $\phi 40$	台班	0.0119	0.0099	0.0095	0.0081
	99170050	钢筋弯曲机 $\phi 40$	台班	0.0119	0.0099	0.0095	0.0081
	99210010	木工圆锯机 $\phi 500$	台班	0.0183	0.0125	0.0106	0.0077
	99210070	木工平刨床 刨削宽度500	台班	0.0183	0.0125	0.0106	0.0077
	99250020	交流弧焊机 $32kV\cdot A$	台班	0.0107	0.0089	0.0085	0.0073
	99410530	铁驳船 80t	t·d	3.6040	9.2516	10.6385	12.5322

第四章 桥涵工程

工作内容： 构件场内运输、安装、浇筑湿接缝、泵车输送等。

定 额 编 号			E-4-3-15
项 目			水上安装板梁
			$L \leqslant 25$m
			m³
预算定额编号	预算定额名称	预算定额单位	数 量
04-3-3-31【换】	梁与梁接头 预拌混凝土（泵送型）C50 粒径5～25	m³	0.0682
04-3-5-10	水上安装板梁 $L \leqslant 25$m	m³	0.9318
04-3-5-39	预制构件场内运输	m³	0.9318
04-5-1-5	现场绑扎钢筋 桥梁 上部结构钢筋	t	0.0075
04-7-3-29	桥涵工程模板 梁与梁接头 模板	m²	0.4597
04-7-4-1	商品混凝土输送 泵车	m³	0.0689

工作内容： 构件场内运输、安装、浇筑湿接缝、泵车输送等。

	定 额 编 号		E-4-3-15
	项 目		水上安装板梁
			$L \leqslant 25$m
	名 称	单位	m³
人工	00070111 综合人工(土建)	工日	1.1498
材料	01010311 热轧带肋钢筋(HRB400) ϕ10～32	t	0.0059
	01010411 热轧光圆钢筋(HPB300) $\phi \leqslant 10$	t	0.0018
	02090101 塑料薄膜	m²	0.0457
	03130101 电焊条	kg	0.0278
	03150101 圆钉	kg	0.0107
	03150501 骑马钉	kg	0.0560
	03152501 镀锌铁丝	kg	0.2345
	03154813 铁件	kg	0.0093
	04292401 钢筋混凝土空心板梁	m³	0.9318
	05030101 成材	m³	0.0008
	05030103 圆木	m³	0.0004
	05031801 枕木	m³	0.0022
	34110101 水	m³	0.0076
	35010703 木模板成材	m³	0.0100
	80210435 预拌混凝土(泵送型)C50 粒径5～25	m³	0.0689
	X0045 其他材料费	％	0.0100
机械	99050540 混凝土输送泵车 75m³/h	台班	0.0012
	99050930 混凝土振捣器 插入式	台班	0.0192
	99070790 平板拖车组 60t	台班	0.0074
	99090080 履带式起重机 10t	台班	0.0145
	99090090 履带式起重机 15t	台班	0.0044
	99090450 汽车式起重机 40t	台班	0.0058
	99091380 电动卷扬机 单筒快速 10kN	台班	0.4361
	99091440 电动卷扬机 双筒快速 50kN	台班	0.1454
	99091560 电动卷扬机 双筒慢速 100kN	台班	0.0727
	99092020 索具 2号	台班	0.0727
	99092030 索具 3号	台班	0.1454
	99092050 索具 5号	台班	0.4361
	99170030 钢筋切断机 ϕ40	台班	0.0080
	99170050 钢筋弯曲机 ϕ40	台班	0.0080
	99210010 木工圆锯机 ϕ500	台班	0.0069
	99210070 木工平刨床 刨削宽度500	台班	0.0069
	99250020 交流弧焊机 32kV·A	台班	0.0072
	99410530 铁驳船 80t	t·d	3.6899
	99410540 铁驳船 100t	t·d	8.9453

工作内容：1. 构件场内运输、安装、浇筑湿接缝、泵车输送等。
2. 构件场内运输、架桥机安装预制梁、浇筑湿接缝、泵车输送等。
3. 构件场内运输、架桥机安装箱梁节段、接缝等。

定额编号			E-4-3-16	E-4-3-17	E-4-3-18
项 目			陆上安装箱形梁	双导梁架桥机安装混凝土梁	架桥机安装箱形节段梁
			m³	m³	m³
预算定额编号	预算定额名称	预算定额单位	数 量		
04-3-3-31【换】	梁与梁接头 预拌混凝土（泵送型）C50 粒径 5～25	m³	0.1524	0.1524	
04-3-5-19	陆上安装箱形梁 L≤30m	m³	0.4238		
04-3-5-20	陆上安装箱形梁 L≤35m	m³	0.4238		
04-3-5-21	双导梁架桥机安装混凝土梁	m³		0.8476	
04-3-5-22	架桥机安装箱形节段梁	m³			1.0000
04-3-5-23	环氧树脂接缝	m²			0.4667
04-3-5-39	预制构件场内运输	m³	0.8476	0.8476	1.0000
04-5-1-5	现场绑扎钢筋 桥梁 上部结构钢筋	t	0.0290	0.0290	
04-7-3-29	桥涵工程模板 梁与梁接头模板	m²	1.0272	1.0272	
04-7-4-1	商品混凝土输送 泵车	m³	0.1539	0.1539	

第四章　桥涵工程

工作内容： 1. 构件场内运输、安装、浇筑湿接缝、泵车输送等。
2. 构件场内运输、架桥机安装预制梁、浇筑湿接缝、泵车输送等。
3. 构件场内运输、架桥机安装箱梁节段、接缝等。

	定 额 编 号		E-4-3-16	E-4-3-17	E-4-3-18
	项　　目		陆上安装箱形梁	双导梁架桥机安装混凝土梁	架桥机安装箱形节段梁
	名　　称	单位	m³	m³	m³
人工	00070111　综合人工(土建)	工日	1.1247	1.2155	2.6984
材料	01010160　预应力钢筋	t			0.0005
	01010311　热轧带肋钢筋(HRB400) φ10~32	t	0.0228	0.0228	
	01010411　热轧光圆钢筋(HPB300) φ≤10	t	0.0069	0.0069	
	01290302　热轧钢板(中厚板)	kg			0.6820
	02090101　塑料薄膜	m²	0.1021	0.1021	
	03130101　电焊条	kg	0.1073	0.1073	
	03150101　圆钉	kg	0.0210	0.0210	
	03152501　镀锌铁丝	kg	0.5746	0.5746	
	03154813　铁件	kg	0.0085	0.0085	0.0100
	03230408　轧丝锚具 φ25	套			0.0390
	03230409　连接器(锚具) φ25	套			0.0360
	04292601　钢筋混凝土箱形梁	m³	0.8476	0.8476	
	04292661　钢筋混凝土箱形节段梁	m³			1.0000
	05030101　成材	m³	0.0008	0.0008	0.0009
	14210101　环氧树脂	kg			1.7851
	34110101　水	m³	0.0171	0.0171	
	35010703　木模板成材	m³	0.0211	0.0211	
	80210435　预拌混凝土(泵送型)C50 粒径5~25	m³	0.1539	0.1539	
	X0045　其他材料费	％	1.8000	1.3600	4.9700
机械	99050540　混凝土输送泵车 75m³/h	台班	0.0026	0.0026	
	99050930　混凝土振捣器 插入式	台班	0.0429	0.0429	
	99070790　平板拖车组 60t	台班	0.0067	0.0067	0.0079
	99090080　履带式起重机 10t	台班		0.0037	
	99090090　履带式起重机 15t	台班	0.0171	0.0171	
	99090140　履带式起重机 50t	台班			0.0211
	99090220　履带式起重机 200t	台班	0.0093		
	99090230　履带式起重机 250t	台班	0.0078		
	99090450　汽车式起重机 40t	台班	0.0053	0.0053	0.0062
	99091280　架桥机 160t	台班		0.0124	
	99091290　架桥机 800t	台班			0.0877
	99091350　立式油压千斤顶 500t	台班			0.0060
	99091830　平台作业升降车 22m	台班			0.0705
	99170030　钢筋切断机 φ40	台班	0.0308	0.0308	
	99170050　钢筋弯曲机 φ40	台班	0.0308	0.0308	
	99210010　木工圆锯机 φ500	台班	0.0154	0.0154	
	99210070　木工平刨床 刨削宽度500	台班	0.0154	0.0154	
	99250020　交流弧焊机 32kV·A	台班	0.0278	0.0278	

工作内容：构件场内运输、安装等。

定额编号			E-4-3-19
项目			安装纵、横系梁
			m³
预算定额编号	预算定额名称	预算定额单位	数量
04-3-5-32	安装纵、横系梁	m³	1.0000
04-3-5-39	预制构件场内运输	m³	1.0000

工作内容：构件场内运输、安装等。

	定额编号		E-4-3-19
	项目		安装纵、横系梁
	名称	单位	m³
人工	00070111 综合人工(土建)	工日	3.6200
材料	01290301 热轧钢板(中厚板)	t	0.0059
	03130101 电焊条	kg	1.0500
	03154813 铁件	kg	0.0100
	04291610 钢筋混凝土纵系梁、横系梁	m³	1.0000
	05030101 成材	m³	0.0009
机械	99070790 平板拖车组 60t	台班	0.0079
	99090450 汽车式起重机 40t	台班	0.0062
	99091460 电动卷扬机 单筒慢速 30kN	台班	0.6520
	99091470 电动卷扬机 单筒慢速 50kN	台班	0.4060
	99250020 交流弧焊机 32kV·A	台班	0.1170

第四章 桥涵工程

工作内容： 构件场内运输、安装等。

定 额 编 号	E-4-3-20
项 目	安装高架桥钢箱梁
	t

预算定额编号	预算定额名称	预算定额单位	数 量
04-3-7-3	钢梁安装 高架桥钢箱梁	t	1.0000

工作内容： 构件场内运输、安装等。

	定 额 编 号		E-4-3-20
	项 目		安装高架桥钢箱梁
	名 称	单位	t
人工	00070111	综合人工(土建)	工日	2.2050

	编号	名称	单位	数量
材料	03014101	六角螺栓连母垫	kg	12.2600
	03110201	砂轮片	片	10.0000
	03130101	电焊条	kg	4.1100
	03154813	铁件	kg	1.6500
	14390101	氧气	m^3	36.5000
	14390301	乙炔气	m^3	12.1700
	33010531	钢箱梁	t	1.0000
	X0045	其他材料费	%	1.4300
机械	99090560	汽车式起重机 150t	台班	0.0100
	99250020	交流弧焊机 32kV·A	台班	1.1700
	99270090	组合烘箱	台班	0.1170
	99430200	电动空气压缩机 0.6m^3/min	台班	0.1050

工作内容： 1.起吊、调整扣索应力、横撑定位焊接、拱肋合拢、调整线型等。
2.安装进料管、增压管、钻气孔、安装导管、砂浆润滑、泵车输送混凝土等。

定额编号			E-4-3-21	E-4-3-22
项目			安装钢管拱肋	钢管拱肋混凝土
			t	m³
预算定额编号	预算定额名称	预算定额单位	数 量	
04-3-3-37	钢管拱肋	m³		1.0000
04-3-7-4	钢管拱安装 拱肋	t	1.0000	
04-7-4-1	商品混凝土输送 泵车	m³		1.0100

工作内容： 1.起吊、调整扣索应力、横撑定位焊接、拱肋合拢、调整线型等。
2.安装进料管、增压管、钻气孔、安装导管、砂浆润滑、泵车输送混凝土等。

	定额编号			E-4-3-21	E-4-3-22
	项目			安装钢管拱肋	钢管拱肋混凝土
		名 称	单位	t	m³
人工	00070111	综合人工(土建)	工日	8.2080	0.7500
材料	01010311	热轧带肋钢筋(HRB400) φ10~32	t	0.0020	
	01050101	钢丝绳	t		0.0010
	01050102	钢丝绳	kg	1.0000	
	01150101	热轧型钢 综合	t	0.0130	
	01290301	热轧钢板(中厚板)	t	0.0080	
	03014101	六角螺栓连母垫	kg	0.5200	
	03130101	电焊条	kg	4.2200	0.2500
	04010112	水泥 42.5级	t		0.6047
	04030115	黄砂 中粗	t		0.8065
	04050215	碎石 5~25	t		0.9870
	05030121	木板成材	m³	0.0040	
	17010101	焊接钢管	t		0.0044
	33019131	钢管拱肋	t	1.0000	
	34110101	水	m³		1.9010
	80210910	预拌自密实混凝土(泵送型) C40 粒径5~25 扩展度65cm±5	m³		1.0100
	X0045	其他材料费	%	10.0000	5.0000
机械	99050540	混凝土输送泵车 75m³/h	台班		0.0169
	99091470	电动卷扬机 单筒慢速 50kN	台班	0.0840	0.0060
	99091490	电动卷扬机 单筒慢速 100kN	台班	0.3390	
	99170180	预应力钢筋拉伸机 3000kN	台班	1.2070	
	99250020	交流弧焊机 32kV·A	台班	1.2100	0.0070
	99270090	组合烘箱	台班	0.1210	

工作内容： 安装系杆或吊索、安装油泵及千斤顶、安装锚具、张拉及锚固、检查等。

定 额 编 号			E-4-3-23	E-4-3-24
项 目			安装系杆	安装吊索
			t	t
预算定额编号	预算定额名称	预算定额单位	数 量	
04-3-7-5	钢管拱安装 系杆	t	1.0000	
04-3-7-6	钢管拱安装 吊索	t		1.0000

工作内容： 安装系杆或吊索、安装油泵及千斤顶、安装锚具、张拉及锚固、检查等。

	定 额 编 号			E-4-3-23	E-4-3-24
	项 目			安装系杆	安装吊索
	名 称		单位	t	t
人工	00070111	综合人工（土建）	工日	9.6300	23.4900
材料	01010311	热轧带肋钢筋（HRB400）$\phi10\sim32$	t		0.0010
	01010411	热轧光圆钢筋（HPB300）$\phi\leqslant10$	t	0.0040	
	01050102	钢丝绳	kg	1.0000	1.0000
	01150101	热轧型钢 综合	t	0.0010	
	01290301	热轧钢板（中厚板）	t	0.2030	0.0260
	03130101	电焊条	kg	1.5000	4.2000
	33011711	钢拉杆	kg	1.0000	
	33011751	系杆	t	1.0000	
	33019611	吊索（钢构件）	t		1.0000
	X0045	其他材料费	%	1.0000	6.0000
机械	99090410	汽车式起重机 20t	台班	0.0550	
	99091470	电动卷扬机 单筒慢速 50kN	台班		1.2790
	99091490	电动卷扬机 单筒慢速 100kN	台班	0.1660	
	99170180	预应力钢筋拉伸机 3000kN	台班	0.1890	3.1340
	99250020	交流弧焊机 32kV·A	台班	0.4250	1.2080
	99270090	组合烘箱	台班	0.0420	0.1210

工作内容：安装、定位、固定、清理等。

定 额 编 号			E-4-3-25	E-4-3-26
项　目			安装板式橡胶支座	安装四氟板式橡胶组合支座
			dm³	dm³
预算定额编号	预算定额名称	预算定额单位	数　量	
04-3-8-3	安装板式橡胶支座	dm³	1.0000	
04-3-8-4	安装四氟板式橡胶组合支座	dm³		1.0000

工作内容：安装、定位、固定、清理等。

定 额 编 号			E-4-3-25	E-4-3-26
项　目			安装板式橡胶支座	安装四氟板式橡胶组合支座
名　称		单位	dm³	dm³
人工	00070111	综合人工（土建）	工日	0.1100	0.1900
材料	36310601	橡胶支座	dm³	1.0000	
	36310651	四氟板橡胶支座	dm³		1.0000

工作内容：安装、定位、固定、拆除定位销、焊接、除渣、清理等。

定 额 编 号			E-4-3-27	E-4-3-28	E-4-3-29	E-4-3-30
项 目			安装盆式组合支座			
			3000kN 以内	4000kN 以内	5000kN 以内	7000kN 以内
			个	个	个	个
预算定额编号	预算定额名称	预算定额单位	数 量			
04-3-8-5	安装盆式组合支座 3000kN 以内	个	1.0000			
04-3-8-6	安装盆式组合支座 4000kN 以内	个		1.0000		
04-3-8-7	安装盆式组合支座 5000kN 以内	个			1.0000	
04-3-8-8	安装盆式组合支座 7000kN 以内	个				1.0000

工作内容：安装、定位、固定、拆除定位销、焊接、除渣、清理等。

定 额 编 号				E-4-3-27	E-4-3-28	E-4-3-29	E-4-3-30
项 目				安装盆式组合支座			
				3000kN 以内	4000kN 以内	5000kN 以内	7000kN 以内
	名 称		单位	个	个	个	个
人工	00070111	综合人工（土建）	工日	2.5000	3.3000	3.7000	6.7000
材料	03130101	电焊条	kg	0.9000	1.0000	1.1000	1.3000
	04010116	水泥 52.5级	kg	0.0100	0.0200	0.0200	0.0310
	04030119	黄砂 中粗	kg	0.0100	0.0200	0.0200	0.0200
	14210101	环氧树脂	kg	2.9000	3.5000	4.4000	5.4000
	36310111	盆式组合支座 3000kN	只	1.0000			
	36310113	盆式组合支座 4000kN	只		1.0000		
	36310115	盆式组合支座 5000kN	只			1.0000	
	36310117	盆式组合支座 7000kN	只				1.0000
	X0045	其他材料费	%	0.1500	0.1500	0.1500	0.1100
机械	99090410	汽车式起重机 20t	台班	0.1400	0.1500	0.1600	0.1600
	99250020	交流弧焊机 32kV·A	台班	0.3200	0.3700	0.4200	0.4900

工作内容：安装、定位、固定、拆除定位销、焊接、除渣、清理等。

定额编号			E-4-3-31	E-4-3-32	E-4-3-33	E-4-3-34
项 目			安装盆式组合支座			
			10000kN以内	15000kN以内	20000kN以内	25000kN以内
			个	个	个	个
预算定额编号	预算定额名称	预算定额单位	数 量			
04-3-8-10	安装盆式组合支座 15000kN以内	个		1.0000		
04-3-8-11	安装盆式组合支座 20000kN以内	个			1.0000	
04-3-8-12	安装盆式组合支座 25000kN以内	个				1.0000
04-3-8-9	安装盆式组合支座 10000kN以内	个	1.0000			

工作内容：安装、定位、固定、拆除定位销、焊接、除渣、清理等。

定额编号			E-4-3-31	E-4-3-32	E-4-3-33	E-4-3-34
项 目			安装盆式组合支座			
			10000kN以内	15000kN以内	20000kN以内	25000kN以内
	名 称	单位	个	个	个	个
人工	00070111 综合人工(土建)	工日	8.9000	13.1000	15.1000	19.3000
材料	03130101 电焊条	kg	1.6000	1.9000	2.2000	2.5000
	04010116 水泥 52.5级	kg	0.0410	0.0510	0.0710	0.0920
	04030119 黄砂 中粗	kg	0.0300	0.0500	0.0600	0.0800
	14210101 环氧树脂	kg	7.7000	10.9000	14.7000	18.7000
	36310119 盆式组合支座 10000kN	只	1.0000			
	36310121 盆式组合支座 15000kN	只		1.0000		
	36310123 盆式组合支座 20000kN	只			1.0000	
	36310125 盆式组合支座 25000kN	只				1.0000
	X0045 其他材料费	%	0.1000	0.0500	0.0600	0.0400
机械	99090410 汽车式起重机 20t	台班	0.0300	0.0400	0.0600	0.0700
	99090430 汽车式起重机 30t	台班	0.2600	0.2600	0.2600	0.2600
	99250020 交流弧焊机 32kV·A	台班	0.5900	0.7100	0.8400	0.9200

第四章 桥涵工程

工作内容：安装、定位、固定、拆除定位销、焊接、除渣、清理等。

定 额 编 号			E-4-3-35
项　　目			安装盆式组合支座
			30000kN 以内
			个
预算定额编号	预算定额名称	预算定额单位	数　　量
04-3-8-13	安装盆式组合支座 30000kN 以内	个	1.0000

工作内容：安装、定位、固定、拆除定位销、焊接、除渣、清理等。

定 额 编 号				E-4-3-35
项　　目				安装盆式组合支座
				30000kN 以内
	名　　称		单位	个
人工	00070111	综合人工(土建)	工日	21.7000
材料	03130101	电焊条	kg	2.7000
	04010116	水泥 52.5级	kg	0.1020
	04030119	黄砂 中粗	kg	0.0900
	14210101	环氧树脂	kg	21.3000
	36310127	盆式组合支座 30000kN	只	1.000
	X0045	其他材料费	%	0.0400
机械	99090410	汽车式起重机 20t	台班	0.0800
	99090430	汽车式起重机 30t	台班	0.2600
	99250020	交流弧焊机 32kV·A	台班	1.0200

第四节 桥面系工程

工作内容：1.搭拆悬挑支架、安拆模板、绑扎钢筋、浇筑混凝土、泵车输送等。
2，3.安拆模板、绑扎钢筋、浇筑混凝土等。

定额编号			E-4-4-1	E-4-4-2	E-4-4-3
项 目			现浇混凝土防撞护栏	现浇混凝土立柱端柱灯柱	现浇混凝土地梁侧石缘石
			m³	m³	m³
预算定额编号	预算定额名称	预算定额单位	数 量		
04-3-3-25	混凝土其他构件 防撞护栏	m³	1.0000		
04-3-3-26	混凝土其他构件 立柱端柱灯柱	m³		1.0000	
04-3-3-27	混凝土其他构件 地梁侧石缘石	m³			1.0000
04-5-1-7	现场绑扎钢筋 桥梁 桥面附属结构钢筋	t	0.2000	0.1100	0.1100
04-7-3-26	桥涵工程模板 防撞护栏 模板	m²	4.8100		
04-7-3-27	桥涵工程模板 立柱端柱灯柱 模板	m²		36.8300	
04-7-3-28	桥涵工程模板 地梁侧石缘石 模板	m²			6.8330
04-7-3-62	桥梁防撞护栏 悬挑支架	m	1.8868		
04-7-4-1	商品混凝土输送 泵车	m³	1.0100		

工作内容: 1. 搭拆悬挑支架、安拆模板、绑扎钢筋、浇筑混凝土、泵车输送等。
2，3. 安拆模板、绑扎钢筋、浇筑混凝土等。

定额编号			E-4-4-1	E-4-4-2	E-4-4-3
项 目			现浇混凝土防撞护栏	现浇混凝土立柱端柱灯柱	现浇混凝土地梁侧石缘石
名 称		单位	m³	m³	m³
人工	00070111	综合人工(土建)	工日	5.4767	24.8870	3.4813
材料	01010311	热轧带肋钢筋(HRB400) φ10~32	t	0.1603	0.0882	0.0882
	01010411	热轧光圆钢筋(HPB300) φ≤10	t	0.0447	0.0246	0.0246
	01150103	热轧型钢 综合	kg	3.2076		
	02090101	塑料薄膜	m²	6.6523		4.6083
	03014101	六角螺栓连母垫	kg	3.2453		
	03130101	电焊条	kg	2.0076		
	03150101	圆钉	kg		3.5688	0.5856
	03152501	镀锌铁丝	kg	1.3887	0.6600	0.6600
	05030121	木板成材	m³	0.0113		
	05031001	硬木成材	m³	0.0006		
	17010102	焊接钢管	kg	0.3849		
	33330507	铁件	kg		17.6305	
	34110101	水	m³	0.2020	1.4700	0.0762
	35010302	定型钢模板	kg	5.8874		
	35010703	木模板成材	m³		0.5635	0.0950
	80210422	预拌混凝土(泵送型) C30 粒径5~20	m³	1.0100		
	80210518	预拌混凝土(非泵送型) C25 粒径5~40	m³		1.0100	1.0100
	X0045	其他材料费	%	0.0400	0.0600	0.0500
机械	99050540	混凝土输送泵车 75m³/h	台班	0.0169		
	99050930	混凝土振捣器 插入式	台班	0.1575		0.3053
	99090080	履带式起重机 10t	台班	0.3035	0.0868	0.0868
	99170030	钢筋切断机 φ40	台班	0.1578	0.0868	0.0868
	99170050	钢筋弯曲机 φ40	台班	0.1578	0.0868	0.0868
	99210010	木工圆锯机 φ500	台班		1.5358	0.0430
	99210070	木工平刨床 刨削宽度500	台班		1.5358	0.0430
	99250020	交流弧焊机 32kV·A	台班	0.4523		

工作内容：清理面层、喷涂防水层涂料、清理场地等。

定额编号			E-4-4-4	E-4-4-5	E-4-4-6
项　目			桥面防水层		增强纤维桥面防水层
			防水砂浆 2cm	聚氨酯沥青防水涂料	单层纤维
			m^2	m^2	m^2
预算定额编号	预算定额名称	预算定额单位	数　　量		
04-3-8-34	桥面防水层 防水砂浆 2cm	m^2	1.0000		
04-3-8-36	桥面防水层 聚氨酯沥青防水涂料	m^2		1.0000	
04-3-8-37	增强纤维桥面防水层 单层纤维	m^2			1.0000

工作内容：清理面层、喷涂防水层涂料、清理场地等。

	定额编号			E-4-4-4	E-4-4-5	E-4-4-6
	项　目			桥面防水层		增强纤维桥面防水层
				防水砂浆 2cm	聚氨酯沥青防水涂料	单层纤维
	名　　称		单位	m^2	m^2	m^2
人工	00070111	综合人工(土建)	工日	0.0660	0.0608	0.0525
材料	13058401	聚氨酯沥青防水涂料	kg		2.5750	
	13063211	聚合物改性沥青涂料 AWP2000	kg			1.5000
	13063212	聚合物改性沥青涂料 AWP2000F	kg			0.9000
	14351401	防水剂	kg	0.4141		
	15070111	无碱玻璃纤维	kg			0.2000
	80060513	湿拌抹灰砂浆 WP M15.0	m^3	0.0204		
	X0045	其他材料费	%			1.0000
机械	99070540	载重汽车 6t	台班			0.0020
	99130460	柏油喷布器 300kg	台班		0.0030	
	99430200	电动空气压缩机 0.6m^3/min	台班			0.0044

工作内容： 桥面抛丸处理、绑扎钢筋网、浇筑混凝土、泵车输送等。

定额编号			E-4-4-7
项目			混凝土桥面铺装 8cm
			m²
预算定额编号	预算定额名称	预算定额单位	数 量
04-3-3-34	桥面铺装 车行道	m³	0.0800
04-3-8-31	水泥混凝土桥面抛丸处理	m²	1.0000
04-5-1-19	现场绑扎成型钢筋 桥面冷轧钢筋网片（成型钢筋）	t	0.0088
04-7-4-1	商品混凝土输送 泵车	m³	0.0808

工作内容： 桥面抛丸处理、绑扎钢筋网、浇筑混凝土、泵车输送等。

定额编号			E-4-4-7
项目			混凝土桥面铺装 8cm
			m²
	名 称	单位	数 量
人工	00070111 综合人工（土建）	工日	0.0807
材料	01010200 冷轧带肋钢筋焊接网	t	0.0093
	03111101 抛丸磨料	kg	0.0800
	03130101 电焊条	kg	0.0004
	03152501 镀锌铁丝	kg	0.0046
	34110101 水	m³	0.1178
	36030252 涤纶针刺土工布 200g/m²	m²	0.7375
	80210420 预拌混凝土（泵送型）C25 粒径 5～40	m³	0.0808
	X0045 其他材料费	%	0.0100
机械	99050540 混凝土输送泵车 75m³/h	台班	0.0013
	99050940 混凝土振捣器 平板式	台班	0.0053
	99070540 载重汽车 6t	台班	0.0012
	99090360 汽车式起重机 8t	台班	0.0013
	99090390 汽车式起重机 12t	台班	0.0006
	99230140 抛丸除锈机	台班	0.0018
	99250020 交流弧焊机 32kV·A	台班	0.0001

工作内容：钢桥面抛丸、铺筑粘结层、摊铺沥青混凝土等。

定额编号			E-4-4-8
项　　目			钢桥面铺装
			m²
预算定额编号	预算定额名称	预算定额单位	数　　量
04-2-3-20	机械摊铺浇注式沥青混凝土 GA-10 厚3.5cm	100m²	0.0100
04-3-8-38	钢桥面抛丸	m²	1.0000
04-3-8-39	钢桥面防水粘结层	m²	1.0000

工作内容：钢桥面抛丸、铺筑粘结层、摊铺沥青混凝土等。

	定额编号			E-4-4-8
	项　　目			钢桥面铺装
	名　　称		单位	m²
人工	00070111	综合人工(土建)	工日	0.1243
材料	03111101	抛丸磨料	kg	0.6500
	04070522	石屑 0.6～2.36	kg	0.6630
	04094511	石粉 0～0.6	kg	0.3060
	13053901	环氧富锌漆	kg	0.0150
	14210101	环氧树脂	kg	0.9200
	14412251	二阶反应型防水粘结剂	kg	0.2080
	17090152	方钢管 35×35×2	kg	0.0901
	34110101	水	m³	0.0200
	35010703	木模板成材	m³	0.0005
	80252111	浇注式沥青混凝土 GA-10	t	0.0829
	80253111	预拌沥青碎石(玄武岩)5～10	t	0.0102
	80254601	改性沥青砂胶	kg	9.0700
	X0045	其他材料费	%	5.0000
机械	99130430	车载式碎石撒布机 撒布宽度：3000	台班	0.0053
	99130545	浇注式摊铺机	台班	0.0033
	99150180	液压无气喷涂机 生产率 1200m²/h	台班	0.0020
	99230140	抛丸除锈机	台班	0.0028
	99450390	离心通风机 3200m³/min	台班	0.0014

工作内容：铺筑垫层、安拆模板、绑扎钢筋、浇筑混凝土等。

定额编号			E-4-4-9
项 目			现浇混凝土桥头搭板及枕梁
			m³
预算定额编号	预算定额名称	预算定额单位	数 量
04-3-3-1	垫层 碎石	m³	0.5000
04-3-3-2	垫层 混凝土 预拌混凝土（非泵送型）C20 粒径 5～40	m³	0.2500
04-3-3-36	混凝土桥头搭板及枕梁	m³	1.0000
04-5-1-3	现场绑扎钢筋 桥梁 基础钢筋	t	0.1200
04-7-3-31	桥涵工程模板 桥头搭板及枕梁 模板	m²	0.6250

工作内容：铺筑垫层、安拆模板、绑扎钢筋、浇筑混凝土等。

	定额编号			E-4-4-9
	项 目			现浇混凝土桥头搭板及枕梁
	名 称		单位	m³
人工	00070111	综合人工（土建）	工日	1.6687
材料	01010311	热轧带肋钢筋（HRB400）φ10～32	t	0.0850
	01010411	热轧光圆钢筋（HPB300）φ≤10	t	0.0380
	02090101	塑料薄膜	m²	3.9540
	03130101	电焊条	kg	0.4188
	03150101	圆钉	kg	0.0083
	03152501	镀锌铁丝	kg	0.5106
	03154701	金属帽	个	1.2500
	04050215	碎石 5～25	t	0.1774
	04050313	道碴 50～70	t	0.7395
	34110101	水	m³	0.0654
	35010101	钢模板	kg	0.4136
	35010703	木模板成材	m³	0.0003
	35020401	钢模零配件	kg	1.4812
	80210515	预拌混凝土（非泵送型）C20 粒径 5～40	m³	0.2525
	80210518	预拌混凝土（非泵送型）C25 粒径 5～40	m³	1.0100
机械	99050930	混凝土振捣器 插入式	台班	0.3053
	99050940	混凝土振捣器 平板式	台班	0.0092
	99070540	载重汽车 6t	台班	0.0009
	99090080	履带式起重机 10t	台班	0.0007
	99170030	钢筋切断机 φ40	台班	0.0690
	99170050	钢筋弯曲机 φ40	台班	0.0690
	99210010	木工圆锯机 φ500	台班	0.0296
	99210060	木工平刨床 刨削宽度 300	台班	0.0296
	99250020	交流弧焊机 32kV·A	台班	0.0939

工作内容: 1.安拆模板、绑扎钢筋、浇筑地梁混凝土、安装泄水孔、安装人行道板等。
2,3.构件场内运输、安装等。

定额编号			E-4-4-10	E-4-4-11	E-4-4-12
项目			安装人行道板	安装混凝土栏杆	安装预制装配式防撞墙
			m	m	m
预算定额编号	预算定额名称	预算定额单位	数 量		
04-3-3-27	混凝土其他构件 地梁侧石缘石	m³	0.2600		
04-3-5-34	安装人行道板	m³	0.1800		
04-3-5-37	安装混凝土栏杆	m³		0.1170	
04-3-5-38	安装预制装配式防撞墙	m³			0.5300
04-3-5-39	预制构件场内运输	m³		0.1170	0.5300
04-3-8-27	安装泄水孔 PVC塑料管	m	0.6000		
04-5-1-7	现场绑扎钢筋 桥梁 桥面附属结构钢筋	t	0.0272		
04-7-3-28	桥涵工程模板 地梁侧石缘石模板	m²	1.7760		

工作内容： 1.安拆模板、绑扎钢筋、浇筑地梁混凝土、安装泄水孔、安装人行道板等。
2，3.构件场内运输、安装等。

	定 额 编 号		E-4-4-10	E-4-4-11	E-4-4-12
	项 目		安装人行道板	安装混凝土栏杆	安装预制装配式防撞墙
	名 称	单位	m	m	m
人工	00070111	综合人工（土建）	工日	1.0701	0.3394	0.3159
材料	01010311	热轧带肋钢筋（HRB400）$\phi 10\sim 32$	t	0.0218		
	01010411	热轧光圆钢筋（HPB300）$\phi \leqslant 10$	t	0.0061		
	02090101	塑料薄膜	m²	1.1982		
	03130101	电焊条	kg	0.0900	0.4914	
	03150101	圆钉	kg	0.1522	0.1230	
	03152501	镀锌铁丝	kg	0.1632	0.0578	
	03154813	铁件	kg		0.0012	0.0053
	04293501	钢筋混凝土栏杆	m³		0.1182	
	04295101	钢筋混凝土防撞墙	m³			0.5353
	05030101	成材	m³		0.0001	0.0005
	05031801	枕木	m³		0.0132	
	17250512	硬聚氯乙烯雨水管（PVC-U）$\phi 150$	m	0.6120		
	34110101	水	m³	0.0198		
	35010703	木模板成材	m³	0.0247		
	36050051	钢筋混凝土人行道板	m³	0.1818		
	80060412	湿拌砌筑砂浆 WM M7.5	m³	0.0128		
	80060413	湿拌砌筑砂浆 WM M10.0	m³	0.0001		0.0181
	80210514	预拌混凝土（非泵送型）C20 粒径5～20	m³	0.0011		
	80210518	预拌混凝土（非泵送型）C25 粒径5～40	m³	0.2626		
	X0045	其他材料费	%	0.0100		1.0000
机械	99050930	混凝土振捣器 插入式	台班	0.0794		
	99070790	平板拖车组 60t	台班		0.0009	0.0042
	99090080	履带式起重机 10t	台班	0.0390		
	99090420	汽车式起重机 25t	台班			0.0385
	99090450	汽车式起重机 40t	台班		0.0007	0.0033
	99091810	平台作业升降车 25m	台班			0.0385
	99091880	千斤顶 15t	台班			0.0385
	99170030	钢筋切断机 $\phi 40$	台班	0.0215		
	99170050	钢筋弯曲机 $\phi 40$	台班	0.0215		
	99210010	木工圆锯机 $\phi 500$	台班	0.0112		
	99210070	木工平刨床 刨削宽度500	台班	0.0112		
	99250020	交流弧焊机 32kV·A	台班	0.0087	0.0468	

工作内容: 1. 切割、安装、焊接、校正、固定等。
2. 绑扎、安装、清理等。
3. 安装、清理等。

定 额 编 号			E-4-4-13	E-4-4-14	E-4-4-15
项 目			安装钢管栏杆	高架桥泄水管	高架桥进水口
			m	m	套
预算定额编号	预算定额名称	预算定额单位	数 量		
04-3-8-1	钢管栏杆安装	t	0.0478		
04-3-8-28	高架桥泄水管	m		1.0000	
04-3-8-29	高架桥进水口	套			1.0000

工作内容: 1. 切割、安装、焊接、校正、固定等。
2. 绑扎、安装、清理等。
3. 安装、清理等。

	定 额 编 号			E-4-4-13	E-4-4-14	E-4-4-15
	项 目			安装钢管栏杆	高架桥泄水管	高架桥进水口
	名 称		单位	m	m	套
人工	00070111	综合人工(土建)	工日	1.0443	0.1017	0.4928
材料	01010311	热轧带肋钢筋(HRB400) φ10～32	t	0.0013		
	01290302	热轧钢板(中厚板)	kg	1.7958		
	03130101	电焊条	kg	0.9208		
	13056101	红丹防锈漆	kg	0.5100		
	14390101	氧气	m³	0.2749		
	14390301	乙炔气	m³	0.0982		
	17010101	焊接钢管	t	0.0458		
	17250512	硬聚氯乙烯雨水管(PVC-U) φ150	m		1.0200	
	18095158	硬聚氯乙烯(PVC-U)雨水斗	只		0.1010	
	18255514	塑料排水管(PVC-U)管卡 DN160	个		0.4040	
	18292631	聚氯乙烯(PVC-U)管接头 φ160	个		0.3540	
	36013211	高架进水口(铸铁)	套			1.0000
	80060413	湿拌砌筑砂浆 WM M10.0	m³			0.0010
	X0045	其他材料费	%			0.2100
机械	99250020	交流弧焊机 32kV·A	台班	0.1625		

工作内容：1，2. 安装伸缩缝及预埋件、浇筑钢纤维混凝土等。
3. 绑扎钢筋、安装橡胶板等。

定 额 编 号			E-4-4-16	E-4-4-17	E-4-4-18
项　　　目			安装伸缩缝		安装桥面连续
			梳形钢板	型钢伸缩缝	
			m	m	m
预算定额编号	预算定额名称	预算定额单位	数　　　量		
04-3-3-35	伸缩缝 钢纤维混凝土	m³	0.2646	0.1260	
04-3-8-14	安装伸缩缝 梳形钢板	m	1.0000		
04-3-8-16	安装伸缩缝 型钢伸缩缝	m		1.0000	
04-3-8-17	安装桥面连续	m			1.0000
04-5-1-22	预埋铁件	t	0.0191	0.0066	
04-5-1-7	现场绑扎钢筋 桥梁 桥面附属结构钢筋	t			0.0430

工作内容：1，2. 安装伸缩缝及预埋件、浇筑钢纤维混凝土等。
3. 绑扎钢筋、安装橡胶板等。

定 额 编 号			E-4-4-16	E-4-4-17	E-4-4-18
项　　　目			安装伸缩缝		安装桥面连续
			梳形钢板	型钢伸缩缝	
			m	m	m
	名　　　称	单位			
人工	00070111　综合人工（土建）	工日	1.1043	0.5295	0.5041
材料	01010311　热轧带肋钢筋（HRB400）φ10～32	t	0.0019	0.0004	0.0345
	01010411　热轧光圆钢筋（HPB300）φ≤10	t			0.0096
	01150101　热轧型钢 综合	t	0.0065	0.0023	
	01290301　热轧钢板（中厚板）	t	0.0114	0.0039	
	02010101　橡胶板	kg			0.6120
	02090101　塑料薄膜	m²	0.3014	0.1435	
	03130101　电焊条	kg	2.5745	0.8164	
	03152501　镀锌铁丝	kg			0.2580
	13310424　石油沥青 55#	t	0.0050		
	13351901　环氧聚胺酯嵌缝膏	kg			0.7140
	14390101　氧气	m³	0.0737	0.0255	
	14390301　乙炔气	m³	0.0263	0.0091	
	17010101　焊接钢管	t	0.0010	0.0004	
	34110101　水	m³	0.0050	0.0024	
	36311301　梳形钢板伸缩缝	m	1.0000		
	36312301　型钢伸缩缝	m		1.0000	
	80250211　砂粒式沥青混凝土 AC-5	t	0.0047		
	80271115　预拌钢纤维混凝土 50kg	m³	0.2672	0.1273	
机械	99050930　混凝土振捣器 插入式	台班	0.0151	0.0072	
	99050940　混凝土振捣器 平板式	台班	0.0075	0.0036	
	99090080　履带式起重机 10t	台班	0.0533	0.0339	
	99170030　钢筋切断机 φ40	台班	0.0003	0.0001	0.0339
	99170050　钢筋弯曲机 φ40	台班			0.0339
	99250020　交流弧焊机 32kV·A	台班	0.3568	0.0871	

工作内容： 安装骨架及屏体、预埋铁件、清理场地等。

定额编号			E-4-4-19
项　目			安装声屏障
			m²
预算定额编号	预算定额名称	预算定额单位	数　量
04-3-8-23	隔声屏障钢骨架	t	0.0184
04-3-8-24	隔声屏障板材	m²	1.0000
04-5-1-22	预埋铁件	t	0.0107

工作内容： 安装骨架及屏体、预埋铁件、清理场地等。

定额编号			E-4-4-19
项　目			安装声屏障
名　称		单位	m²
人工	00070111	综合人工(土建)	工日	0.6201
材料	01010311	热轧带肋钢筋(HRB400) φ10～32	t	0.0007
	01150101	热轧型钢 综合	t	0.0221
	01290301	热轧钢板(中厚板)	t	0.0064
	03014101	六角螺栓连母垫	kg	0.1803
	03130101	电焊条	kg	0.8018
	14390101	氧气	m³	0.0634
	14390301	乙炔气	m³	0.0221
	17010101	焊接钢管	t	0.0006
	36290701	声屏障板材	m²	1.0500
	X0045	其他材料费	%	4.9500
机械	99070540	载重汽车 6t	台班	0.0571
	99090080	履带式起重机 10t	台班	0.0198
	99170030	钢筋切断机 φ40	台班	0.0001
	99250020	交流弧焊机 32kV·A	台班	0.0712
	99270090	组合烘箱	台班	0.0040

工作内容：安装、清理场地等。

定 额 编 号	E-4-4-20
项 目	安装防眩板
	m

预算定额编号	预算定额名称	预算定额单位	数 量
04-3-8-42	安装防眩板	m	1.0000

工作内容：安装、清理场地等。

定 额 编 号				E-4-4-20
项 目				安装防眩板
名 称			单位	m
人工	00070111	综合人工（土建）	工日	0.0898
材料	03018103	膨胀螺栓（钢制）	套	8.0000
	03154815	镀锌铁件	kg	10.5460
	36215111	防眩板（塑料）高60cm	片	2.0200
机械	99350150	冲击电钻	台班	0.0100

第五章　隧道工程

说　明

一、本章定额由盾构掘进、地下连续墙、地下混凝土结构、防水及其他,共四节组成。

二、本章定额适用于在软土地层新建、扩建的各种人行隧道、车行隧道等工程。

三、本章定额中软土地层主要是指沿海地区的细颗粒软弱冲积土层。按土壤分类,软土地层包括黏土、粉质黏土、淤泥质泥土、砂质黏土、细砂土、人工填土和人工冲填土层。

四、本章墙、衬墙定额中已包括各类操作脚手架。

五、盾构掘进:

1. $\phi \leqslant 7000$ 盾构机采用整体吊装吊拆;$\phi \leqslant 11500$、$\phi \leqslant 15500$ 盾构机采用分体吊装吊拆。

2. $\phi \leqslant 7000$ 盾构整体吊装吊拆的钢基座及 $\phi \leqslant 11500$、$\phi \leqslant 15500$ 盾构分体吊装吊拆使用钢筋混凝土基座,均已包含在定额中。

3. 刀盘式泥水平衡盾构掘进定额未包含泥水处理系统,地面部分取水、排水的设施另计。

4. 出洞段盾构掘进定额中包括负环掘进及拆除。

5. 盾构掘进定额中已综合考虑了管片的宽度和成环块数等因素。

6. 盾构及车架未包括场外运输,发生时按实计列。

六、地下连续墙:

1. 浇注地下连续墙定额综合了导墙、顶圈梁等工作内容。

2. 导墙、地梁的土方挖运均已包含在浇注地下连续墙定额中,地下连续墙实体积部分土方及泥浆外运,需另行计算。

3. 钢筋笼吊运就位,除"60m 以内"按分节吊运,其余按整幅钢筋笼吊运考虑。

4. 浇注地下连续墙定额墙深 35m 以内、墙深 45m 以内按安拔接头管考虑;如设计采用接头箱,可另行调整。

5. 基底注浆水灰比采用 0.6,设计配比不同时可调整。

6. 地下连续墙如采用十字钢板接头箱,需配套使用型钢接头制作安装定额。

七、地下混凝土结构:衬墙定额中已包括凿毛工序。

八、防水及其他:防水卷材采用改性沥青类自粘卷材、聚氨酯防水涂料;如设计采用的材料与定额不同,可进行调整。

工程量计算规则

一、盾构掘进过程中的施工阶段划分
1. 出洞段：从盾尾离开出洞井内壁起，按表5-1计算掘进长度。

表5-1 出洞段掘进长度

$\phi \leqslant 7000$	$\phi \leqslant 11500$	$\phi \leqslant 15500$
100m	150m	200m

2. 正常段：出洞段掘进结束至进洞段掘进开始。
3. 进洞段：按盾构切口距进洞井内壁的距离，按表5-2计算掘进长度。

表5-2 进洞段掘进长度

$\phi \leqslant 7000$	$\phi \leqslant 11500$	$\phi \leqslant 15500$
80m	100m	150m

二、盾构掘进
1. 衬砌壁后压浆量根据盾尾间隙确定。
2. 隧道洞口柔性接缝环定额包含临时防水环板、临时止水缝、拆除临时钢环板、拆除洞口环管片、安装钢环板、柔性接缝环、洞口混凝土环圈等工作内容，以洞口为单位计量。
3. 构件场内运输距离：$\phi \leqslant 7000$ 管片场内运输距离按管片堆场至工作井的距离计算；$\phi \leqslant 11500$、$\phi \leqslant 15500$ 管片、口字件及烟道板场内运输距离按管片堆场至洞口（含引道段）计算。
4. 管片、口字件及烟道板等预制构件隧道内运输已包含在隧道相关定额中。
5. 盾构掘进中含管片安装工程量，管片安装工程量计算见表5-3（每米）。

表5-3 管片安装工程量

盾构外径	$\phi \leqslant 7000$	$\phi \leqslant 11500$	$\phi \leqslant 15500$
管片厚度	350	500	650
管片内径	6000	10200	13700
管片外径	6700	11200	15000
每米方量	6.9786	16.7990	29.2884

如果管片壁厚以及内外径不同，可调整计算。

三、地下连续墙
1. 地下连续墙混凝土浇筑量按连续墙设计长度、宽度、深度以立方米计算。若采用铣槽机铣接法施工工艺，成槽施工中进行二期槽施工，应增加一期槽铣切混凝土数量。
2. 地下连续墙基底注浆量按设计要求以立方米计算。

四、地下混凝土结构

1. 现浇及预制混凝土数量按实体体积以立方米计算。
2. 隧道内圆隧道道路数量按实体体积以立方米计算。
3. 隧道内行车道槽形板预制及安装数量以平方米计算。

五、防水及其他

1. 自粘改性沥青卷材防水的工程量按设计图纸以平方米计算。
2. 聚氨酯涂膜防水的工程量按设计图纸以平方米计算。
3. 变形缝、施工缝的工程量按设计图纸以米计算。

第一节 盾构掘进

工作内容：1. 盾构整体吊装吊拆、车架安装拆除等。
2，3. 盾构分体吊装吊拆、车架安装拆除、浇筑钢筋混凝土盾构基座等。

定额编号			E-5-1-1	E-5-1-2	E-5-1-3
项目			盾构整体吊装吊拆	盾构分体吊装吊拆	盾构分体吊装吊拆
			直径7m以内	直径11.5m以内	直径15.5m以内
			只	只	只
预算定额编号	预算定额名称	预算定额单位	数 量		
04-4-1-10	车架安装 20t以内	节	6.0000		
04-4-1-11	车架安装 100t以内	节		3.0000	3.0000
04-4-1-13	车架拆除 20t以内	节	6.0000		
04-4-1-14	车架拆除 100t以内	节		3.0000	3.0000
04-4-1-2	盾构整体吊装 φ7000以内	只	1.0000		
04-4-1-3	盾构分体吊装 φ11500以内	只		1.0000	
04-4-1-4	盾构分体吊装 φ15500以内	只			1.0000
04-4-1-6	盾构整体吊拆 φ7000以内	只	1.0000		
04-4-1-7	盾构分体吊拆 φ11500以内	只		1.0000	
04-4-1-8	盾构分体吊拆 φ15500以内	只			1.0000
04-4-4-19	现浇混凝土结构 钢筋混凝土盾构基座	m³		483.0000	535.6800
04-5-1-14	现场绑扎钢筋 隧道内部结构钢筋	t		31.1540	34.5600
04-7-3-50	隧道工程模板 钢筋混凝土内衬弓形底板模板	m²		296.3200	360.0000
04-7-4-1	商品混凝土输送 泵车	m³		487.8300	541.0400

工作内容: 1.盾构整体吊装吊拆、车架安装拆除等。
2,3.盾构分体吊装吊拆、车架安装拆除、浇筑钢筋混凝土盾构基座等。

	定 额 编 号		E-5-1-1	E-5-1-2	E-5-1-3
	项 目		盾构整体吊装吊拆	盾构分体吊装吊拆	盾构分体吊装吊拆
			直径7m以内	直径11.5m以内	直径15.5m以内
	名 称	单位	只	只	只
人工	00070111 综合人工(土建)	工日	827.9850	7399.7757	10144.6372
材料	01010311 热轧带肋钢筋(HRB400) φ10~32	t		25.3905	28.1664
	01010411 热轧光圆钢筋(HPB300) φ≤10	t		6.8695	7.6205
	01050101 钢丝绳	t	0.3800	1.2030	1.4660
	01150103 热轧型钢 综合	kg	1290.0000	7844.0000	15370.0000
	01290301 热轧钢板(中厚板)	t	3.1000	37.0382	42.1527
	02010101 橡胶板	kg	32.5000	250.0000	380.0000
	02190101 尼龙帽	个		237.0560	288.0000
	03014101 六角螺栓连母垫	kg	192.0000	379.2896	460.8000
	03130101 电焊条	kg	122.4000	969.9086	1453.3896
	03150101 圆钉	kg		62.2272	75.6000
	03154813 铁件	kg		1243.0446	1378.9440
	05031801 枕木	m³	7.1000	12.6819	14.7802
	14030401 柴油	kg	110.0000	222.0000	333.0000
	14070101 机油	kg	27.0000	222.0000	333.0000
	14390101 氧气	m³	258.9000	2961.5850	3712.5000
	14390301 乙炔气	m³	86.3000	1178.5975	1428.9000
	34110101 水	m³		175.7154	194.8807
	35010703 木模板成材	m³		5.9264	7.2000
	35020106 钢模支撑	kg		346.6944	421.2000
	37010111 轻轨	kg	750.0000		
	37010201 重轨	kg		2550.0000	2550.0000
	80210424 预拌混凝土(泵送型)C30 粒径5~40	m³		487.8300	541.0368
	X0045 其他材料费	%	9.3900	11.4700	13.6500

(续表)

定 额 编 号			E-5-1-1	E-5-1-2	E-5-1-3
项 目			盾构整体吊装吊拆	盾构分体吊装吊拆	盾构分体吊装吊拆
			直径7m以内	直径11.5m以内	直径15.5m以内
名 称		单位	只	只	只
机械	99050540	混凝土输送泵车 75m³/h	台班		8.1468	9.0354
	99050930	混凝土振捣器 插入式	台班		7.9212	8.7852
	99070560	载重汽车 10t	台班		1.6823	1.8662
	99070970	轨道平车 10t	台班		9.1563	11.1240
	99071190	电瓶车 8t	台班		13.2159	16.0560
	99090130	履带式起重机 40t	台班	14.0400		
	99090230	履带式起重机 250t	台班		192.0000	93.0000
	99090240	履带式起重机 300t	台班	7.1270		
	99090250	履带式起重机 400t	台班		54.0000	
	99090260	履带式起重机 600t	台班			161.2500
	99090460	汽车式起重机 50t	台班		141.0000	214.7500
	99090600	汽车式起重机 200t	台班	1.8706		
	99090610	汽车式起重机 500t	台班		12.0000	19.5000
	99091030	门式起重机 20t	台班	17.5032	2.2224	2.7000
	99091050	门式起重机 40t	台班		3.3553	3.7221
	99091320	立式油压千斤顶 100t	台班		420.0000	390.0000
	99091330	立式油压千斤顶 200t	台班		345.0000	390.0000
	99091560	电动卷扬机 双筒慢速 100kN	台班	35.8480	288.6000	344.1000
	99170030	钢筋切断机 φ40	台班		1.6823	1.8662
	99170050	钢筋弯曲机 φ40	台班		3.3646	3.7325
	99210010	木工圆锯机 φ500	台班		44.4480	54.0000
	99250020	交流弧焊机 32kV·A	台班	44.2962	1317.1719	1587.7237
	99430450	硅整流充电机 90A/190V	台班		26.9651	32.7600
	99450360	轴流通风机 7.5kW	台班		26.9651	32.7600

工作内容: 1. 出洞段掘进、管片设置密封条、管片嵌缝、管线路拆除、负环段掘进、负环管片拆除等。
2. 正常段掘进、管片设置密封条、管片嵌缝、管线路拆除等。
3. 进洞段掘进、管片设置密封条、管片嵌缝、管线路拆除等。

定额编号			E-5-1-4	E-5-1-5	E-5-1-6
项 目			刀盘式土压平衡盾构掘进		
			直径7m以内		
			出洞段	正常段	进洞段
			m	m	m
预算定额编号	预算定额名称	预算定额单位	数 量		
04-4-1-19	刀盘式土压平衡盾构掘进 负环段掘进 $\phi\leqslant7000$	m	0.1200		
04-4-1-20	刀盘式土压平衡盾构掘进 出洞段掘进 $\phi\leqslant7000$	m	1.0000		
04-4-1-21	刀盘式土压平衡盾构掘进 正常段掘进 $\phi\leqslant7000$	m		1.0000	
04-4-1-22	刀盘式土压平衡盾构掘进 进洞段掘进 $\phi\leqslant7000$	m			1.0000
04-4-1-36	负环管片拆除 $\phi7000$ 以内	m	0.1200		
04-4-1-57	管片设置密封条 三元乙丙橡胶条 $\phi7000$ 以内	环	0.8330	0.8330	0.8330
04-4-1-68	管片嵌缝 氯丁乳胶水泥 $\phi7000$ 以内	环	0.8330	0.8330	0.8330
04-4-1-71	管片嵌缝 手孔封堵 $\phi7000$ 以内	10个	4.6700	4.6700	4.6700
04-4-6-11	走道板	t		0.0203	0.0203
04-4-6-17	钢轨枕	t		0.0190	0.0190
04-4-6-19	金属支架	t		0.0145	0.0145
04-4-6-23	钢管栏杆	t		0.0145	0.0145
04-7-7-2	管线路拆除 $\phi7000$ 以内	m	1.0000	1.0000	1.0000

工作内容：1. 出洞段掘进、管片设置密封条、管片嵌缝、管线路拆除、负环段掘进、负环管片拆除等。
2. 正常段掘进、管片设置密封条、管片嵌缝、管线路拆除等。
3. 进洞段掘进、管片设置密封条、管片嵌缝、管线路拆除等。

	定额编号		E-5-1-4	E-5-1-5	E-5-1-6
	项 目		刀盘式土压平衡盾构掘进		
			直径7m以内		
			出洞段	正常段	进洞段
	名 称	单位	m	m	m
人工	00070107	综合人工（盾构）	工日	35.4702	16.1160	20.0260
	00070111	综合人工（土建）	工日	12.9717	8.9331	8.9331
材料	01090121	圆钢 φ15～18	t		0.0033	0.0033
	01150101	热轧型钢 综合	t		0.0420	0.0420
	01290301	热轧钢板（中厚板）	t		0.0041	0.0041
	02031011	三元乙丙橡胶密封条	m	46.6480	46.6480	46.6480
	03014901	管片连接螺栓	kg	175.6096	165.6700	165.6700
	03130101	电焊条	kg	5.7228	6.0386	6.0386
	04010112	水泥 42.5 级	t	0.0864	0.0864	0.0864
	04030119	黄砂 中粗	kg	14.8459	14.8459	14.8459
	04292713	钢筋混凝土管片 φ7000	m³	7.3973	6.9786	6.9786
	13056101	红丹防锈漆	kg		1.1616	1.1616
	13170901	酊醛自粘腻子	kg	2.0325	2.0325	2.0325
	13332701	胶粉油毡衬垫	kg	5.7427	5.7427	5.7427
	13351901	环氧聚胺酯嵌缝膏	kg	14.7858	14.7858	14.7858
	14030101	汽油	kg		0.2643	0.2643
	14070101	机油	kg	49.0556	24.0600	30.1600
	14090501	盾尾油脂	kg	31.1900	31.1900	31.1900
	14351301	外加剂	kg	0.3362	0.3362	0.3362
	14390101	氧气	m³	0.4251	1.4493	1.4493
	14390301	乙炔气	m³	0.1417	0.4831	0.4831
	14414401	氯丁橡胶粘合剂	kg	2.0325	2.0325	2.0325
	15132201	聚氨酯泡沫塑料	kg	0.5689	0.5689	0.5689
	17030102	镀锌焊接钢管	kg	6.1824	5.5200	5.5200
	17030103	镀锌焊接钢管	t		0.0148	0.0148
	22450531	风管 φ1800	m	0.5177	0.4622	0.4622

(续表)

定额编号			E-5-1-4	E-5-1-5	E-5-1-6
项目			刀盘式土压平衡盾构掘进		
			直径7m以内		
			出洞段	正常段	进洞段
名 称		单位	m	m	m
材料	34110101	水	m³	0.9667	0.9667	0.9667
	34110301	电	kW·h	1724.5792	843.3050	1054.0400
	35033112	钢板网	kg		7.6702	7.6702
	35091531	操作钢平台	kg	18.2774	18.2774	18.2774
	37010111	轻轨	kg	9.5088	8.4900	8.4900
	80210501	预拌混凝土(非泵送型)	m³	0.0672		
	X0045	其他材料费	%	7.8600	7.8100	7.8200
机械	99070970	轨道平车 10t	台班	2.8897	1.2577	2.1458
	99071240	电瓶车 25t	台班	1.5992	0.7832	1.2232
	99090090	履带式起重机 15t	台班	0.2268		
	99090150	履带式起重机 60t	台班	0.1816		
	99091030	门式起重机 20t	台班	0.3947	0.4063	0.4063
	99091040	门式起重机 30t	台班	1.3180	0.4420	0.9200
	99091560	电动卷扬机 双筒慢速 100kN	台班	0.1264	0.1264	0.1264
	99170030	钢筋切断机 $\phi40$	台班		0.0029	0.0029
	99190280	摇臂钻床 $\phi63$	台班		0.0524	0.0524
	99190340	剪板机 10×2500	台班		0.0116	0.0116
	99250020	交流弧焊机 32kV·A	台班	2.1269	0.9091	1.4901
	99350340	刀盘式土压平衡盾构掘进机 $\phi7000$	台班	0.8896	0.3800	0.6500
	99430230	电动空气压缩机 6m³/min	台班	0.2908		
	99430450	硅整流充电机 90A/190V	台班	1.1611	0.4531	0.8301
	99440050	电动单级离心清水泵 $\phi200$	台班	1.8354	0.6846	1.2066
	99450370	轴流通风机 100kW	台班	1.3930	1.3620	1.7200

工作内容： 1. 出洞段掘进、管片设置密封条、管片嵌缝、管线路拆除、负环段掘进、负环管片拆除等。
2. 正常段掘进、管管片设置密封条、管片嵌缝、管线路拆除等。
3. 进洞段掘进、管片设置密封条、管片嵌缝、管线路拆除等。

定额编号			E-5-1-7	E-5-1-8	E-5-1-9
项 目			刀盘式土压平衡盾构掘进		
			直径11.5m以内		
			出洞段	正常段	进洞段
			m	m	m
预算定额编号	预算定额名称	预算定额单位	数 量		
04-4-1-23	刀盘式土压平衡盾构掘进 负环段掘进 φ≤11500	m	0.1200		
04-4-1-24	刀盘式土压平衡盾构掘进 出洞段掘进 φ≤11500	m	1.0000		
04-4-1-25	刀盘式土压平衡盾构掘进 正常段掘进 φ≤11500	m		1.0000	
04-4-1-26	刀盘式土压平衡盾构掘进 进洞段掘进 φ≤11500	m			1.0000
04-4-1-37	负环管片拆除 φ11500以内	m	0.1200		
04-4-1-58	管片设置密封条 三元乙丙橡胶条 φ11500以内	环	0.6670	0.6670	0.6670
04-4-1-69	管片嵌缝 氯丁乳胶水泥 φ11500以内	环	0.6670	0.6670	0.6670
04-4-1-72	管片嵌缝 手孔封堵 φ15500以内	10个	5.3300	5.3300	5.3300
04-4-6-11	走道板	t		0.0622	0.0622
04-4-6-17	钢轨枕	t		0.0292	0.0292
04-4-6-19	金属支架	t		0.0357	0.0357
04-4-6-23	钢管栏杆	t		0.0237	0.0237
04-7-7-3	管线路拆除 φ11500以内	m	1.0000	1.0000	1.0000

工作内容：1. 出洞段掘进、管片设置密封条、管片嵌缝、管线路拆除、负环段掘进、负环管片拆除等。
2. 正常段掘进、管管片设置密封条、管片嵌缝、管线路拆除等。
3. 进洞段掘进、管片设置密封条、管片嵌缝、管线路拆除等。

	定 额 编 号		E-5-1-7	E-5-1-8	E-5-1-9
	项 目		刀盘式土压平衡盾构掘进		
			直径11.5m以内		
			出洞段	正常段	进洞段
	名 称	单位	m	m	m
人工	00070107	综合人工（盾构）	工日	69.9373	30.1070	38.2585
	00070111	综合人工（土建）	工日	22.8311	14.5144	14.5144
材料	01090121	圆钢 φ15～18	t		0.0082	0.0082
	01150101	热轧型钢 综合	t		0.0946	0.0946
	01290301	热轧钢板（中厚板）	t		0.0084	0.0084
	02031011	三元乙丙橡胶密封条	m	58.6960	58.6960	58.6960
	03014901	管片连接螺栓	kg	462.9232	436.7200	436.7200
	03130101	电焊条	kg	6.1575	8.6418	8.6418
	04010116	水泥 52.5级	kg	0.5634	0.5634	0.5634
	04292714	钢筋混凝土管片 φ11500	m³	17.8069	16.7990	16.7990
	13030715	丙烯酸乳液	kg	0.3331	0.3331	0.3331
	13056101	红丹防锈漆	kg		2.5641	2.5641
	13170901	酚醛自粘腻子	kg	3.8352	3.8352	3.8352
	13332701	胶粉油毡衬垫	kg	5.9696	5.9696	5.9696
	13351901	环氧聚胺酯嵌缝膏	kg	29.6281	29.6281	29.6281
	14030101	汽油	kg		0.4874	0.4874
	14070101	机油	kg	76.5220	35.9100	45.9900
	14090501	盾尾油脂	kg	48.9300	48.9300	48.9300
	14390101	氧气	m³	0.6723	2.9582	2.9582
	14390301	乙炔气	m³	0.2241	0.9861	0.9861
	14414401	氯丁橡胶粘合剂	kg	3.8419	3.8419	3.8419
	14415501	界面剂	kg	0.0666	0.0666	0.0666
	15132201	聚氨酯泡沫塑料	kg	0.6203	0.6203	0.6203
	17030102	镀锌焊接钢管	kg	18.9952	16.9600	16.9600
	17030103	镀锌焊接钢管	t		0.0242	0.0242
	22450531	风管 φ1800	m	0.7941	0.7090	0.7090

(续表)

	定额编号			E-5-1-7	E-5-1-8	E-5-1-9
	项 目			刀盘式土压平衡盾构掘进		
				直径11.5m以内		
				出洞段	正常段	进洞段
	名 称		单位	m	m	m
材料	34110101	水	m³	1.1971	1.1971	1.1971
	34110301	电	kW·h	3178.1541	1490.6800	1902.7000
	35033112	钢板网	kg		23.5403	23.5403
	35091531	操作钢平台	kg	31.6325	31.6325	31.6325
	37010201	重轨	kg	32.4464	28.9700	28.9700
	80210501	预拌混凝土(非泵送型)	m³	0.0792		
	X0045	其他材料费	%	7.9500	7.9300	7.9300
机械	99070990	轨道平车 25t	台班	1.9669	1.8469	2.7769
	99071030	双头车	台班	0.1999	0.1999	0.1999
	99071250	电瓶车 45t	台班	1.5902	0.8802	1.3502
	99090150	履带式起重机 60t	台班	0.2388		
	99091030	门式起重机 20t	台班	0.3978	0.4166	0.4166
	99091060	门式起重机 50t	台班	1.7782	0.7606	1.2106
	99091560	电动卷扬机 双筒慢速 100kN	台班	0.1800	0.1800	0.1800
	99170030	钢筋切断机 φ40	台班		0.0071	0.0071
	99190280	摇臂钻床 φ63	台班		0.1137	0.1137
	99190340	剪板机 10×2500	台班		0.0355	0.0355
	99250020	交流弧焊机 32kV·A	台班	1.5347	1.3049	1.6749
	99350350	刀盘式土压平衡盾构掘进机 φ11500	台班	1.4188	0.5900	1.0600
	99430230	电动空气压缩机 6m³/min	台班	0.2088		
	99430260	电动空气压缩机 20m³/min	台班	0.2388		
	99430450	硅整流充电机 90A/190V	台班	1.3537	0.6837	1.1237
	99440050	电动单级离心清水泵 φ200	台班	1.7812	0.8524	1.3024
	99450370	轴流通风机 100kW	台班	1.4588	1.1100	1.9800

第五章 隧道工程

工作内容：1. 出洞段掘进、管片设置密封条、管片嵌缝、管线路拆除、负环段掘进、负环管片拆除等。
2. 正常段掘进、管片设置密封条、管片嵌缝、管线路拆除等。
3. 进洞段掘进、管片设置密封条、管片嵌缝、管线路拆除等。

定额编号			E-5-1-10	E-5-1-11	E-5-1-12
项 目			刀盘式泥水平衡盾构掘进		
			直径11.5m以内		
			出洞段	正常段	进洞段
			m	m	m
预算定额编号	预算定额名称	预算定额单位	数 量		
04-4-1-27	刀盘式泥水平衡盾构掘进 负环段掘进 φ≤11500	m	0.1200		
04-4-1-28	刀盘式泥水平衡盾构掘进 出洞段掘进 φ≤11500	m	1.0000		
04-4-1-29	刀盘式泥水平衡盾构掘进 正常段掘进 φ≤11500	m		1.0000	
04-4-1-30	刀盘式泥水平衡盾构掘进 进洞段掘进 φ≤11500	m			1.0000
04-4-1-37	负环管片拆除 φ11500以内	m	0.1200		
04-4-1-58	管片设置密封条 三元乙丙橡胶条 φ11500以内	环	0.6670	0.6670	0.6670
04-4-1-69	管片嵌缝 氯丁乳胶水泥 φ11500以内	环	0.6670	0.6670	0.6670
04-4-1-72	管片嵌缝 手孔封堵 φ15500以内	10个	5.3300	5.3300	5.3300
04-4-6-11	走道板	t		0.0622	0.0622
04-4-6-17	钢轨枕	t		0.0292	0.0292
04-4-6-19	金属支架	t		0.0357	0.0357
04-4-6-23	钢管栏杆	t		0.0195	0.0195
04-7-7-3	管线路拆除 φ11500以内	m	1.0000	1.0000	1.0000

工作内容：1. 出洞段掘进、管片设置密封条、管片嵌缝、管线路拆除、负环段掘进、负环管片拆除等。
2. 正常段掘进、管片设置密封条、管片嵌缝、管线路拆除等。
3. 进洞段掘进、管片设置密封条、管片嵌缝、管线路拆除等。

定 额 编 号			E-5-1-10	E-5-1-11	E-5-1-12
项 目			刀盘式泥水平衡盾构掘进		
			直径11.5m以内		
			出洞段	正常段	进洞段
	名 称	单位	m	m	m
人工	00070107 综合人工(盾构)	工日	77.5819	26.2905	48.6030
	00070111 综合人工(土建)	工日	22.8311	14.3722	14.3722
材料	01090121 圆钢 φ15~18	t		0.0082	0.0082
	01150101 热轧型钢 综合	t		0.0946	0.0946
	01290301 热轧钢板(中厚板)	t		0.0084	0.0084
	02031011 三元乙丙橡胶密封条	m	58.6960	58.6960	58.6960
	03014901 管片连接螺栓	kg	462.9232	436.7200	436.7200
	03130101 电焊条	kg	6.1575	8.5463	8.5463
	04010116 水泥 52.5级	kg	0.5634	0.5634	0.5634
	04292714 钢筋混凝土管片 φ11500	m³	17.8069	16.7990	16.7990
	13030715 丙烯酸乳液	kg	0.3331	0.3331	0.3331
	13056101 红丹防锈漆	kg		2.4927	2.4927
	13170901 酊醛自粘腻子	kg	3.8352	3.8352	3.8352
	13332701 胶粉油毡衬垫	kg	5.9696	5.9696	5.9696
	13351901 环氧聚胺酯嵌缝膏	kg	29.6281	29.6281	29.6281
	14030101 汽油	kg		0.4643	0.4643
	14070101 机油	kg	76.3852	31.4000	51.2400
	14090501 盾尾油脂	kg	48.9300	48.9300	48.9300
	14390101 氧气	m³	0.6723	2.8375	2.8375
	14390301 乙炔气	m³	0.2241	0.9458	0.9458
	14414401 氯丁橡胶粘合剂	kg	3.8419	3.8419	3.8419
	14415501 界面剂	kg	0.0666	0.0666	0.0666
	15132201 聚氨酯泡沫塑料	kg	0.6203	0.6203	0.6203
	17030102 镀锌焊接钢管	kg	77.8960	69.5500	69.5500
	17030103 镀锌焊接钢管	t		0.0199	0.0199
	22450531 风管 φ1800	m	0.6535	0.5835	0.5835

(续表)

定额编号			E-5-1-10	E-5-1-11	E-5-1-12
项目			刀盘式土压平衡盾构掘进		
			直径11.5m以内		
			出洞段	正常段	进洞段
	名 称	单位	m	m	m
材料	34110101 水	m³	1.1971	1.1971	1.1971
	34110301 电	kW·h	3572.8994	1318.7299	2418.6650
	35033112 钢板网	kg		23.5403	23.5403
	35091531 操作钢平台	kg	31.6325	31.6325	31.6325
	37010201 重轨	kg	32.4464	28.9700	28.9700
	80210501 预拌混凝土（非泵送型）	m³	0.0792		
	X0045 其他材料费	%	7.9500	7.4600	7.4700
机械	99070990 轨道平车 25t	台班	3.1969	1.7769	2.7769
	99071030 双头车	台班	0.1999	0.1999	0.1999
	99071250 电瓶车 45t	台班	1.2902	0.8502	1.3502
	99090150 履带式起重机 60t	台班	0.2256		
	99091030 门式起重机 20t	台班	0.3978	0.4133	0.4133
	99091060 门式起重机 50t	台班	1.7482	0.7206	1.2106
	99091560 电动卷扬机 双筒慢速 100kN	台班	0.1800	0.1800	0.1800
	99170030 钢筋切断机 φ40	台班		0.0071	0.0071
	99190280 摇臂钻床 φ63	台班		0.1137	0.1137
	99190340 剪板机 10×2500	台班		0.0355	0.0355
	99250020 交流弧焊机 32kV·A	台班	1.3943	1.2674	1.6474
	99350410 刀盘式泥水平衡盾构掘进机 φ11500	台班	1.3852	0.5600	1.0600
	99430230 电动空气压缩机 6m³/min	台班	0.2088		
	99430260 电动空气压缩机 20m³/min	台班	0.2256		
	99430450 硅整流充电机 90A/190V	台班	1.3237	1.1837	2.1137
	99440050 电动单级离心清水泵 φ200	台班	1.7680	1.3624	2.3324
	99440150 电动多级离心清水泵 φ150×180m 以下	台班	2.6956	1.0900	2.0600
	99450370 轴流通风机 100kW	台班	1.4156	0.5300	0.9900

工作内容: 1. 出洞段掘进、管片设置密封条、管片嵌缝、管线路拆除、负环段掘进、负环管片拆除等。
2. 正常段掘进、管片设置密封条、管片嵌缝、管线路拆除等。
3. 进洞段掘进、管片设置密封条、管片嵌缝、管线路拆除等。

定额编号			E-5-1-13	E-5-1-14	E-5-1-15
项目			刀盘式泥水平衡盾构掘进		
			直径15.5m以内		
			出洞段	正常段	进洞段
			m	m	m
预算定额编号	预算定额名称	预算定额单位	数量		
04-4-1-31	刀盘式泥水平衡盾构掘进 负环段掘进 φ≤15500	m	0.1000		
04-4-1-32	刀盘式泥水平衡盾构掘进 出洞段掘进 φ≤15500	m	1.0000		
04-4-1-33	刀盘式泥水平衡盾构掘进 正常段掘进 φ≤15500	m		1.0000	
04-4-1-34	刀盘式泥水平衡盾构掘进 进洞段掘进 φ≤15500	m			1.0000
04-4-1-38	负环管片拆除 φ15500以内	m	0.1000		
04-4-1-59	管片设置密封条 三元乙丙橡胶条 φ15500以内	环	0.5000	0.5000	0.5000
04-4-1-70	管片嵌缝 聚合物水泥防水砂浆 φ15500以内	环	0.5000	0.5000	0.5000
04-4-1-72	管片嵌缝 手孔封堵 φ15500以内	10个	2.9000	2.9000	2.9000
04-4-6-19	金属支架	t		0.0375	0.0375
04-7-7-4	管线路拆除 φ15500以内	m	1.0000	1.0000	1.0000

工作内容： 1. 出洞段掘进、管片设置密封条、管片嵌缝、管线路拆除、负环段掘进、负环管片拆除等。
2. 正常段掘进、管片设置密封条、管片嵌缝、管线路拆除等。
3. 进洞段掘进、管片设置密封条、管片嵌缝、管线路拆除等。

	定 额 编 号		E-5-1-13	E-5-1-14	E-5-1-15
	项 目		刀盘式泥水平衡盾构掘进		
			直径15.5m以内		
			出洞段	正常段	进洞段
	名 称	单位	m	m	m
人工	00070107 综合人工（盾构）	工日	110.1797	49.7469	78.4400
	00070111 综合人工（土建）	工日	38.5472	17.5364	17.5364
材料	01090121 圆钢 φ15~18	t		0.0086	0.0086
	01150101 热轧型钢 综合	t		0.0251	0.0251
	01290301 热轧钢板（中厚板）	t	0.3013	0.0060	0.0060
	02030301 氯丁橡胶条	kg	17.9100	17.9100	17.9100
	02031011 三元乙丙橡胶密封条	m	54.0000	54.0000	54.0000
	03014901 管片连接螺栓	kg	147.1370	140.1300	140.1300
	03130101 电焊条	kg	0.5714	1.4603	1.4603
	04010116 水泥 52.5级	kg	0.3065	0.3065	0.3065
	04292715 钢筋混凝土管片 φ15500	m³	30.7528	29.2884	29.2884
	13030715 丙烯酸乳液	kg	0.1812	0.1812	0.1812
	13056101 红丹防锈漆	kg		0.6375	0.6375
	13170901 酊醛自粘腻子	kg	4.0300	4.0300	4.0300
	13332701 胶粉油毡衬垫	kg	6.0610	6.0610	6.0610
	13371313 遇水膨胀止水条 20×6	kg	5.2500	5.2500	5.2500
	13372101 聚氨酯膨胀止水条	kg	0.4000	0.4000	0.4000
	14030101 汽油	kg		0.2062	0.2062
	14070401 液压油	kg	10.9582	9.9620	9.9620
	14090431 盾构机主轴密封油脂	kg	16.4362	14.9420	14.9420
	14090501 盾尾油脂	kg	120.0000	120.0000	120.0000
	14390101 氧气	m³	1.1371	1.2306	1.2306
	14390301 乙炔气	m³	0.3752	0.4069	0.4069
	14412331 高模量聚氨酯密封胶	L	11.0515	11.0515	11.0515
	14414401 氯丁橡胶粘合剂	kg	7.9825	7.9825	7.9825
	14415501 界面剂	kg	0.0362	0.0362	0.0362
	15132201 聚氨酯泡沫塑料	kg	0.6580	0.6580	0.6580
	17010101 焊接钢管	t	0.2586	0.2351	0.2351
	22450531 风管 φ1800	m	0.2750	0.5000	0.2500
	28110116 电力电缆 50mm²	m	0.4333	0.3333	1.0000

(续表)

定 额 编 号			E-5-1-13	E-5-1-14	E-5-1-15
项 目			刀盘式泥水平衡盾构掘进		
			直径15.5m以内		
			出洞段	正常段	进洞段
名 称		单位	m	m	m
材料	28110120	电力电缆 150mm²	m	1.3000	1.0000	3.0000
	34110101	水	m³	0.6513	0.6513	0.6513
	34110301	电	kW·h	16351.2269	11385.5840	15165.5840
	35091531	操作钢平台	kg	21.7887	21.7887	21.7887
	80073402	聚合物水泥防水砂浆	m³	20.5450	20.5450	20.5450
	80210514	预拌混凝土（非泵送型）C20 粒径5～20	m³	0.1299		
	X0045	其他材料费	%	9.6100	9.8700	9.9100
机械	99070560	载重汽车 10t	台班	0.0910	0.0910	0.0910
	99070610	载重汽车 20t	台班	1.4870	0.6100	1.1300
	99071030	双头车	台班	3.3327	1.6987	2.9287
	99090180	履带式起重机 90t	台班	0.1370		
	99090430	汽车式起重机 30t	台班	0.3100	0.3100	0.3100
	99091030	门式起重机 20t	台班	0.2933	0.2933	0.2933
	99091040	门式起重机 30t	台班	0.2300	0.2300	0.2300
	99091060	门式起重机 50t	台班	1.7870	0.6100	1.1700
	99091780	平台作业升降车 9m	台班	0.1300	0.1300	0.1300
	99170030	钢筋切断机 φ40	台班		0.0075	0.0075
	99190280	摇臂钻床 φ63	台班		0.0930	0.0930
	99250020	交流弧焊机 32kV·A	台班	3.1577	1.4690	2.6490
	99250070	交流弧焊机 100kV·A	台班	0.2500	0.2500	0.2500
	99350430	刀盘式泥水平衡盾构掘进机 φ15500	台班	1.4870	0.6100	1.1110
	99430230	电动空气压缩机 6m³/min	台班	0.2625		
	99430260	电动空气压缩机 20m³/min	台班	0.1370		
	99440050	电动单级离心清水泵 φ200	台班	4.7710	1.5300	3.6900
	99440220	污水泵 φ150	台班	4.4610	1.8300	3.3800
	99450370	轴流通风机 100kW	台班	1.4870	0.6100	1.1700

(续表)

工作内容： 制浆、运浆、盾尾同步压浆、封堵、清洗等。

定额编号			E-5-1-16	E-5-1-17	E-5-1-18
项 目			衬砌壁后同步压浆		
			水泥、粉煤灰 1∶5.8	水泥砂浆 1∶2.5	惰性浆液
			m³	m³	m³
预算定额编号	预算定额名称	预算定额单位	数 量		
04-4-1-39	衬砌壁后压浆 同步压浆 水泥、粉煤灰 1∶5.8	m³	1.0000		
04-4-1-40	衬砌壁后压浆 同步压浆 水泥砂浆 1∶2.5	m³		1.0000	
04-4-1-41	衬砌壁后压浆 同步压浆 惰性浆液	m³			1.0000

工作内容： 制浆、运浆、盾尾同步压浆、封堵、清洗等。

	定额编号			E-5-1-16	E-5-1-17	E-5-1-18
	项 目			衬砌壁后同步压浆		
				水泥、粉煤灰 1∶5.8	水泥砂浆 1∶2.5	惰性浆液
	名 称		单位	m³	m³	m³
人工	00070111	综合人工（土建）	工日	2.1768	2.3996	2.6800
材料	04010112	水泥 42.5 级	t	0.1593		0.4000
	04091302	粉煤灰	t	0.9269		
	04093101	膨润土	kg	33.0750		15.0000
	14312001	硅酸钠（水玻璃）	kg		0.3200	160.0000
	14330301	三乙醇胺	kg		0.2100	
	14354101	微沫剂	kg	0.1160		
	17270315	高压橡胶管 φ150	m	0.0120	0.0120	0.0100
	18151631	镀锌管堵 DN≤75	个	0.0360	0.0360	0.0400
	19050018	球阀 DN50	只			0.1000
	35091531	操作钢平台	kg	1.1980	1.1980	1.2000
	80060214	干混抹灰砂浆 DP M20.0	m³		1.0500	
	X0045	其他材料费	％	6.0000	6.0000	6.0100
机械	99050780	挤压式灰浆搅拌机 200L	台班	0.3400	0.3400	

工作内容： 制浆、运浆、盾尾分块压浆、封堵、清洗等。

定 额 编 号			E-5-1-19	E-5-1-20
项　目			衬砌壁后分块压浆	
			水泥、粉煤灰1∶5.8	水泥砂浆1∶2.5
			m³	m³
预算定额编号	预算定额名称	预算定额单位	数　量	
04-4-1-42	衬砌壁后压浆 分块压浆 水泥、粉煤灰1∶5.8	m³	1.0000	
04-4-1-43	衬砌壁后压浆 分块压浆 水泥砂浆1∶2.5	m³		1.0000

工作内容： 制浆、运浆、盾尾分块压浆、封堵、清洗等。

	定 额 编 号			E-5-1-19	E-5-1-20
	项　目			衬砌壁后分块压浆	
				水泥、粉煤灰1∶5.8	水泥砂浆1∶2.5
				m³	m³
	名　称		单位		
人工	00070111	综合人工(土建)	工日	2.1768	2.3996
材料	04010112	水泥 42.5级	t	0.1593	
	04091302	粉煤灰	t	0.9269	
	14312001	硅酸钠(水玻璃)	kg		0.3200
	14330301	三乙醇胺	kg		0.2100
	14354101	微沫剂	kg	0.1160	
	17270315	高压橡胶管 φ150	m	0.0120	0.0120
	18151631	镀锌管堵 DN≤75	个	0.0360	0.0360
	19050018	球阀 DN50	只	0.1000	0.1000
	35091531	操作钢平台	kg	1.1980	1.1980
	80060214	干混抹灰砂浆 DP M20.0	m³		1.0500
	X0045	其他材料费	％	6.0000	6.0100
机械	99050140	电动灌浆机	台班	0.2775	0.2775
	99050780	挤压式灰浆搅拌机 200L	台班	0.4255	0.4255

工作内容: 起吊、装车、驳运等。

定 额 编 号			E-5-1-21	E-5-1-22
项 目			预制构件场内运输	
			管片直径 7m 以内	
			100m	增减 50m
			m³	m³
预算定额编号	预算定额名称	预算定额单位	数 量	
04-4-1-46	管片φ7000 场内运输 100m	m³	1.0000	
04-4-1-47	管片φ7000 场内运输 ±50m	m³		1.0000

工作内容: 起吊、装车、驳运等。

定 额 编 号			E-5-1-21	E-5-1-22
项 目			预制构件场内运输	
			管片直径 7m 以内	
			100m	增减 50m
	名 称	单位	m³	m³
人工	00070111 综合人工(土建)	工日	0.1505	
材料	05031801 枕木	m³	0.0013	
机械	99070560 载重汽车 10t	台班	0.0300	0.0152
	99091030 门式起重机 20t	台班	0.0300	

工作内容：起吊、装车、驳运等。

定 额 编 号			E-5-1-23	E-5-1-24
项 目			预制构件场内运输	
			管片直径15.5m以内	
			100m	增减50m
			m³	m³
预算定额编号	预算定额名称	预算定额单位	数 量	
04-4-1-50	管片φ15500 场内运输 100m	m³	1.0000	
04-4-1-51	管片φ15500 场内运输 ±50m	m³		1.0000

工作内容：起吊、装车、驳运等。

定 额 编 号				E-5-1-23	E-5-1-24
项 目				预制构件场内运输	
				管片直径15.5m以内	
				100m	增减50m
	名 称		单位	m³	m³
人工	00070111	综合人工(土建)	工日	0.0474	
材料	05031801	枕木	m³	0.0021	
机械	99071030	双头车	台班	0.0256	0.0128
	99091050	门式起重机 40t	台班	0.0043	

第五章 隧道工程

工作内容: 起吊、装车、驳运等。

定 额 编 号			E-5-1-25	E-5-1-26
项　目			预制构件场内运输	
			口字件及烟道板	
			500m	增减100m
			m³	m³
预算定额编号	预算定额名称	预算定额单位	数　量	
04-4-1-54	烟道板φ15500 场内运输 500m	m³	1.0000	
04-4-1-55	烟道板φ15500 场内运输 ±100m	m³		1.0000

工作内容: 起吊、装车、驳运等。

定 额 编 号			E-5-1-25	E-5-1-26
项　目			预制构件场内运输	
			口字件及烟道板	
			500m	增减100m
	名　称	单位	m³	m³
人工	00070111	综合人工(土建)	工日	0.9407	
材料	05031801	枕木	m³	0.0021	
机械	99071030	双头车	台班	0.0318	0.0064
	99091030	门式起重机 20t	台班	0.0318	

231

工作内容： 安拆施工阶段临时防水环板、临时止水缝，安拆使用阶段临时钢环板、洞口环管片、钢环板、柔性接缝环、洞口混凝土环圈，泵车输送等。

定额编号			E-5-1-27	E-5-1-28	E-5-1-29
项　目			隧道洞口柔性接缝环		
			管片直径7m以内	管片直径11.5m以内	管片直径15.5m以内
			洞口	洞口	洞口
预算定额编号	预算定额名称	预算定额单位	数　量		
04-4-1-60	柔性接缝环(施工阶段)临时防水环板	t	1.8300	6.0000	15.2700
04-4-1-61	柔性接缝环(施工阶段)临时止水缝	m	21.9800	36.1300	48.6900
04-4-1-62	柔性接缝环(使用阶段)拆除临时钢环板	t	1.8300	6.0000	15.2700
04-4-1-63	柔性接缝环(使用阶段)拆除洞口环管片	m^3	4.1230	24.6000	51.2900
04-4-1-64	柔性接缝环(使用阶段)安装钢环板	t	1.8300	6.0000	15.2700
04-4-1-65	柔性接缝环(使用阶段)柔性接缝环	m	21.9800	36.1300	48.6900
04-4-1-66	柔性接缝环(使用阶段)洞口混凝土环圈	m^3	10.3250	28.3200	44.8000
04-7-4-1	商品混凝土输送 泵车	m^3	10.4300	28.6100	45.2500

工作内容: 安拆施工阶段临时防水环板、临时止水缝,安拆使用阶段临时钢环板、洞口环管片、钢环板、柔性接缝环、洞口混凝土环圈,泵车输送等。

	定 额 编 号		E-5-1-27	E-5-1-28	E-5-1-29
	项 目		隧道洞口柔性接缝环		
			管片直径7m以内	管片直径11.5m以内	管片直径15.5m以内
	名 称	单位	洞口	洞口	洞口
人工	00070111	综合人工(土建)	工日	573.7694	1501.3646	2762.9440
材料	01010311	热轧带肋钢筋(HRB400) φ10~32	t	1.8585	5.0976	8.0640
	01010411	热轧光圆钢筋(HPB300) φ≤10	t	0.7228	1.9824	3.1360
	01150101	热轧型钢 综合	t	0.0029	0.0096	0.0244
	01290301	热轧钢板(中厚板)	t	0.0086	0.0282	0.0718
	01292101	环圈钢板	t	3.6600	12.0000	30.5400
	02010801	结皮海绵橡胶板	kg	620.9350	1020.6725	1375.4925
	02030601	帘布橡胶条	kg	95.1734	156.4429	210.8277
	02050401	遇水膨胀橡胶圈	根	234.2400	768.0000	1954.5600
	02070601	氯丁橡胶	kg	8.7920	14.4520	19.4760
	03014101	六角螺栓连母垫	kg	94.1065	261.4703	608.7702
	03019373	压浆孔螺母	只	33.3792	109.4400	278.5248
	03130101	电焊条	kg	240.0841	797.8116	1974.1188
	04010112	水泥 42.5级	t	1.9782	3.2517	4.3821
	04011302	乳胶水泥	kg	1717.0776	2822.4756	3803.6628
	04030115	黄砂 中粗	t	2.6904	4.4223	5.9597
	05030101	成材	m³	0.1281	0.4200	1.0689
	05031801	枕木	m³	0.2379	0.7800	1.9851
	13058211	焦油聚氨酯防水涂料 851	kg	55.3896	91.0476	122.6988
	13370318	内防水橡胶止水带	m	23.0790	37.9365	51.1245
	14210101	环氧树脂	kg	16.2652	26.7362	36.0306
	14390101	氧气	m³	40.5367	146.5380	359.0193
	14390301	乙炔气	m³	13.5122	48.8460	119.6731
	14412101	聚氨酯粘合剂	kg	439.1604	721.8774	972.8262
	14413201	303氯丁酚醛胶	kg	223.3168	367.0808	494.6904
	15132201	聚氨酯泡沫塑料	kg	649.0694	1066.9189	1437.8157
	15132402	聚苯乙烯硬泡沫塑料	m³	1.3188	2.1678	2.9214
	18294001	螺栓套管	个	234.2400	768.0000	1954.5600
	34110101	水	m³	1.0430	2.8610	4.5250
	35010703	木模板成材	m³	1.1358	3.1152	4.9280
	80210422	预拌混凝土(泵送型) C30 粒径5~20	m³	10.4799	28.7448	45.4720
	X0045	其他材料费	%	1.8200	1.8400	1.8600
机械	99050140	电动灌浆机	台班	27.0222	44.4182	59.8595
	99050540	混凝土输送泵车 75m³/h	台班	0.1742	0.4778	0.7557
	99091030	门式起重机 20t	台班	64.4746	174.5045	337.1255
	99091560	电动卷扬机 双筒慢速 100kN	台班	10.8188	64.5504	134.5850
	99250020	交流弧焊机 32kV·A	台班	32.6867	110.1516	264.5687
	99430230	电动空气压缩机 6m³/min	台班	2.7282	16.2778	33.9386
	99450360	轴流通风机 7.5kW	台班	57.1333	151.7037	283.1174

工作内容： 划线、号料、切割、校正、滚圆弧、刨边、刨槽、上模具焊接成型、焊预埋件、钻孔、吊运油漆等。

定 额 编 号			E-5-1-30	E-5-1-31
项 目			钢管片单块重量1t以内	钢管片单块重量1t以外
			t	t
预算定额编号	预算定额名称	预算定额单位	数 量	
04-4-6-4	钢管片单块重量1t以内	t	1.0000	
04-4-6-5	钢管片单块重量1t以外	t		1.0000

工作内容： 划线、号料、切割、校正、滚圆弧、刨边、刨槽、上模具焊接成型、焊预埋件、钻孔、吊运油漆等。

	定 额 编 号			E-5-1-30	E-5-1-31
	项 目			钢管片单块重量1t以内	钢管片单块重量1t以外
	名 称		单位	t	t
人工	00070111	综合人工(土建)	工日	32.5975	31.6795
材料	01150101	热轧型钢 综合	t		0.1187
	01290301	热轧钢板（中厚板）	t	1.0600	0.9413
	03130101	电焊条	kg	59.0800	49.7500
	13056101	红丹防锈漆	kg	17.4300	17.4300
	14090431	盾构机主轴密封油脂	kg	1.4200	0.7400
	14390101	氧气	m³	22.1100	19.1700
	14390301	乙炔气	m³	7.3700	6.3900
	18035316	镀锌外接头 DN50	个		0.7400
	18151616	镀锌管堵 DN50	个		0.7400
	X0045	其他材料费	%	2.5000	2.5000
机械	99091030	门式起重机 20t	台班	2.7285	2.6826
	99190120	龙门刨床 1000×3000	台班	6.2400	2.4800
	99190150	牛头刨床 刨削长度:650	台班	1.6600	1.1100
	99190280	摇臂钻床 φ63	台班	2.2100	2.0500
	99190450	板料校平机 16×2500	台班	0.6400	0.4800
	99190470	卷板机 20×2000	台班	0.2300	0.1200
	99250020	交流弧焊机 32kV·A	台班	7.5400	7.4100

第二节 地下连续墙

工作内容： 测量放线、筑拆导墙及圈梁、开挖槽壁、清底置换、安装接头、吊放钢筋笼、安装导管、浇筑墙体混凝土等。

定额编号			E-5-2-1	E-5-2-2	E-5-2-3
项目			现浇混凝土地下连续墙		
			墙深25m以内	墙深35m以内	墙深45m以内
			m³	m³	m³
预算定额编号	预算定额名称	预算定额单位	数 量		
04-1-1-27	无支护机械挖沟槽土方（深3m以内）抛土	m³	0.1733	0.1043	0.0720
04-1-1-28	无支护机械挖沟槽土方（深3m以内）装车	m³	0.0613	0.0329	0.0204
04-1-1-31	履带式液压抓斗挖土成槽（25m以内）	m³	1.0000		
04-1-1-32	履带式液压抓斗挖土成槽（35m以内）	m³		1.0000	
04-1-1-33	履带式液压抓斗挖土成槽（45m以内）	m³			1.0000
04-1-2-14	沟槽及基坑填筑 回填土	m³	0.1733	0.1043	0.0720
04-4-3-1	导墙混凝土 预拌混凝土（非泵送型）C20 粒径5～20	m³	0.0613	0.0329	0.0204
04-4-3-10	安拔接头管 圆管≤25m	段	0.0120		
04-4-3-11	安拔接头管 圆管≤35m	段		0.0064	
04-4-3-12	安拔接头管 圆管≤45m	段			0.0040
04-4-3-2	钢筋笼吊运就位 25m以内	t	0.1800		
04-4-3-3	钢筋笼吊运就位 35m以内	t		0.1800	
04-4-3-4	钢筋笼吊运就位 45m以内	t			0.1700
04-4-3-7	清底置换	段	0.0113	0.0061	0.0038
04-4-3-8【换】	浇筑混凝土 预拌水下混凝土（非泵送型）C35 粒径5～40	m³	1.0000	1.0000	1.0000
04-4-4-3【换】	现浇混凝土结构 圈梁 预拌混凝土（非泵送型）C30 粒径5～40	m³	0.0533	0.0343	0.0267
04-5-1-10	现场绑扎钢筋 隧道 地下结构梁钢筋	t	0.0080	0.0051	0.0040
04-5-1-13	现场绑扎钢筋 隧道 地下结构墙钢筋	t	0.0074	0.0039	0.0031
04-5-1-21	地下连续墙 钢筋笼	t	0.1800	0.1800	0.1700
04-6-2-5	拆除钢筋混凝土结构	m³	0.1147	0.0671	0.0471
04-7-3-39	隧道工程模板 导墙模板	m²	0.4000	0.2143	0.1333
04-7-3-40	隧道工程模板 钢筋混凝土圈梁模板（砖模）	m²	0.0800	0.0429	0.0267
17010101【换】	注浆管	t	0.0029	0.0022	0.1800

工作内容: 测量放线、筑拆导墙及圈梁、开挖槽壁、清底置换、安装接头、吊放钢筋笼、安装导管、浇筑墙体混凝土等。

	定额编号			E-5-2-1	E-5-2-2	E-5-2-3
	项 目			现浇混凝土地下连续墙		
				墙深25m以内	墙深35m以内	墙深45m以内
	名 称		单位	m³	m³	m³
人工	00070111	综合人工(土建)	工日	3.9081	3.4829	3.2284
材料	01010311	热轧带肋钢筋(HRB400) φ10～32	t	0.2003	0.1937	0.1815
	01050102	钢丝绳	kg	0.0024	0.0017	0.0012
	03130101	电焊条	kg	1.5515	1.5229	1.4419
	03150101	圆钉	kg	0.0076	0.0041	0.0025
	03152501	镀锌铁丝	kg	0.5686	0.5500	0.5155
	03154813	铁件	kg	8.3704	8.4416	8.5028
	03211101	风镐凿子	根	0.0321	0.0188	0.0132
	03211121	破碎锤钎杆 φ140	根	0.0004	0.0002	0.0002
	04030115	黄砂 中粗	t	0.0482	0.0258	0.0161
	04131711	蒸压灰砂砖	千块	0.0140	0.0075	0.0047
	14390101	氧气	m³	0.0420	0.0246	0.0172
	14390301	乙炔气	m³	0.0164	0.0096	0.0067
	15131103	硬泡沫塑料板	m³	0.0270	0.0270	0.0255
	17010101	焊接钢管	t	0.0029	0.0022	0.1800
	17270101	橡胶管	m	0.0013	0.0012	0.0009
	33330507	铁件	kg	0.3884	0.2081	0.1294
	34110101	水	m³	0.0058	0.0033	0.0023
	35010101	钢模板	kg	0.2492	0.1335	0.0830
	35010703	木模板成材	m³	0.0028	0.0015	0.0009
	35020106	钢模支撑	kg	0.1468	0.0786	0.0489
	35020401	钢模零配件	kg	0.0468	0.0251	0.0156
	35041551	接头管(钢质圆管)	kg	0.7596	0.6302	0.4800
	36030252	涤纶针刺土工布 200g/m²	m²	0.2328	0.1265	0.0800
	80060113	干混砌筑砂浆 DM M10.0	m³	0.0045	0.0024	0.0015
	80112011	护壁泥浆	m³	1.5358	0.7691	0.7633
	80210501	预拌混凝土(非泵送型)	m³	0.0206	0.0110	0.0069
	80210514	预拌混凝土(非泵送型) C20 粒径 5～20	m³	0.0619	0.0332	0.0206

(续表)

定额编号			E-5-2-1	E-5-2-2	E-5-2-3
项 目			现浇混凝土地下连续墙		
			墙深25m以内	墙深35m以内	墙深45m以内
名 称		单位	m³	m³	m³
材料	80210521	预拌混凝土(非泵送型) C30 粒径5~40	m³	0.0538	0.0346	0.0270
	80211214	预拌水下混凝土(非泵送型) C35 粒径5~40	m³	1.2120	1.2120	1.2120
	X0045	其他材料费	%	0.6100	0.6800	0.5600
机械	98330100	超声波测壁机	台班	0.0210	0.0210	0.0210
	99010060	履带式单斗液压挖掘机 1m³	台班	0.0073	0.0042	0.0078
	99010610	液压镐头	台班	0.0051	0.0030	0.0021
	99050930	混凝土振捣器 插入式	台班	0.0040	0.0023	0.0015
	99070690	自卸汽车 15t	台班	0.0247	0.0255	0.0264
	99090090	履带式起重机 15t	台班	0.0579	0.0425	0.0375
	99090130	履带式起重机 40t	台班	0.0090	0.0043	
	99090150	履带式起重机 60t	台班	0.0045	0.0054	
	99090180	履带式起重机 90t	台班			0.0034
	99090210	履带式起重机 150t	台班		0.0027	0.0026
	99090230	履带式起重机 250t	台班			0.0026
	99091320	立式油压千斤顶 100t	台班	0.0060	0.0043	
	99091330	立式油压千斤顶 200t	台班			0.0034
	99130350	内燃夯实机 700N·m	台班	0.0034	0.0021	0.0014
	99170030	钢筋切断机 φ40	台班	0.0363	0.0347	0.0324
	99170050	钢筋弯曲机 φ40	台班	0.0188	0.0185	0.0174
	99250020	交流弧焊机 32kV·A	台班	0.2767	0.2713	0.2575
	99250280	对焊机 75kV·A	台班	0.0529	0.0514	0.0482
	99330010	风镐	台班	0.0288	0.0168	0.0118
	99350560	履带式液压抓斗成槽机 KH180 2-50t MHL-5070Y	台班	0.0247	0.0255	0.0264
	99350590	泥浆制作循环设备	台班	0.0247	0.0255	0.0264
	99351210	地下墙混凝土浇筑架	台班	0.0185	0.0185	0.0185
	99430210	电动空气压缩机 1m³/min	台班	0.0226	0.0122	0.0076
	99430230	电动空气压缩机 6m³/min	台班	0.0144	0.0084	0.0059
	99440250	泥浆泵 φ100	台班	0.0411	0.0307	0.0261
	99440330	潜水泵 φ100	台班	0.0147	0.0088	0.0064

工作内容:测量放线、筑拆导墙及圈梁、开挖槽壁、清底置换、安装接头、吊放钢筋笼、安装导管、浇筑墙体混凝土等。

定 额 编 号			E-5-2-4	E-5-2-5
项　　目			现浇混凝土地下连续墙	
			墙深50m以内	墙深60m以内
			m³	m³
预算定额编号	预算定额名称	预算定额单位	数　　量	
04-1-1-27	无支护机械挖沟槽土方（深3m以内）抛土	m³	0.0593	0.0494
04-1-1-28	无支护机械挖沟槽土方（深3m以内）装车	m³	0.0153	0.0128
04-1-1-34	铣槽机挖土成槽（60m以内）	m³	1.0000	1.0000
04-1-2-14	沟槽及基坑填筑 回填土	m³	0.0593	0.0494
04-4-3-1	导墙混凝土 预拌混凝土（非泵送型）C20 粒径5~20	m³	0.0153	0.0128
04-4-3-17	安拔接头箱 接头箱≤50m	段	0.0030	
04-4-3-18	安拔接头箱 接头箱≤60m	段		0.0025
04-4-3-5	钢筋笼吊运就位50m以内	t	0.1600	
04-4-3-6	钢筋笼吊运就位60m以内	t		0.1600
04-4-3-7	清底置换	段	0.0028	0.0024
04-4-3-8【换】	浇筑混凝土 预拌水下混凝土（非泵送型）C35 粒径5~40	m³	1.0000	1.0000
04-4-4-3【换】	现浇混凝土结构 圈梁 预拌混凝土（非泵送型）C30 粒径5~40	m³	0.0233	0.0194
04-5-1-10	现场绑扎钢筋 隧道 地下结构梁钢筋	t	0.0035	0.0029
04-5-1-13	现场绑扎钢筋 隧道 地下结构墙钢筋	t	0.0184	0.0015
04-5-1-21	地下连续墙 钢筋笼	t	0.1600	0.1600
04-6-2-5	拆除钢筋混凝土结构	m³	0.0387	0.0322
04-7-3-39	隧道工程模板 导墙模板	m²	0.1000	0.0833
04-7-3-40	隧道工程模板 钢筋混凝土圈梁模板（砖模）	m²	0.0200	0.0167
17010101【换】	注浆管	t	0.0015	0.0015

工作内容：测量放线、筑拆导墙及圈梁、开挖槽壁、清底置换、安装接头、吊放钢筋笼、安装导管、浇筑墙体混凝土等。

	定 额 编 号		E-5-2-4	E-5-2-5
	项 目		现浇混凝土地下连续墙	
			墙深50m以内	墙深60m以内
	名 称	单位	m³	m³
人工	00070111 综合人工(土建)	工日	2.9046	2.7883
	01010311 热轧带肋钢筋(HRB400) φ10~32	t	0.1864	0.1685
	03130101 电焊条	kg	1.4746	1.4642
	03150101 圆钉	kg	0.0019	0.0016
	03152501 镀锌铁丝	kg	0.5400	0.4784
	03154813 铁件	kg	8.0990	9.1102
	03211101 风镐凿子	根	0.0108	0.0090
	03211121 破碎锤钎杆 φ140	根	0.0001	0.0001
	03213411 铣槽机铣齿钨钢	只	0.2455	0.2455
	04030115 黄砂 中粗	t	0.0120	0.0101
	04050215 碎石 5~25	t	0.0288	0.0302
	04131711 蒸压灰砂砖	千块	0.0035	0.0029
	14350301 脱模剂	kg	0.1883	0.2000
	14390101 氧气	m³	0.0142	0.0118
材料	14390301 乙炔气	m³	0.0055	0.0046
	15131103 硬泡沫塑料板	m³	0.0240	0.0240
	17010101 焊接钢管	t	0.0015	0.0015
	33330507 铁件	kg	0.0971	0.0809
	34110101 水	m³	0.0019	0.0015
	35010101 钢模板	kg	0.0623	0.0519
	35010703 木模板成材	m³	0.0007	0.0006
	35020106 钢模支撑	kg	0.0367	0.0306
	35020401 钢模零配件	kg	0.0117	0.0097
	35041571 接头箱	kg	0.4536	0.4536
	36030252 涤纶针刺土工布 200g/m²	m²	0.0609	0.0509
	80060113 干混砌筑砂浆 DM M10.0	m³	0.0011	0.0009
	80112011 护壁泥浆	m³	0.0071	0.0060
	80112051 复合纳基膨润土泥浆	m³	0.7538	0.7538

(续表)

定额编号			E-5-2-4	E-5-2-5
项目			现浇混凝土地下连续墙	
			墙深50m以内	墙深60m以内
名　称		单位	m³	m³
材料	80210501	预拌混凝土(非泵送型)	m³	0.0051	0.0043
	80210514	预拌混凝土(非泵送型) C20 粒径5～20	m³	0.0155	0.0129
	80210521	预拌混凝土(非泵送型) C30 粒径5～40	m³	0.0235	0.0196
	80211214	预拌水下混凝土(非泵送型) C35 粒径5～40	m³	1.2120	1.2120
	X0045	其他材料费	%	0.6900	0.8700
机械	98330100	超声波测壁机	台班	0.0017	0.0017
	99010060	履带式单斗液压挖掘机 1m³	台班	0.0055	0.0053
	99010610	液压镐头	台班	0.0017	0.0014
	99050930	混凝土振捣器 插入式	台班	0.0012	0.0010
	99090090	履带式起重机 15t	台班	0.0383	0.0337
	99090190	履带式起重机 100t	台班		0.0034
	99090210	履带式起重机 150t	台班	0.0024	0.0051
	99090220	履带式起重机 200t	台班		0.0034
	99090240	履带式起重机 300t	台班	0.0077	0.0068
	99091330	立式油压千斤顶 200t	台班	0.0030	0.0025
	99130350	内燃夯实机 700N·m	台班	0.0012	0.0010
	99170030	钢筋切断机 φ40	台班	0.0344	0.0299
	99170050	钢筋弯曲机 φ40	台班	0.0168	0.0162
	99250020	交流弧焊机 32kV·A	台班	0.2705	0.2471
	99250280	对焊机 75kV·A	台班	0.0491	0.0449
	99330010	风镐	台班	0.0097	0.0081
	99350570	铣槽机 BC40	台班	0.0291	0.0291
	99350595	铣槽机设备泥浆系统	台班	0.0291	0.0291
	99351210	地下墙混凝土浇筑架	台班	0.0185	0.0185
	99430210	电动空气压缩机 1m³/min	台班	0.0057	0.0048
	99430230	电动空气压缩机 6m³/min	台班	0.0049	0.0040
	99440250	泥浆泵 φ100	台班	0.0242	0.0233
	99440330	潜水泵 φ100	台班	0.0053	0.0044

工作内容：接头箱安、拔、冲刷和整理等。

定额编号			E-5-2-6	E-5-2-7
项目			安拔接头箱	
			墙深35m以内	墙深45m以内
			段	段
预算定额编号	预算定额名称	预算定额单位	数量	
04-4-3-15	安拔接头箱 接头箱≤35m	段	1.0000	
04-4-3-16	安拔接头箱 接头箱≤45m	段		1.0000

工作内容：接头箱安、拔、冲刷和整理等。

	定额编号		E-5-2-6	E-5-2-7
	项目		安拔接头箱	
			墙深35m以内	墙深45m以内
	名称	单位	段	段
人工	00070111 综合人工（土建）	工日	17.0000	21.0000
材料	01050102 钢丝绳	kg	0.4880	
	04050215 碎石5～25	t		7.2000
	14350301 脱模剂	kg		41.8500
	35041571 接头箱	kg	70.0400	120.9600
	X0045 其他材料费	%	2.0000	2.0000
机械	99010060 履带式单斗液压挖掘机 1m³	台班		0.6250
	99090130 履带式起重机 40t	台班	0.6700	
	99090220 履带式起重机 200t	台班		0.3750
	99091320 立式油压千斤顶 100t	台班	0.6700	
	99091330 立式油压千斤顶 200t	台班		0.8400
	99250020 交流弧焊机 32kV·A	台班		0.3750

工作内容: 划线、号料、切割、拼装、校正、焊接成型、堆放等。

定 额 编 号			E-5-2-8
项 目			型钢接头制作安装
			t
预算定额编号	预算定额名称	预算定额单位	数 量
04-4-3-19	型钢接头制作安装	t	1.0000

工作内容: 划线、号料、切割、拼装、校正、焊接成型、堆放等。

	定 额 编 号			E-5-2-8
	项 目			型钢接头制作安装
	名 称		单位	t
人工	00070111	综合人工(土建)	工日	11.7350
材料	01150103	热轧型钢 综合	kg	1060.0000
	03130101	电焊条	kg	21.4840
	X0045	其他材料费	%	1.0000
机械	99090130	履带式起重机 40t	台班	0.2000
	99090150	履带式起重机 60t	台班	0.0660
	99190770	型钢剪断机 宽度 500	台班	0.6200
	99250020	交流弧焊机 32kV·A	台班	3.8364

工作内容: 注浆管开塞、压水测试、配制浆液、运料、桩底注浆、注浆管封孔、清洗设备等。

定额编号			E-5-2-9
项目			基底注浆
			m³
预算定额编号	预算定额名称	预算定额单位	数 量
04-4-3-9	基底注浆	m³	1.0000

工作内容: 注浆管开塞、压水测试、配制浆液、运料、桩底注浆、注浆管封孔、清洗设备等。

定额编号			E-5-2-9
项目			基底注浆
名 称		单位	m³
人工	00070111	综合人工(土建)	工日	0.4375
材料	04010112	水泥 42.5 级	t	0.8838
	34110101	水	m³	0.8755
	X0045	其他材料费	%	1.0000
机械	99050773	灰浆搅拌机 200L	台班	0.0417
	99440670	液压注浆泵 HYB50/50-1型	台班	0.0417

第三节 地下混凝土结构

工作内容：搭拆脚手架(墙及衬墙)、安拆模板、绑扎钢筋、浇筑混凝土、泵车输送等。

定额编号			E-5-3-1	E-5-3-2	E-5-3-3	E-5-3-4
项　　目			现浇混凝土地梁	现浇混凝土底板	现浇混凝土墙	现浇混凝土衬墙
			m³	m³	m³	m³
预算定额编号	预算定额名称	预算定额单位	数　　　　量			
04-4-4-3	现浇混凝土结构 地梁 预拌混凝土(泵送型)C30 粒径5~40	m³	1.0000			
04-4-4-4	现浇混凝土结构 底板 预拌混凝土(泵送型)C30 粒径5~40	m³		1.0000		
04-4-4-5	现浇混凝土结构 墙 预拌混凝土(泵送型)C30 粒径5~40	m³			1.0000	
04-4-4-6	现浇混凝土结构 衬墙 预拌混凝土(泵送型)C30 粒径5~20	m³				1.0000
04-5-1-10	现场绑扎钢筋 隧道 地下结构梁钢筋	t	0.2200			
04-5-1-11	现场绑扎钢筋 隧道 地下结构板钢筋	t		0.1600		
04-5-1-13	现场绑扎钢筋 隧道 地下结构墙钢筋	t			0.1400	0.1400
04-6-3-5	连续墙表面凿毛	m²				1.3100
04-7-2-1	脚手架 双排 高10m以内	m²			2.5000	1.2500
04-7-3-40	隧道工程模板 钢筋混凝土地梁模板(砖模)	m²	2.7000			
04-7-3-41	隧道工程模板 钢筋混凝土底板模板	m²		0.8100		
04-7-3-42	隧道工程模板 钢筋混凝土墙模板	m²			5.2500	
04-7-3-43	隧道工程模板 钢筋混凝土衬墙模板	m²				1.3100
04-7-4-1	商品混凝土输送 泵车	m³	1.0100	1.0100	1.0100	1.0100

工作内容: 搭拆脚手架(墙及衬墙)、安拆模板、绑扎钢筋、浇筑混凝土、泵车输送等。

	定 额 编 号		E-5-3-1	E-5-3-2	E-5-3-3	E-5-3-4
	项 目		现浇混凝土地梁	现浇混凝土底板	现浇混凝土墙	现浇混凝土衬墙
	名 称	单位	m^3	m^3	m^3	m^3
人工	00070111	综合人工(土建)	工日	6.3180	1.5674	3.5583	2.1872
材料	01010311	热轧带肋钢筋(HRB400) ϕ10~32	t	0.2255	0.1640	0.1435	0.1435
	02190101	尼龙帽	个			4.2000	1.0480
	03014101	六角螺栓连母垫	kg		0.6804	7.9328	0.9890
	03130101	电焊条	kg	1.1011	0.5350	0.9870	0.9870
	03150101	圆钉	kg		0.0251	0.1207	0.0223
	03152501	镀锌铁丝	kg	0.4664	0.5867	0.6675	0.5837
	03211101	风镐凿子	根				0.0066
	04030115	黄砂 中粗	t	1.6265			
	04131711	蒸压灰砂砖	千块	0.4738			
	05031801	枕木	m^3			0.0005	0.0003
	14070101	机油	kg		0.0891	0.5775	0.1441
	34110101	水	m^3	0.1420	0.2450	0.2235	0.2239
	35010101	钢模板	kg		0.5103	3.6120	0.9314
	35010703	木模板成材	m^3		0.0081	0.0158	0.0052
	35020106	钢模支撑	kg		0.1782	2.5830	0.4127
	35020401	钢模零配件	kg		0.2673	1.8585	0.4323
	35030343	钢管 ϕ48.3×3.6	kg			0.8387	0.4194
	35030612	钢管底座 ϕ48	只			0.0088	0.0044
	35031212	对接扣件 ϕ48	只			0.0267	0.0134
	35031213	迴转扣件 ϕ48	只			0.0307	0.0154
	35031214	直角扣件 ϕ48	只			0.0978	0.0489
	35031242	扣件螺栓	只			1.2168	0.6084
	35032122	钢直扶梯	kg			0.0505	0.0253
	35033112	钢板网	kg			7.5000	3.7500

(续表)

定额编号			E-5-3-1	E-5-3-2	E-5-3-3	E-5-3-4
项 目			现浇混凝土地梁	现浇混凝土底板	现浇混凝土墙	现浇混凝土衬墙
名 称		单位	m^3	m^3	m^3	m^3
材料	35050122	安全网(锦纶)	m^2			0.0695	0.0348
	36030252	涤纶针刺土工布 200g/m^2	m^2	0.2757	0.9680	0.8234	0.8263
	80060113	干混砌筑砂浆 DM M10.0	m^3	0.1512			
	80210422	预拌混凝土(泵送型)C30 粒径 5~20	m^3				1.0100
	80210424	预拌混凝土(泵送型)C30 粒径 5~40	m^3	1.0100	1.0100	1.0100	
	80210501	预拌混凝土(非泵送型)	m^3	0.6939			
	X0045	其他材料费	%	0.6600		0.2400	0.1600
机械	99050540	混凝土输送泵车 75m^3/h	台班	0.0169	0.0169	0.0169	0.0169
	99050930	混凝土振捣器 插入式	台班	0.0226	0.0226	0.0226	0.0226
	99070540	载重汽车 6t	台班		0.0053	0.0228	0.0062
	99090090	履带式起重机 15t	台班	0.2590	0.0660	0.0791	0.0400
	99090360	汽车式起重机 8t	台班		0.0028	0.0047	0.0010
	99170030	钢筋切断机 ϕ40	台班	0.0539	0.0442	0.0364	0.0364
	99170050	钢筋弯曲机 ϕ40	台班	0.0154	0.0197	0.0042	0.0042
	99210010	木工圆锯机 ϕ500	台班		0.0112	0.0367	0.0052
	99250020	交流弧焊机 32kV·A	台班	0.2253	0.1498	0.2164	0.2164
	99250280	对焊机 75kV·A	台班	0.0508		0.0336	0.0336
	99330010	风镐	台班				0.0283
	99430200	电动空气压缩机 0.6m^3/min	台班			0.0315	0.0773
	99430300	内燃空气压缩机 9m^3/min	台班				0.0094
	99440330	潜水泵 ϕ100	台班	0.3631			

工作内容: 安拆模板、绑扎钢筋、浇筑混凝土、泵车输送等。

定 额 编 号			E-5-3-5	E-5-3-6	E-5-3-7	E-5-3-8
项 目			现浇混凝土柱	现浇混凝土梁	现浇混凝土中板、顶板	现浇混凝土楼梯
			m³	m³	m³	m³
预算定额编号	预算定额名称	预算定额单位	数 量			
04-4-4-7	现浇混凝土结构 柱 预拌混凝土(泵送型)C30 粒径5~40	m³	1.0000			
04-4-4-8	现浇混凝土结构 梁 预拌混凝土(泵送型)C30 粒径5~20	m³		1.0000		
04-4-4-9	现浇混凝土结构 中板、顶板 预拌混凝土(泵送型)C30 粒径5~20	m³			1.0000	
04-4-4-10	现浇混凝土结构 楼梯 预拌混凝土(泵送型)C30 粒径5~40	m³				1.0000
04-5-1-10	现场绑扎钢筋 隧道 地下结构梁钢筋	t		0.2200		
04-5-1-11	现场绑扎钢筋 隧道 地下结构板钢筋	t			0.1600	
04-5-1-12	现场绑扎钢筋 隧道 地下结构柱钢筋	t	0.2500			
04-5-1-14	现场绑扎钢筋 隧道内部结构钢筋	t				0.1400
04-7-3-44	隧道工程模板 钢筋混凝土柱模板	m²	6.6720			
04-7-3-45	隧道工程模板 钢筋混凝土梁模板	m²		3.5000		
04-7-3-46	隧道工程模板 钢筋混凝土中板、顶板模板（待修改）	m²			1.2500	
04-7-3-47	隧道工程模板 钢筋混凝土楼梯模板	m²				3.0000
04-7-4-1	商品混凝土输送 泵车	m³	1.0100	1.0100	1.0100	1.0100

工作内容：安拆模板、绑扎钢筋、浇筑混凝土、泵车输送等。

	定 额 编 号		E-5-3-5	E-5-3-6	E-5-3-7	E-5-3-8
	项 目		现浇混凝土柱	现浇混凝土梁	现浇混凝土中板、顶板	现浇混凝土楼梯
	名 称	单位	m^3	m^3	m^3	m^3
人工	00070111	综合人工(土建)	工日	5.9490	4.1434	1.7500	4.0194
材料	01010311	热轧带肋钢筋(HRB400) ϕ10～32	t	0.2562	0.2255	0.1640	0.1141
	01010411	热轧光圆钢筋(HPB300) ϕ≤10	t				0.0309
	02190101	尼龙帽	个	7.3392	0.7000		0.1293
	03014101	六角螺栓连母垫	kg	8.8471	2.2026	0.3063	
	03130101	电焊条	kg	1.8950	1.1011	0.5350	0.8624
	03150101	圆钉	kg	0.1401	0.0746	0.0262	0.0639
	03152501	镀锌铁丝	kg	0.8275	0.4664	0.5867	
	03154813	铁件	kg				5.5860
	14070101	机油	kg	0.7339	0.3850	0.1375	0.3300
	34110101	水	m^3	0.4980	0.2544	0.2735	1.2861
	35010101	钢模板	kg	4.6437	2.4360	0.7650	1.8360
	35010703	木模板成材	m^3	0.0133	0.0084	0.0030	0.0120
	35020106	钢模支撑	kg	3.2826	2.5400	2.1138	2.6760
	35020183	钢模螺栓顶托	套		0.0560	0.0663	0.2400
	35020401	钢模零配件	kg	2.1617	2.8000	1.2250	0.8160
	36030252	涤纶针刺土工布 200g/m^2	m^2		1.0310	1.1599	7.9676
	80210422	预拌混凝土(泵送型)C30 粒径5～20	m^3		1.0100	1.0100	
	80210424	预拌混凝土(泵送型)C30 粒径5～40	m^3	1.0100			1.0100
	X0045	其他材料费	%	0.4300	0.3400	0.2500	0.3400
机械	99050540	混凝土输送泵车 75m^3/h	台班	0.0169	0.0169	0.0169	0.0169
	99050930	混凝土振捣器 插入式	台班	0.0226	0.0226	0.0226	0.0226
	99070540	载重汽车 6t	台班	0.0227	0.0287	0.0138	0.0216
	99070560	载重汽车 10t	台班				0.0076
	99090090	履带式起重机 15t	台班	0.1405	0.1355	0.0658	0.0420
	99090360	汽车式起重机 8t	台班	0.0060	0.0154	0.0073	0.0120
	99091050	门式起重机 40t	台班				0.0151
	99170030	钢筋切断机 ϕ40	台班	0.0673	0.0539	0.0442	0.0076
	99170050	钢筋弯曲机 ϕ40	台班	0.0352	0.0154	0.0197	0.0151
	99210010	木工圆锯机 ϕ500	台班	0.0801	0.0315	0.0213	0.0630
	99250020	交流弧焊机 32kV·A	台班	0.4140	0.2253	0.1498	0.0227
	99250280	对焊机 75kV·A	台班	0.0558	0.0508		
	99430200	电动空气压缩机 0.6m^3/min	台班	0.0334	0.0665	0.0200	

工作内容: 安拆模板、绑扎钢筋、浇筑混凝土、泵车输送等。

定 额 编 号			E-5-3-9	E-5-3-10
项 目			现浇混凝土电缆沟	现浇混凝土侧石
			m³	m³
预算定额编号	预算定额名称	预算定额单位	数 量	
04-4-4-11	现浇混凝土结构 电缆沟 预拌混凝土(泵送型)C30 粒径5～20	m³	1.0000	
04-4-4-12	现浇混凝土结构 侧石 预拌混凝土(泵送型)C30 粒径5～40	m³		1.0000
04-5-1-14	现场绑扎钢筋 隧道内部结构钢筋	t	0.1400	0.1000
04-7-3-48	隧道工程模板 钢筋混凝土电缆沟模板	m²	3.5000	
04-7-3-49	隧道工程模板 钢筋混凝土侧石模板	m²		3.2000
04-7-4-1	商品混凝土输送 泵车	m³	1.0100	1.0100

工作内容: 安拆模板、绑扎钢筋、浇筑混凝土、泵车输送等。

	定 额 编 号			E-5-3-9	E-5-3-10
	项 目			现浇混凝土电缆沟	现浇混凝土侧石
	名 称		单位	m³	m³
人工	00070111	综合人工(土建)	工日	2.6878	2.1766
材料	01010311	热轧带肋钢筋(HRB400)φ10～32	t	0.1141	0.0815
	01010411	热轧光圆钢筋(HPB300)φ≤10	t	0.0309	0.0221
	02190101	尼龙帽	个	2.8000	1.8272
	03014101	六角螺栓连母垫	kg	2.1070	1.1488
	03130101	电焊条	kg	0.8624	0.6160
	03150101	圆钉	kg	0.0746	0.0669
	03154813	铁件	kg	5.5860	3.9900
	14070101	机油	kg	0.3850	0.3520
	34110101	水	m³	0.4333	0.6548
	35010101	钢模板	kg	2.1420	1.9584
	35010703	木模板成材	m³	0.0070	0.0077
	35020106	钢模支撑	kg	1.7220	
	35020401	钢模零配件	kg	1.7115	1.5648
	36030252	涤纶针刺土工布 200g/m²	m²	2.2339	3.7232
	80210422	预拌混凝土(泵送型)C30 粒径5～20	m³	1.0100	
	80210424	预拌混凝土(泵送型)C30 粒径5～40	m³		1.0100
	X0045	其他材料费	%	0.3400	0.3400
机械	99050540	混凝土输送泵车 75m³/h	台班	0.0169	0.0169
	99050930	混凝土振捣器 插入式	台班	0.0226	0.0226
	99070540	载重汽车 6t	台班	0.0221	0.0150
	99070560	载重汽车 10t	台班	0.0076	0.0054
	99090090	履带式起重机 15t	台班	0.0315	0.0160
	99090360	汽车式起重机 8t	台班	0.0123	0.0080
	99091050	门式起重机 40t	台班	0.0151	0.0108
	99170030	钢筋切断机 φ40	台班	0.0076	0.0054
	99170050	钢筋弯曲机 φ40	台班	0.0151	0.0108
	99210010	木工圆锯机 φ500	台班	0.0910	0.0320
	99250020	交流弧焊机 32kV·A	台班	0.0227	0.0162
	JX2030	其他机械费	%	0.4000	

工作内容: 安拆模板、绑扎钢筋或钢筋网片、浇筑混凝土、泵车输送等。

定额编号			E-5-3-11	E-5-3-12
项　目			隧道内圆隧道道路	现浇混凝土车道板、烟道板、牛腿
			m³	m³
预算定额编号	预算定额名称	预算定额单位	数　量	
04-4-4-17	现浇混凝土结构 隧道内圆隧道道路 预拌混凝土(泵送型)C30 粒径5~20	m³	1.0000	
04-4-4-18	现浇混凝土结构 钢筋混凝土车道板、烟道板、牛腿混凝土 预拌混凝土(泵送型)C35 粒径5~25	m³		1.0000
04-5-1-14	现场绑扎钢筋 隧道内部结构钢筋	t		0.2200
04-5-1-2	现场绑扎钢筋 道路 钢筋网片	t	0.0500	
04-7-3-1	道路工程模板 混凝土路面模板	m²	0.0700	
04-7-3-52	隧道工程模板 钢筋混凝土车道板、烟道板、牛腿模板	m²		3.5000
04-7-4-1	商品混凝土输送 泵车	m³	1.0100	1.0000

工作内容： 安拆模板、绑扎钢筋或钢筋网片、浇筑混凝土、泵车输送等。

	定额编号		E-5-3-11	E-5-3-12
	项 目		隧道内圆隧道道路	现浇混凝土车道板、烟道板、牛腿
	名 称	单位	m³	m³
人工	00070111 综合人工(土建)	工日	0.9671	2.8073
材料	01010311 热轧带肋钢筋(HRB400)φ10~32	t	0.0256	0.1793
	01010411 热轧光圆钢筋(HPB300)φ≤10	t	0.0256	0.0485
	03014101 六角螺栓连母垫	kg		4.1626
	03130101 电焊条	kg	0.0168	1.3552
	03150101 圆钉	kg	0.0009	
	03152501 镀锌铁丝	kg	0.2000	2.2921
	03154701 金属帽	个	0.1400	
	03154813 铁件	kg		8.7780
	14350301 脱模剂	kg		0.0385
	14412231 改性乙烯基酯类胶粘剂 A级胶	L		2.1843
	14412911 PG道路封缝胶	kg	1.1280	
	17010102 焊接钢管	kg		4.6757
	34110101 水	m³	0.5210	0.6072
	35010101 钢模板	kg	0.0463	
	35010302 定型钢模板	kg		16.6519
	35010703 木模板成材	m³		
	35020106 钢模支撑	kg		0.2541
	35020183 钢模螺栓顶托	套		0.0056
	35020401 钢模零配件	kg	0.1659	0.2800
	35030612 钢管底座φ48	只		0.0711
	35031212 对接扣件φ48	只		0.1285
	35031213 迴转扣件φ48	只		0.1491
	35031214 直角扣件φ48	只		1.1071
	80210422 预拌混凝土(泵送型)C30 粒径5~20	m³	1.0100	
	80210427 预拌混凝土(泵送型)C35 粒径5~25	m³		1.0100
	X0045 其他材料费	%	0.1900	3.3700
机械	99050540 混凝土输送泵车 75m³/h	台班	0.0169	0.0167
	99050760 混凝土布料机 12m	台班		0.0226
	99050930 混凝土振捣器 插入式	台班	0.0226	0.0226
	99050940 混凝土振捣器 平板式	台班	0.0226	
	99070540 载重汽车 6t	台班	0.0001	
	99070560 载重汽车 10t	台班		0.0119
	99070990 轨道平车 25t	台班		0.0353
	99071030 双头车	台班	0	0.0153
	99071250 电瓶车 45t	台班		0.3530
	99090360 汽车式起重机 8t	台班	0.0001	
	99091050 门式起重机 40t	台班		0.0237
	99170030 钢筋切断机φ40	台班	0.0014	0.0119
	99170050 钢筋弯曲机φ40	台班	0.0024	0.0238
	99210010 木工圆锯机φ500	台班	0.0033	
	99210060 木工平刨床 刨削宽度300	台班	0.0033	
	99250020 交流弧焊机 32kV·A	台班	0.0062	0.4518
	99430200 电动空气压缩机 0.6m³/min	台班	0.0310	

工作内容: 构件预制、安装等。

定 额 编 号			E-5-3-13	E-5-3-14
项 目			口字件预制及安装	烟道板预制及安装
			m³	m³
预算定额编号	预算定额名称	预算定额单位	数 量	
04-4-4-20	预制混凝土构件 口字件预制混凝土	m³	1.0000	
04-4-4-21	预制混凝土构件 口字件安装	m³	1.0000	
04-4-4-22	预制混凝土构件 烟道板预制混凝土	m³		1.0000
04-4-4-23	预制混凝土构件 烟道板安装	m³		1.0000
04-5-1-14	现场绑扎钢筋 隧道内部结构钢筋	t	0.2500	0.2200
04-7-3-53	隧道工程模板 预制口字件模板	m²	7.7000	
04-7-3-54	隧道工程模板 预制烟道板模板	m²		4.0000

工作内容: 构件预制、安装等。

定 额 编 号				E-5-3-13	E-5-3-14
项 目				口字件预制及安装	烟道板预制及安装
名 称			单位	m³	m³
人工	00070111	综合人工(土建)	工日	5.5422	6.4988
材料	01010311	热轧带肋钢筋(HRB400) ϕ10~32	t	0.2037	0.1793
	01010411	热轧光圆钢筋(HPB300) $\phi\leqslant$10	t	0.0551	0.0485
	02011641	氯丁橡胶板 250×250×10	m²		0.0849
	02110811	聚乙烯填缝板 δ10	m²		0.2219
	02110812	聚乙烯填缝板 δ30	m²		0.0425
	02311901	聚丙烯纤维	kg		2.5638
	03014101	六角螺栓连母垫	kg	0.4035	0.0628
	03014901	管片连接螺栓	kg	0.0135	
	03130101	电焊条	kg	1.5400	1.3552
	03154813	铁件	kg	9.9750	8.7780
	14350301	脱模剂	kg	0.8470	0.4400
	14412571	防火密封胶	kg		0.0054
	15050101	矿渣棉	m³		0.0042
	17030102	镀锌焊接钢管	kg		0.0240
	35010302	定型钢模板	kg	56.1438	3.3560
	35020106	钢模支撑	kg	0.0562	0.0292
	35020183	钢模螺栓顶托	套	0.0100	0.0016
	35020401	钢模零配件	kg	0.2464	0.0800
	80060112	干混砌筑砂浆 DM M7.5	m³		0.2857

(续表)

定额编号			E-5-3-13	E-5-3-14
项 目			口字件预制及安装	烟道板预制及安装
名 称		单位	m³	m³
材料	80073401	聚合物水泥防水砂浆	m³		0.0016
	80210513	预拌混凝土（非泵送型）C20 粒径5～16	m³		0.0255
	80210524	预拌混凝土（非泵送型）C35 粒径5～40	m³	1.0100	1.0257
	X0045	其他材料费	%		3.6800
机械	99050930	混凝土振捣器 插入式	台班	0.1370	0.1189
	99070540	载重汽车 6t	台班	0.1337	
	99070560	载重汽车 10t	台班	0.0478	0.0416
	99090400	汽车式起重机 16t	台班		0.5100
	99090420	汽车式起重机 25t	台班		0.0297
	99090450	汽车式起重机 40t	台班	0.0429	
	99091030	门式起重机 20t	台班		0.2972
	99091035	门式起重机 25t	台班	0.0343	
	99091040	门式起重机 30t	台班	0.0585	
	99091045	门式起重机 35t	台班		0.0297
	99091050	门式起重机 40t	台班	0.0269	0.0237
	99091060	门式起重机 50t	台班	0.0343	0
	99170030	钢筋切断机 φ40	台班	0.0135	0.0119
	99170050	钢筋弯曲机 φ40	台班	0.0270	0.0238
	99250020	交流弧焊机 32kV·A	台班	0.0405	0.0356

工作内容: 构件预制、安装等。

定额编号			E-5-3-15
项目			隧道内行车道槽形板预制及安装
			m²
预算定额编号	预算定额名称	预算定额单位	数　量
04-4-4-24	预制混凝土构件 隧道内行车道槽形板安装	m²	1.0000

工作内容: 构件预制、安装等。

	定额编号		E-5-3-15
	项目		隧道内行车道槽形板预制及安装
			m²
	名称	单位	m²
人工	00070111 综合人工(土建)	工日	0.1184
材料	03130101 电焊条	kg	0.0372
	03154813 铁件	kg	0.4771
	05031801 枕木	m³	0.0004
	34110301 电	kW·h	2.6200
	35010703 木模板成材	m³	0.0070
	36050011 钢筋混凝土车道槽形板	m³	1.0000
	37010111 轻轨	kg	0.6732
	X0045 其他材料费	%	1.0000
机械	99070970 轨道平车 10t	台班	0.0099
	99071190 电瓶车 8t	台班	0.0292
	99090400 汽车式起重机 16t	台班	0.0292
	99250020 交流弧焊机 32kV·A	台班	0.0104
	99430200 电动空气压缩机 0.6m³/min	台班	0.0075
	99430450 硅整流充电机 90A/190V	台班	0.0253

第四节 防水及其他

工作内容:1.铺设卷材等。
2.基面处理、加强层涂刷、顶板涂刷、铺贴防水卷材等。

定 额 编 号			E-5-4-1	E-5-4-2
项 目			自粘改性沥青卷材防水	聚氨酯防水涂膜防水
			m²	m²
预算定额编号	预算定额名称	预算定额单位	数 量	
04-4-5-1	改性沥青类自粘卷材防水卷材	m²	1.0000	
04-4-5-2	聚氨酯防水涂料涂膜防水	m²		1.0000

工作内容:1.铺设卷材等。
2.基面处理、加强层涂刷、顶板涂刷、铺贴防水卷材等。

定 额 编 号				E-5-4-1	E-5-4-2
项 目				自粘改性沥青卷材防水	聚氨酯防水涂膜防水
名 称			单位	m²	m²
人工	00070111	综合人工(土建)	工日	0.0235	0.0333
材料	13058401	聚氨酯沥青防水涂料	kg		4.2425
	13330861	自粘改性沥青防水卷材 聚酯胎δ3	m²	1.0430	
	13332601	纸胎油毡	m²		0.1000
	X0045	其他材料费	%	2.0000	2.0000
机械	99430200	电动空气压缩机 0.6m³/min	台班		0.0008

工作内容：下料、吊运、安装等。

定额编号			E-5-4-3	E-5-4-4	E-5-4-5	E-5-4-6
项　目			中埋式变形缝	外贴式变形缝	钢板止水带施工缝	橡胶止水带施工缝
			m	m	m	m
预算定额编号	预算定额名称	预算定额单位	数　量			
04-4-5-3	变形缝 中埋式	m	1.0000			
04-4-5-4	变形缝 外贴式	m		1.0000		
04-4-5-5	施工缝 钢板止水带	m			1.0000	
04-4-5-6	施工缝 遇水膨胀橡胶止水条	m				1.0000

工作内容：下料、吊运、安装等。

	定额编号			E-5-4-3	E-5-4-4	E-5-4-5	E-5-4-6
	项　目			中埋式变形缝	外贴式变形缝	钢板止水带施工缝	橡胶止水带施工缝
	名　称		单位	m	m	m	m
人工	00070111	综合人工(土建)	工日	0.1813	0.2176	0.2165	0.0906
材料	13370318	内防水橡胶止水带	m	1.0200	1.0200		
	13370801	钢板止水带	m			1.0500	
	13371301	遇水膨胀止水条	m				1.0200
	14410601	胶水	kg				0.0750
机械	99090090	履带式起重机 15t	台班	0.0004	0.0005	0.0001	

第六章 钢筋工程

第六章 钢筋工程

说 明

一、本章定额由普通钢筋工程、预应力钢筋工程,共两节组成。

二、本章定额适用于道路工程、桥涵工程、隧道工程。

三、本章定额仅适用于对钢筋混凝土构件不同钢筋含量的情况作相应调整,钢筋混凝土构件中的钢筋含量见表6-1。预埋铁件按设计用量(不再加损耗)套用相关定额。

四、钢筋不包括冷加工,如设计要求冷加工时,另行处理。

五、钢筋按结构部位套用相应定额,钢筋接头已在钢筋定额中考虑,不再单独计算。

六、本章定额未包括植筋,使用时可参照2016市政预算定额。

七、预应力钢筋工程:

1. 预应力钢筋定额不包括时效处理,设计要求时效处理时应另行处理。

2. 预应力钢筋定额中未包括锚具用量,但已包括锚具安装。

3. 预应力钢筋制作安装定额中所列预应力筋的品种、规格,如与设计要求不同,可进行调整。

表6-1 道路、桥涵、隧道工程钢筋含量表

序号	构筑物名称	单位	非预应力钢筋	预应力钢绞线
一	道路工程			
1	树根桩	kg/m³	170	
2	混凝土路面构造筋	kg/m²	2	
3	混凝土路面钢筋网片	kg/m²	17	
二	桥涵工程			
1	管桩填芯	kg/m³	160	
2	钻孔灌注桩	kg/m³	90	
3	基础	kg/m³	85	
4	有底模承台	kg/m³	100	
5	无底模承台	kg/m³	100	
6	支撑梁	kg/m³	110	
7	横梁	kg/m³	100	
8	实体式墩台身	kg/m³	175	
9	柱式墩台身	kg/m³	250	
10	墩帽	kg/m³	180	
11	台帽	kg/m³	180	
12	预应力墩盖梁	kg/m³	150	25
13	非预应力墩盖梁	kg/m³	200	
14	非预应力台盖梁	kg/m³	200	

(续表)

序号	构筑物名称	单位	非预应力钢筋	预应力钢绞线
15	过水箱涵	kg/m³	160	
16	悬浇箱梁	kg/m³	155	70
17	支架现浇箱梁	kg/m³	200	45
18	防撞护栏	kg/m³	200	
19	立柱端柱灯柱	kg/m³	110	
20	地梁侧石缘石	kg/m³	110	
21	桥面铺装	kg/m³	110	
22	台后搭板	kg/m³	120	
23	咬合桩	kg/m³	95	
24	基坑支撑	kg/m³	150	
三	隧道工程			
1	地下连续墙 深25m以内 钢筋笼	kg/m³	180	
2	地下连续墙 深35m以内 钢筋笼	kg/m³	180	
3	地下连续墙 深45m以内 钢筋笼	kg/m³	170	
4	地下连续墙 深50m以内 钢筋笼	kg/m³	160	
5	地下连续墙 深60m以内 钢筋笼	kg/m³	160	
6	地梁	kg/m³	220	
7	底板	kg/m³	160	
8	墙	kg/m³	140	
9	衬墙	kg/m³	140	
10	柱	kg/m³	250	
11	梁	kg/m³	220	
12	中板、顶板	kg/m³	160	
13	楼梯	kg/m³	140	
14	电缆沟	kg/m³	140	
15	侧石	kg/m³	100	
16	圆隧道道路	kg/m³	50	
17	车道板、烟道板、牛腿	kg/m³	220	
18	预制口字件	kg/m³	250	
19	预制烟道板	kg/m³	220	

工程量计算规则

一、现场绑扎钢筋,均按设计图示用量以吨计算。

二、钻孔灌注桩钢筋笼,均按设计图示用量以吨计算。

三、地下连续墙钢筋笼,均按设计图示用量以吨计算。

四、预埋铁件工程量,按设计图尺寸以吨计算。

五、预应力钢筋应区别不同钢筋种类和规格,分别按设计长度乘以理论重量,以吨计算。

第一节 普通钢筋工程

工作内容： 钢筋除锈、制作、安装、焊接、清理等。

定额编号			E-6-1-1	E-6-1-2	E-6-1-3
项 目			道路钢筋	桥梁结构钢筋	地下结构钢筋
			调整		
			t	t	t
预算定额编号	预算定额名称	预算定额单位	数 量		
04-5-1-10	现场绑扎钢筋 隧道 地下结构 梁钢筋	t			0.0100
04-5-1-11	现场绑扎钢筋 隧道 地下结构 板钢筋	t			0.5300
04-5-1-12	现场绑扎钢筋 隧道 地下结构 柱钢筋	t			0.0100
04-5-1-13	现场绑扎钢筋 隧道 地下结构 墙钢筋	t			0.4000
04-5-1-14	现场绑扎钢筋 隧道内部结构 钢筋	t			0.0500
04-5-1-2	现场绑扎钢筋 道路 钢筋网片	t	1.0000		
04-5-1-4	现场绑扎钢筋 桥梁 下部结构 钢筋	t		0.2500	
04-5-1-5	现场绑扎钢筋 桥梁 上部结构 钢筋	t		0.6500	
04-5-1-7	现场绑扎钢筋 桥梁 桥面附属 结构钢筋	t		0.1000	

工作内容： 钢筋除锈、制作、安装、焊接、清理等。

定额编号				E-6-1-1	E-6-1-2	E-6-1-3
项 目				道路钢筋	桥梁结构钢筋	地下结构钢筋
				调整		
	名 称		单位	t	t	t
人工	00070111	综合人工(土建)	工日	10.0990	7.3227	6.8406
材料	01010311	热轧带肋钢筋（HRB400）ϕ10~32	t	0.5125	0.7844	1.0145
	01010411	热轧光圆钢筋（HPB300）$\phi \leq 10$	t	0.5125	0.2406	0.0110
	03130101	电焊条	kg	0.3361	3.4110	5.0262
	03152501	镀锌铁丝	kg	4.0000	4.2782	3.4258
	03154813	铁件	kg			1.9950
机械	99070560	载重汽车 10t	台班			0.0027
	99090080	履带式起重机 10t	台班		0.0789	
	99090090	履带式起重机 15t	台班		0.3837	0.2679
	99091050	门式起重机 40t	台班			0.0054
	99170030	钢筋切断机 ϕ40	台班	0.0288	0.8980	0.2581
	99170050	钢筋弯曲机 ϕ40	台班	0.0480	0.8980	0.0847
	99250020	交流弧焊机 32kV·A	台班	0.1230	0.8766	1.1494
	99250280	对焊机 75kV·A	台班			0.1005

第六章 钢筋工程

工作内容：钢筋除锈、制作、安装、焊接、清理等。

定 额 编 号			E-6-1-4	E-6-1-5
项 目			钻孔灌注桩钢筋笼	地下连续墙钢筋笼
			调整	
			t	t
预算定额编号	预算定额名称	预算定额单位	数 量	
04-5-1-20	钻孔灌注桩 钢筋笼	t	1.0000	
04-5-1-21	地下连续墙 钢筋笼	t		1.0000

工作内容：钢筋除锈、制作、安装、焊接、清理等。

	定 额 编 号			E-6-1-4	E-6-1-5
	项 目			钻孔灌注桩钢筋笼	地下连续墙钢筋笼
				调整	
	名 称		单位	t	t
人工	00070111	综合人工(土建)	工日	6.8733	10.0300
材料	01010311	热轧带肋钢筋(HRB400)ϕ10~32	t	0.8540	1.0250
	01010411	热轧光圆钢筋(HPB300)$\phi\leqslant$10	t	0.1710	
	03130101	电焊条	kg	13.4900	6.8990
	03152501	镀锌铁丝	kg	1.8000	2.9180
	03154813	铁件	kg		37.9760
	15131103	硬泡沫塑料板	m³		0.1500
	X0045	其他材料费	%	1.0000	
机械	99090090	履带式起重机 15t	台班		0.1010
	99090360	汽车式起重机 8t	台班	0.3621	
	99170030	钢筋切断机 ϕ40	台班	0.4440	0.1800
	99170050	钢筋弯曲机 ϕ40	台班		0.1000
	99250020	交流弧焊机 32kV·A	台班	2.7800	1.0900
	99250280	对焊机 75kV·A	台班		0.2740

工作内容：制作、除锈、钢板划线、切割、钢筋调直、下料、弯曲、安装、焊接、清渣、清理等。

定额编号			E-6-1-6
项 目			预埋铁件
			t
预算定额编号	预算定额名称	预算定额单位	数 量
04-5-1-22	预埋铁件	t	1.0000

工作内容：制作、除锈、钢板划线、切割、钢筋调直、下料、弯曲、安装、焊接、清渣、清理等。

定额编号			E-6-1-6
项 目			预埋铁件
名 称		单位	t
人工	00070111	综合人工(土建)	工日	19.7780
材料	01010311	热轧带肋钢筋(HRB400) φ10～32	t	0.0632
	01150101	热轧型钢 综合	t	0.3428
	01290301	热轧钢板(中厚板)	t	0.5961
	03130101	电焊条	kg	8.3000
	14390101	氧气	m^3	3.8600
	14390301	乙炔气	m^3	1.3786
	17010101	焊接钢管	t	0.0535
机械	99170030	钢筋切断机 φ40	台班	0.0137
	99250020	交流弧焊机 32kV·A	台班	2.9600

第二节 预应力钢筋工程

工作内容：1. 调直、下料、进入台座、安装夹具、张拉、切断、整修等。
2. 调直、切断、编束、穿束、安装锚具、张拉、锚固、拆除、切割等。

定 额 编 号			E-6-2-1	E-6-2-2
项 目			预应力钢筋、低合金钢调整	预应力钢绞线调整
				后张法
			t	t
预算定额编号	预算定额名称	预算定额单位	数 量	
04-5-2-1	低合金预应力钢筋	t	1.0000	
04-5-2-3	预应力钢绞线 后张法群锚 束长40m以内 7孔以内	t		0.2500
04-5-2-4	预应力钢绞线 后张法群锚 束长40m以内 12孔以内	t		0.2500
04-5-2-5	预应力钢绞线 后张法群锚 束长40m以外 7孔以内	t		0.2500
04-5-2-6	预应力钢绞线 后张法群锚 束长40m以外 12孔以内	t		0.2500

工作内容：1. 调直、下料、进入台座、安装夹具、张拉、切断、整修等。
2. 调直、切断、编束、穿束、安装锚具、张拉、锚固、拆除、切割等。

	定 额 编 号			E-6-2-1	E-6-2-2
	项 目			预应力钢筋、低合金钢调整	预应力钢绞线调整
					后张法
	名 称		单位	t	t
人工	00070111	综合人工(土建)	工日	9.5604	13.3872
材料	01010160	预应力钢筋	t	1.0400	
	01070301	预应力钢绞线	t		1.0400
	01150103	热轧型钢 综合	kg	4.3566	
	03152501	镀锌铁丝	kg		0.2524
	03154813	铁件	kg	1.6867	
	14390101	氧气	m³	0.5350	0.4600
	14390301	乙炔气	m³	0.1911	0.1643
	17311921	镀锌铁皮管 φ50	kg	126.3150	
机械	99170030	钢筋切断机 φ40	台班	0.4626	
	99170160	预应力钢筋拉伸机 1500kN	台班		0.4995
	99170170	预应力钢筋拉伸机 2500kN	台班		0.2913
	99170180	预应力钢筋拉伸机 3000kN	台班	0.1997	
	99250280	对焊机 75kV·A	台班	0.2771	
	99440380	高压油泵 50MPa	台班	0.1997	
	99440390	高压油泵 80MPa	台班		0.7909

第七章 拆除工程

说 明

一、本章定额由翻挖老路、拆除各类构筑物及其他工程,共三节组成。

二、本章拆除定额不适用水中拆除和爆破拆除。

三、沟槽、基坑需翻挖道路面层及基层时,人工数量乘以 1.20 系数。

四、翻挖人行道彩色预制块定额已含面层、基层、垫层。

五、翻挖路缘石参考翻挖平石定额。

六、翻挖、拆除定额中均已包括旧料的场内运输,但不包括场外运输。

七、凿除打入桩桩顶混凝土按拆除钢筋混凝土结构定额人工及机械台班数量乘以 1.25 系数,凿除钻孔灌注桩桩顶混凝土按拆除钢筋混凝土结构定额人工及机械台班数量乘以 0.8 系数。

八、拆除混凝土结构定额中未考虑爆破拆除(包括水中),如实际采用爆破施工时,可另行计算。

九、本章定额未包括水中拆除,如需潜水员配合时,可另行计算。

工程量计算规则

一、翻挖车行道面层、基层、垫层按实际拆除体积以立方米计算。

二、翻挖人行道按面积以平方米计算。

三、翻挖侧平石按长度以米计算。

四、拆除砖、石砌体及混凝土结构按实体积以立方米计算。

五、全回转清障工程量按障碍物截面乘以深度(原地面至结构底)以立方米计算。

六、铣刨路面按面积以平方米计算。

七、钢筋混凝土切割以设计方案按切割接触面积以平方米计算。

第七章 拆除工程

第一节 翻挖老路

工作内容：翻挖、清理、堆放、旧料场内运输等。

定 额 编 号			E-7-1-1	E-7-1-2
项　　目			翻挖车行道	
			沥青混凝土路面	水泥混凝土路面
			m³	m³
预算定额编号	预算定额名称	预算定额单位	数　　量	
04-6-1-1	翻挖沥青柏油类 厚10cm	m²	10.0000	
04-6-1-7【换】	液压镐翻挖混凝土 厚22cm	m²		3.4091
04-6-1-9【换】	液压镐翻挖钢筋混凝土 厚22cm	m²		1.1364

工作内容：翻挖、清理、堆放、旧料场内运输等。

定 额 编 号			E-7-1-1	E-7-1-2
项　　目			翻挖车行道	
			沥青混凝土路面	水泥混凝土路面
			m³	m³
	名　　称	单位		
人工	00070111	综合人工（土建）	工日	0.5500	0.0843
材料	03211101	风镐凿子	根	0.2000	
机械	99010060	履带式单斗液压挖掘机 1m³	台班		0.0655
	99010610	液压镐头	台班		0.0327
	99330010	风镐	台班	0.1260	
	99430230	电动空气压缩机 6m³/min	台班	0.0630	

工作内容: 翻挖、清理、堆放、旧料场内运输等。

定额编号			E-7-1-3	E-7-1-4
项 目			翻挖车行道	
			基层	垫层
			m³	m³
预算定额编号	预算定额名称	预算定额单位	数 量	
04-6-1-11【换】	翻挖二渣及三渣类 厚30cm	m²	1.6667	
04-6-1-13【换】	翻挖水泥稳定碎石 厚30cm	m²		1.6667
04-6-1-15	翻挖碎石 厚15cm	m²		6.6667

工作内容: 翻挖、清理、堆放、旧料场内运输等。

	定额编号		E-7-1-3	E-7-1-4
	项 目		翻挖车行道	
			基层	垫层
			m³	m³
	名 称	单位		
人工	00070111 综合人工(土建)	工日	0.4659	0.4173
材料	03211101 风镐凿子	根	0.3000	0.2000
机械	99010060 履带式单斗液压挖掘机 1m³	台班	0.0203	
	99010610 液压镐头	台班	0.0093	
	99330010 风镐	台班	0.0772	0.0900
	99430230 电动空气压缩机 6m³/min	台班	0.0377	0.0453

工作内容：翻挖、清理、堆放、旧料场内运输等。

定额编号			E-7-1-5
项目			翻挖人行道
			彩色预制块
			m³
预算定额编号	预算定额名称	预算定额单位	数量
04-6-1-15【换】	翻挖碎石 厚10cm	m²	1.0000
04-6-1-20	翻挖人行道板	m²	1.0000
04-6-1-23	翻挖现浇斜坡 厚10cm	m²	1.0000

工作内容：翻挖、清理、堆放、旧料场内运输等。

	定额编号		E-7-1-5
	项目		翻挖人行道
			彩色预制块
	名 称	单位	m³
人工	00070111 综合人工(土建)	工日	0.2587
材料	03211101 风镐凿子	根	0.0750
机械	99330010 风镐	台班	0.0468
	99430210 电动空气压缩机 1m³/min	台班	0.0157
	99430230 电动空气压缩机 6m³/min	台班	0.0156

工作内容：翻挖、清理、堆放、旧料场内运输等。

定额编号			E-7-1-6	E-7-1-7	E-7-1-8
项目			翻挖侧平石	翻挖侧石	翻挖平石
			m	m	m
预算定额编号	预算定额名称	预算定额单位	数量		
04-6-1-17	翻挖侧石	m		1.0000	
04-6-1-18	翻挖平石	m			1.0000
04-6-1-19	翻挖侧平石	m	1.0000		

工作内容：翻挖、清理、堆放、旧料场内运输等。

定额编号			E-7-1-6	E-7-1-7	E-7-1-8
项目			翻挖侧平石	翻挖侧石	翻挖平石
名称		单位	m	m	m
人工	00070111	综合人工(土建)	工日	0.0599	0.0327	0.0312
材料	03211101	风镐凿子	根	0.0600	0.0300	0.0400
机械	99330010	风镐	台班	0.0116	0.0064	0.0054
	99430230	电动空气压缩机 6m³/min	台班	0.0058	0.0032	0.0027

第二节 拆除各类构筑物

工作内容: 1. 拆除砖结构、旧料场内运输、清理现场等。
      2. 拆除块石结构、旧料场内运输、清理现场等。

定额编号			E-7-2-1	E-7-2-2
项　目			拆除砖石砌体	
			砖砌体	浆砌块石
			m³	m³
预算定额编号	预算定额名称	预算定额单位	数　量	
04-6-2-2	拆除砖砌体 砖结构	m³	1.0000	
04-6-2-3	拆除石砌体 浆砌块石	m³		1.0000

工作内容: 1. 拆除砖结构、旧料场内运输、清理现场等。
      2. 拆除块石结构、旧料场内运输、清理现场等。

	定额编号			E-7-2-1	E-7-2-2
	项　目			拆除砖石砌体	
				砖砌体	浆砌块石
	名　称		单位	m³	m³
人工	00070111	综合人工(土建)	工日	0.9377	0.8078
材料	03211101	风镐凿子	根		0.3000
机械	99330010	风镐	台班		0.2608
	99430230	电动空气压缩机 6m³/min	台班		0.1304

工作内容：拆除混凝土或钢筋混凝土结构、旧料场内运输、清理现场等。

定额编号			E-7-2-3	E-7-2-4
项　目			拆除混凝土结构	
			混凝土	钢筋混凝土
			m³	m³
预算定额编号	预算定额名称	预算定额单位	数　量	
04-6-2-4	拆除混凝土结构	m³	1.0000	
04-6-2-5	拆除钢筋混凝土结构	m³		1.0000

工作内容：拆除混凝土或钢筋混凝土结构、旧料场内运输、清理现场等。

	定额编号			E-7-2-3	E-7-2-4
	项　目			拆除混凝土结构	
				混凝土	钢筋混凝土
	名　称		单位	m³	m³
人工	00070111	综合人工(土建)	工日	0.7128	1.1533
材料	03211101	风镐凿子	根	0.2400	0.2800
	03211121	破碎锤钎杆 φ140	根	0.0014	0.0035
	14390101	氧气	m³		0.3661
	14390301	乙炔气	m³		0.1431
	X0045	其他材料费	％	2.0000	5.0000
机械	99010060	履带式单斗液压挖掘机 1m³	台班	0.0322	0.0597
	99010610	液压镐头	台班	0.0217	0.0442
	99330010	风镐	台班	0.1691	0.2508
	99430230	电动空气压缩机 6m³/min	台班	0.0846	0.1254

工作内容：钻机就位、钻机空搅、钻进、取土、灌液、抽水、超声波测试、回填水泥土、拔管等。

定 额 编 号			E-7-2-5
项　　目			全回转清障
			孔径2m以内
			m³
预算定额编号	预算定额名称	预算定额单位	数　　量
04-6-2-6	全回转清障 孔径2m以内	m³	1.0000

工作内容：钻机就位、钻机空搅、钻进、取土、灌液、抽水、超声波测试、回填水泥土、拔管等。

	定 额 编 号		E-7-2-5
	项　　目		全回转清障
			孔径2m以内
	名　　称	单位	m³
人工	00070111　综合人工(土建)	工日	1.7020
材料	04010111　水泥 32.5级	t	0.1440
	34110101　水	m³	0.7300
	X0045　其他材料费	%	5.0000
机械	98330100　超声波测壁机	台班	0.0062
	99010060　履带式单斗液压挖掘机 1m³	台班	0.0781
	99030410　全回转钻机 RT260H	台班	0.0754
	99070590　载重汽车 15t	台班	0.0724
	99090210　履带式起重机 150t	台班	0.0754
	99440250　泥浆泵 φ100	台班	0.0069

第三节 其他工程

工作内容：铣刨、装车、场内运输、清理场地等。

定额编号			E-7-3-1	E-7-3-2
项　目			铣刨沥青混凝土路面	
			厚度4cm	每增减1cm
			100m²	100m²
预算定额编号	预算定额名称	预算定额单位	数　　量	
04-6-3-2【换】	铣刨沥青混凝土路面 厚4cm	100m²	1.0000	
04-6-3-4	铣刨沥青混凝土路面 ±1cm	100m²		1.0000

工作内容：铣刨、装车、场内运输、清理场地等。

定额编号				E-7-3-1	E-7-3-2
项　目				铣刨沥青混凝土路面	
				厚度4cm	每增减1cm
		名　称	单位	100m²	100m²
人工	00070111	综合人工(土建)	工日	0.4505	0.0255
机械	99070660	自卸汽车 8t	台班	0.2320	0.0120
	99130590	路面铣刨机 宽度：2000	台班	0.1160	0.0060

第七章 拆除工程

工作内容：共振破碎、清理、堆放、旧料场内运输等。

定额编号			E-7-3-3
项目			水泥混凝土路面碎石化
			100m²
预算定额编号	预算定额名称	预算定额单位	数量
04-6-3-6	单头共振式破碎路面	100m²	1.0000

工作内容：共振破碎、清理、堆放、旧料场内运输等。

定额编号			E-7-3-3
项目			水泥混凝土路面碎石化
名称		单位	100m²
人工	00070111	综合人工（土建）	工日	0.2683
机械	99330065	共振破碎机 RB-500	台班	0.1450

工作内容：切割、清理、堆放、旧料场内运输等。

定额编号			E-7-3-4
项目			钢筋混凝土切割
			m²
预算定额编号	预算定额名称	预算定额单位	数量
08-12-2-3	切割 钢筋混凝土	m²	1.0000

工作内容：切割、清理、堆放、旧料场内运输等。

定额编号			E-7-3-4
项目			钢筋混凝土切割
名称		单位	m²
人工	00070111	综合人工（土建）	工日	3.2000
材料	03213911	混凝土切割机链条	m	0.6000
	34110101	水	m³	1.5000
机械	99090110	履带式起重机 25t	台班	0.6900
	99330350	链条式混凝土切割机	台班	0.6900
	99350130	液压钻机 STE-1	台班	0.6900

第八章　措施项目

说　　明

一、本章定额由打、拔钢板桩,支架,围堰,便道及便桥,降水,共五节组成。

二、打、拔钢板桩:

1. 打、拔钢板桩定额适用于桥梁基坑开挖。

2. 打、拔钢板桩定额按拉森钢板桩编制;若采用槽形钢板桩,则相应机械消耗量乘以0.77系数,其余消耗量不变。

3. 若单位工程的钢板桩工程量≤50t,其人工、机械消耗量按相应定额乘以1.25系数。

三、支架:满堂式钢管支架和装配式钢支架定额未包括地基加固费,可另行计算。

四、围堰:

1. 围堰形式的选择:

(1) 正常条件下按围堰高选择形式和相应断面尺寸(表8-1)。

表8-1　围堰形式的选择

围堰高(m)	选择围堰形式	围堰断面尺寸	
1.00～3.00	袋装土	顶宽1.5m;边坡:内侧1∶1;外侧临水面1∶1.5	
3.01～4.00	圆木桩	围堰宽(m)	2.50
4.01～5.00	型钢桩		2.50
5.01～6.00	钢板桩		3.00
＞6.00	拉森钢板桩		3.35

注:围堰高=(当地施工期的最高潮水位-设计图的实测围堰中心河底标高)+0.5m。围堰中心河底标高是指结构物基础底的外边线增加0.5m后,以1∶1坡线与原河床线的交点向外平移0.3m为围堰脚内侧(或围堰坡脚),再增加围堰底宽一半处的原河床底标高即为围堰中心河底标高(图8-1)。

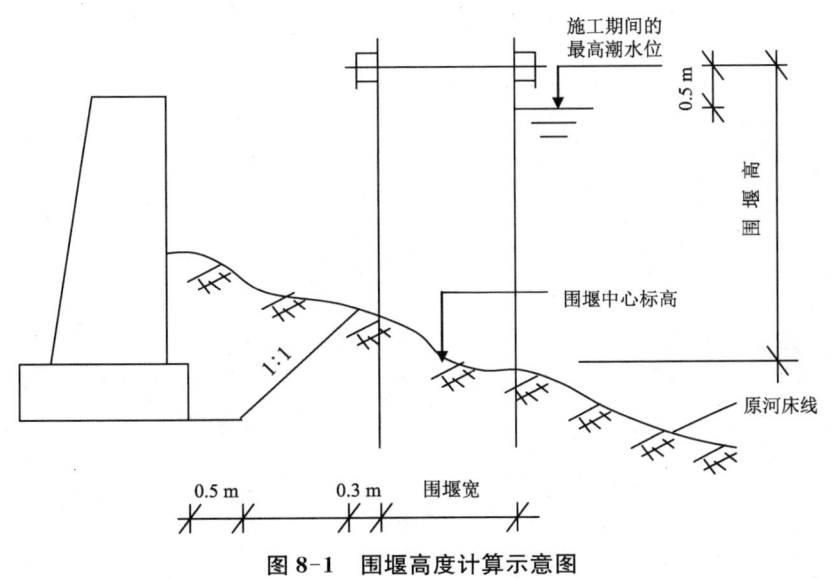

图8-1　围堰高度计算示意图

(2) 特殊条件下选择围堰形式规定:

① 遇有航运要求的河道,选择围堰形式,首先应考虑不影响河道航运为准。

② 河床坡度大于1∶1或河床坡度有突变者以及河水流速大于2m/s时,应视不同施工方法决定围

堰形式。

③ 拦河围堰（坝）应视具体情况，通过计算确定围堰（坝）形式。

2. 筑拆围堰定额中已包括组装拆卸船排和桩机、块石压舱、坝内河水排除等工作内容。

3. 围堰定额中已包括了土方的场内运输。

五、便道及便桥：

1. 钢便桥按装配式钢桥考虑，未包含桥墩，发生时，可另行计算。钢便桥的使用期按 1 年考虑。

2. 新建道路的内侧路边或排水管道的中心线距原有道路边 30m 以上时，可按规定计算修筑施工临时便道。原有道路不能满足运输工程材料需要需加固拓宽时，另行计算。

3. 施工便道不计翻挖及旧料外运。

六、降水：

1. 挖土采用明排水施工时，除大型基坑挖土定额中已列抽水设备外，其他工程可计算湿土排水。

2. 挖土采用井点降水施工时，不得再计取湿土排水。

3. 当开挖深度在 3m 以上，根据地质钻探和土质分析报告，遇到下列情况会产生流砂现象时，可采用井点降水：

（1）土质组成颗粒中，黏土含量<10%，粉砂含量>75%。

（2）土质不均匀系数 D60/D10<5（D60—限定颗粒；D10—有效颗粒）。

（3）土质含水量>30%。

（4）土质孔隙率>43%或土质孔隙比>0.75。

（5）在黏性土层中夹薄层粉砂，其厚度超过 25cm。

4. 开挖深度在 6m 以下采用轻型井点；开挖深度在 6m 以上采用喷射井点；采用其他类型井点，应由设计方案确定。开挖深度指从原地面至基坑底面的距离。

5. 当采用其他施工技术措施能起隔水帷幕作用时，不再计算井点降水。

6. 定额中井管长度包括滤网在内，并已包括观测孔。

工程量计算规则

一、钢板桩：打、拔钢板桩按设计桩体以质量计算。

二、支架：满堂式钢管支架每立方米空间体积按 35kg（包括连接件等）计算；装配式钢支架除万能杆件以每立方米空间体积 125kg（包括连接件等）计算外，其他形式的装配式支架按实计算。支架的使用天数按实计算。

三、围堰：

1. 围堰工程量已包含筑拆、使用及养护。

（1）围堰按中心长度以米计算，公式如下：

$$L = A + 2 \times (B + C + D)$$

式中：L——围堰长度；

A——结构物基础长度；

B——结构物基础端边至围堰体内侧的距离；

C——围堰体内侧至围堰中心的距离（即 1/2 围堰底宽）；

D——平行结构物基础的围堰体一端与岸边的衔接距离。

当围堰直线长度大于 100m 时，可设腰围堰。腰围堰按草包围堰计算。

$$腰围堰道数 = 围堰直线长度/50 - 2（尾数不足 1 道时，计作 1 道）$$
$$腰围堰长度 = (D - 围堰坝身平均宽度/2) \times 道数$$

（2）围堰使用按长度乘以使用天数计算，袋装土围堰及圆木桩围堰不计使用工程量。

（3）围堰养护按长度乘以潮汛次数计算。

（4）围堰的使用天数、潮汛次数按下列规定计算：

a. 驳岸、桥台等新建工程：围堰使用天数为 24 天，潮汛次数为 2 次。

b. 驳岸、桥台等翻建、改建工程：围堰使用天数为 31 天，潮汛次数为 2 次。

c. 驳岸工程中凡采用高桩承台结构形式的，则不考虑围堰。拆除原有驳岸需筑围堰时，其使用天数为 12 天，潮汛次数为 1 次。

2. 筑拆围堰的土方量计算。

（1）围堰长度在 150m 以内时，缺土（外来土方）数量按下述规定计算：

$$缺土数量 = 围堰需要土方数量 - 可利用的土方数量$$

（2）当围堰长度大于 150m 时，其中 150m 长的缺土数量按上式计算；超出 150m 部分的缺土数量，则按超出长度的围堰需要土方数量的 50% 计算。如有可利用的土方，则不再计算。

（3）围堰定额中的土方为松方量，缺土计算应按土方体积变化系数折算成自然方计算。

四、便道及便桥：

1. 便道工程按道路长度的 30% 计算；当一个工地同时施工道路和埋管时，应选取其中一项大值计算便道长度（其中埋管便道规定见《上海市城镇排水工程预算定额 第二册 城镇排水管道工程》），不得重复计算。

2. 桥涵、护岸及隧道工程按设计方案计算。

3. 便道宽度规定：

（1）桥梁、隧道工程为 5m。

（2）道路、护岸工程为 4m。

五、降水：

1. 每套井点设备规定：

（1）轻型井点：井点管间距为 1.2m，50 根井管、相应总管 60m 及排水设备。

（2）喷射井点：井点管间距为 2.5m，30 根井管、相应总管 75m 及排水设备。

（3）大口径井点：井点管间距为 10m，10 根井管、相应总管 100m 及排水设备。

2. 井点使用定额单位为套·天，累计尾数不足 1 套者计作 1 套，一天按 24h 计算。

3. 井点使用周期按设计方案规定的天数计算。

4. 真空深井井点按不同深度，安、拆以座计算，使用以座·天计算。

第一节 打、拔钢板桩

工作内容：1,2. 准备打桩机具、移动打桩机、吊桩、定位、安卸桩帽、校正、打桩、系桩、拔桩、15m以内临时堆放等全部操作过程。
3,4. 备料、清除钢板桩粘带土、安拆支撑、转移、整理、堆放支撑等。

定额编号			E-8-1-1	E-8-1-2	E-8-1-3	E-8-1-4
项目			打、拔钢板桩	钢板桩使用费	安拆钢板桩支撑	钢板桩支撑使用费
			t	t·d	t	t·d
预算定额编号	预算定额名称	预算定额单位	数量			
04-7-1-2	打、拔钢板桩 桩长 L≤10m	t	1.0000			
04-7-1-6	钢板桩使用费	t·d		1.0000		
04-7-1-7	安拆钢板桩支撑	t			1.0000	
04-7-1-8	钢板桩支撑使用费	t·d				1.0000

工作内容：1,2. 准备打桩机具、移动打桩机、吊桩、定位、安卸桩帽、校正、打桩、系桩、拔桩、15m以内临时堆放等全部操作过程。
3,4. 备料、清除钢板桩粘带土、安拆支撑、转移、整理、堆放支撑等。

定额编号				E-8-1-1	E-8-1-2	E-8-1-3	E-8-1-4
项目				打、拔钢板桩	钢板桩使用费	安拆钢板桩支撑	钢板桩支撑使用费
	名 称		单位	t	t·d	t	t·d
人工	00070111	综合人工(土建)	工日	2.8533		3.0258	
材料	01150103	热轧型钢 综合	kg			44.9000	
	03130101	电焊条	kg			0.8252	
	05030101	成材	m³	0.0084			
	14390101	氧气	m³			4.1262	
	14390301	乙炔气	m³			2.0631	
	33330507	铁件	kg			2.0000	
	35090121	槽型钢板桩摊销	t			0.0100	
	35090141	拉森钢板桩摊销	t	0.0059			
	35090151	拉森钢板桩使用费	t·d		1.0000		
	35091791	铁撑柱使用费	t·d				1.0000
	X0045	其他材料费	%	1.4200			
机械	99030030	履带式柴油打桩机 2.5t	台班	0.2220			
	99030230	振动沉拔桩机 400kN	台班	0.1660			
	99090090	履带式起重机 15t	台班	0.2220			
	99090420	汽车式起重机 25t	台班			0.2751	
	99250020	交流弧焊机 32kV·A	台班			0.5502	

第二节 支 架

工作内容：1. 平整场地、材料运输、搭拆钢管支架、堆放、清理等。
　　　　　　2. 满堂式钢管支架使用等。
　　　　　　3. 材料运输、安装、拆除、堆放、清理等。
　　　　　　4. 装配式钢支架使用等。

定 额 编 号				E-8-2-1	E-8-2-2	E-8-2-3	E-8-2-4
项　　目				满堂式钢管支架		装配式钢支架	
				支架	使用费	支架	使用费
				m³	t·d	m³	t·d
预算定额编号	预算定额名称		预算定额单位	数　　量			
04-7-3-56	桥梁满堂式 钢管支架（空间体积）		m³空间体积	1.0000			
04-7-3-57	钢管支架使用费 立柱端柱灯柱模板		t·d		1.0000		
04-7-3-58	桥梁装配式 钢支架（空间体积）		m³空间体积			1.0000	
04-7-3-59	装配式钢支架使用费		t·d				1.0000

工作内容：1. 平整场地、材料运输、搭拆钢管支架、堆放、清理等。
　　　　　　2. 满堂式钢管支架使用等。
　　　　　　3. 材料运输、安装、拆除、堆放、清理等。
　　　　　　4. 装配式钢支架使用等。

定 额 编 号				E-8-2-1	E-8-2-2	E-8-2-3	E-8-2-4
项　　目				满堂式钢管支架		装配式钢支架	
				支架	使用费	支架	使用费
				m³	t·d	m³	t·d
		名　　称	单位				
人工	00070111	综合人工(土建)	工日	0.1427		0.5318	
材料	35030343	钢管 φ48.3×3.6	kg	0.1355			
	35030612	钢管底座 φ48	只	0.0022			
	35031212	对接扣件 φ48	只	0.0039			
	35031213	迴转扣件 φ48	只	0.0046			
	35031214	直角扣件 φ48	只	0.0338			
	35032012	装配式钢支架	t			0.0006	
	35032022	装配式钢支架使用费	t·d				1.0000
	35032042	钢管支架使用费	t·d		1.0000		
机械	99090080	履带式起重机 10t	台班			0.0282	

第三节 围 堰

工作内容：抽水、袋装土围堰筑拆、养护等。

定 额 编 号			E-8-3-1	E-8-3-2	E-8-3-3
项 目			袋装土围堰		
			高1m以内	高2m以内	高3m以内
			延长米	延长米	延长米
预算定额编号	预算定额名称	预算定额单位	数 量		
04-7-5-1	袋装土围堰 高1m以内 筑拆	延长米	1.0000		
04-7-5-2	袋装土围堰 高1m以内 养护	延长米·次	2.0000		
04-7-5-3	袋装土围堰 高2m以内 筑拆	延长米		1.0000	
04-7-5-4	袋装土围堰 高2m以内 养护	延长米·次		2.0000	
04-7-5-5	袋装土围堰 高3m以内 筑拆	延长米			1.0000
04-7-5-6	袋装土围堰 高3m以内 养护	延长米·次			2.0000

工作内容：抽水、袋装土围堰筑拆、养护等。

定 额 编 号				E-8-3-1	E-8-3-2	E-8-3-3
项 目				袋装土围堰		
				高1m以内	高2m以内	高3m以内
		名 称	单位	延长米	延长米	延长米
人工	00070111	综合人工(土建)	工日	4.9358	15.0098	31.9512
材料	Z04093301	土方 松方	m³	(3.8653)	(11.1903)	(22.0078)
	02310601	编织袋	只	13.5825	37.7064	74.3572
	03152501	镀锌铁丝	kg	0.2051	0.5647	1.1191
机械	99440010	电动单级离心清水泵 φ50	台班	0.4000	0.4000	0.8000

工作内容：土坝围堰筑拆等。

定 额 编 号			E-8-3-4
项 目			筑、拆土坝围堰
			m³
预算定额编号	预算定额名称	预算定额单位	数 量
04-7-5-7	土坝围堰 筑拆	m³	1.0000

工作内容：土坝围堰筑拆等。

定 额 编 号				E-8-3-4
项 目				筑、拆土坝围堰
		名 称	单位	m³
人工	00070111	综合人工(土建)	工日	1.5345
材料	Z04093301	土方 松方	m³	(1.9635)

工作内容：块石压舱、圆木桩围堰筑拆、养护等。

定额编号			E-8-3-5	E-8-3-6
项目			圆木桩围堰	
			高3m以内	高4m以内
			延长米	延长米
预算定额编号	预算定额名称	预算定额单位	数 量	
04-3-1-13	使用块石压舱费	t	0.6000	0.6000
04-7-5-10	圆木桩围堰 高4m以内 筑拆	延长米		1.0000
04-7-5-11	圆木桩围堰 高4m以内 养护	延长米·次		2.0000
04-7-5-8	圆木桩围堰 高3m以内 筑拆	延长米	1.0000	
04-7-5-9	圆木桩围堰 高3m以内 养护	延长米·次	2.0000	

工作内容：块石压舱、圆木桩围堰筑拆、养护等。

定额编号				E-8-3-5	E-8-3-6
项目				圆木桩围堰	
				高3m以内	高4m以内
	名 称		单位	延长米	延长米
人工	00070111	综合人工(土建)	工日	12.5970	16.7342
材料	Z04093301	土方 松方	m³	(13.6400)	(19.2800)
	02291501	白棕绳	kg	0.8137	1.1330
	02310601	编织袋	只	11.7064	18.2752
	03152501	镀锌铁丝	kg	1.2043	1.8236
	04110507	块石 100~400	t	0.1800	0.1800
	05030103	圆木	m³	0.0561	0.0823
	05031801	枕木	m³	0.0074	0.0074
	05330111	竹笆 1000×2000	m²	6.2400	8.3200
	33330507	铁件	kg	2.8866	5.7722
	35091901	钢桩帽摊销	kg	0.4240	0.5936
	X0045	其他材料费	%	0.1000	0.1000
机械	99030080	轨道式柴油打桩机 0.6t	台班	0.1000	0.1100
	99090360	汽车式起重机 8t	台班	0.0142	0.0142
	99091380	电动卷扬机 单筒快速 10kN	台班	0.1400	0.1600
	99091440	电动卷扬机 双筒快速 50kN	台班	0.1400	0.1600
	99410530	铁驳船 80t	t·d	16.8000	18.6000
	99440010	电动单级离心清水泵 φ50	台班	0.1200	0.1200

工作内容：块石压舱、型钢桩围堰筑拆、使用、养护等。

定额编号			E-8-3-7	E-8-3-8	E-8-3-9
项目			型钢桩围堰		
			高3m以内	高4m以内	高5m以内
			延长米	延长米	延长米
预算定额编号	预算定额名称	预算定额单位	数量		
04-3-1-13	使用块石压舱费	t	0.6000	0.6000	0.6000
04-7-5-12	筑拆型钢桩围堰 高3m以内 筑拆	延长米	1.0000		
04-7-5-13	筑拆型钢桩围堰 高3m以内 使用	延长米·天	31.0000		
04-7-5-14	筑拆型钢桩围堰 高3m以内 养护	延长米·次	2.0000		
04-7-5-15	筑拆型钢桩围堰 高4m以内 筑拆	延长米		1.0000	
04-7-5-16	筑拆型钢桩围堰 高4m以内 使用	延长米·天		31.0000	
04-7-5-17	筑拆型钢桩围堰 高4m以内 养护	延长米·次		2.0000	
04-7-5-18	筑拆型钢桩围堰 高5m以内 筑拆	延长米			1.0000
04-7-5-19	筑拆型钢桩围堰 高5m以内 使用	延长米·天			31.0000
04-7-5-20	筑拆型钢桩围堰 高5m以内 养护	延长米·次			2.0000

工作内容:块石压舱、型钢桩围堰筑拆、使用、养护等。

定额编号			E-8-3-7	E-8-3-8	E-8-3-9
项 目			型钢桩围堰		
			高3m以内	高4m以内	高5m以内
名 称		单位	延长米	延长米	延长米
人工	00070111 综合人工(土建)	工日	15.0542	19.5373	23.3838
材料	Z04093301 土方 松方	m³	(14.3130)	(19.1770)	(24.0715)
	02291501 白棕绳	kg	0.8961	1.1948	1.4935
	02310601 编织袋	只	11.7064	18.2752	24.8440
	03130101 电焊条	kg	6.2900	8.3870	10.4800
	03152501 镀锌铁丝	kg	1.2043	1.6457	2.0872
	04110507 块石 100~400	t	0.1800	0.1800	0.1800
	05030103 圆木	m³	0.0084	0.0168	0.0252
	05031801 枕木	m³	0.0074	0.0084	0.0084
	05330111 竹笆 1000×2000	m²	6.2400	8.3200	10.4000
	14390101 氧气	m³	1.0900	1.4500	1.8100
	14390301 乙炔气	m³	0.3893	0.5179	0.6464
	33330507 铁件	kg	2.8866	5.7742	8.8405
	35090121 槽型钢板桩摊销	t	0.0159	0.0212	0.0265
	35090131 槽型钢板桩使用费	t·d	73.6532	111.4300	153.7667
	35091901 钢桩帽摊销	kg	1.3860	1.8585	2.3205
	X0045 其他材料费	%	0.1000	0.1000	0.1000
机械	99030100 轨道式柴油打桩机 1.2t	台班	0.1300	0.1500	0.1600
	99090360 汽车式起重机 8t	台班	0.0271	0.0271	0.0271
	99091380 电动卷扬机 单筒快速10kN	台班	0.1200	0.1300	0.1400
	99091440 电动卷扬机 双筒快速50kN	台班	0.1200	0.1300	0.1400
	99250020 交流弧焊机 32kV·A	台班	0.5500	0.7300	0.9100
	99410530 铁驳船 80t	t·d	17.4000	19.2000	20.4000
	99440010 电动单级离心清水泵 φ50	台班	1.6700	1.6700	1.6700

第八章 措施项目

工作内容： 块石压舱、钢板桩围堰筑拆、使用、养护等。

定额编号			E-8-3-10	E-8-3-11	E-8-3-12	E-8-3-13
项　目			钢板桩围堰			
			高3m以内	高4m以内	高5m以内	高6m以内
			延长米	延长米	延长米	延长米
预算定额编号	预算定额名称	预算定额单位	数　量			
04-3-1-13	使用块石压舱费	t	0.6000	0.6000	0.6000	1.2000
04-7-5-21	钢板桩围堰 高3m以内 筑拆	延长米	1.0000			
04-7-5-22	钢板桩围堰 高3m以内 使用	延长米·天	31.0000			
04-7-5-23	钢板桩围堰 高3m以内 养护	延长米·次	2.0000			
04-7-5-24	钢板桩围堰 高4m以内 筑拆	延长米		1.0000		
04-7-5-25	钢板桩围堰 高4m以内 使用	延长米·天		31.0000		
04-7-5-26	钢板桩围堰 高4m以内 养护	延长米·次		2.0000		
04-7-5-27	钢板桩围堰 高5m以内 筑拆	延长米			1.0000	
04-7-5-28	钢板桩围堰 高5m以内 使用	延长米·天			31.0000	
04-7-5-29	钢板桩围堰 高5m以内 养护	延长米·次			2.0000	
04-7-5-30	钢板桩围堰 高6m以内 筑拆	延长米				1.0000
04-7-5-31	钢板桩围堰 高6m以内 使用	延长米·天				31.0000
04-7-5-32	钢板桩围堰 高6m以内 养护	延长米·次				2.0000

工作内容：块石压舱、钢板桩围堰筑拆、使用、养护等。

	定额编号		E-8-3-10	E-8-3-11	E-8-3-12	E-8-3-13
	项目		钢板桩围堰			
			高3m以内	高4m以内	高5m以内	高6m以内
	名称	单位	延长米	延长米	延长米	延长米
人工	00070111 综合人工(土建)	工日	18.5726	22.6187	26.9595	31.6125
材料	Z04093301 土方 松方	m³	(16.3920)	(21.7995)	(27.2070)	(32.6145)
	02291501 白棕绳	kg	1.4008	1.8746	2.3381	2.8119
	02310601 编织袋	只	11.7064	14.2752	16.8440	19.4024
	03152501 镀锌铁丝	kg	0.3243	0.4191	0.5338	0.6282
	04110507 块石 100～400	t	0.1800	0.1800	0.1800	0.3600
	05030103 圆木	m³	0.0126	0.0252	0.0378	0.0504
	05031801 枕木	m³	0.0063	0.0074	0.0074	0.0084
	33330507 铁件	kg	5.4419	10.0647	15.0975	20.1293
	35090121 槽型钢板桩摊销	t	0.0249	0.0332	0.0415	0.0498
	35090131 槽型钢板桩使用费	t·d	114.1584	171.2400	239.3330	319.5082
	35091901 钢桩帽摊销	kg	1.0920	1.4490	1.8165	2.1840
	X0045 其他材料费	%	0.2000	0.2000	0.1000	0.1000
机械	99030080 轨道式柴油打桩机 0.6t	台班	0.1800	0.2000	0.2200	
	99030100 轨道式柴油打桩机 1.2t	台班				0.2500
	99030970 震动锤 45kW	台班	0.0900	0.1000	0.1100	0.1100
	99090090 履带式起重机 15t	台班	0.0900	0.1000	0.1100	0.1100
	99090360 汽车式起重机 8t	台班	0.0071	0.0071	0.0071	0.0071
	99410530 铁驳船 80t	t·d	18.0000	19.8000	19.8000	23.4000
	99440010 电动单级离心清水泵 φ50	台班	0.2000	0.2000	0.2000	0.2000

第八章 措施项目

工作内容：块石压舱、拉森钢板桩围堰筑拆、使用、养护等。

定额编号			E-8-3-14	E-8-3-15
项目			拉森钢板桩围堰	
			高7m以内	高每增减1m
			延长米	延长米
预算定额编号	预算定额名称	预算定额单位	数 量	
04-3-1-13	使用块石压舱费	t	1.2000	
04-7-5-33	拉森钢板桩围堰 高7m以内 筑拆	延长米	1.0000	
04-7-5-34	拉森钢板桩围堰 高7m以内 使用	延长米·天	31.0000	
04-7-5-35	拉森钢板桩围堰 高7m以内 养护	延长米·次	2.0000	
04-7-5-36	拉森钢板桩围堰 高每增减1m 筑拆	延长米		1.0000
04-7-5-37	拉森钢板桩围堰 高每增减1m 使用	延长米·天		31.0000

工作内容：块石压舱、拉森钢板桩围堰筑拆、使用、养护等。

定额编号				E-8-3-14	E-8-3-15
项目				拉森钢板桩围堰	
				高7m以内	高每增减1m
	名 称		单位	延长米	延长米
人工	00070111	综合人工（土建）	工日	46.9805	4.3140
材料	Z04093301	土方 松方	m³	(40.5105)	(5.7645)
	02291501	白棕绳	kg	5.0676	
	02310601	编织袋	只	4.0000	
	03152501	镀锌铁丝	kg	0.3505	
	04110507	块石 100～400	t	0.3600	
	05030103	圆木	m³	0.0126	
	05031801	枕木	m³	0.0368	
	33330507	铁件	kg	5.0328	
	35090141	拉森钢板桩摊销	t	0.1125	0.0075
	35090151	拉森钢板桩使用费	t·d	833.3250	101.3321
	35091901	钢桩帽摊销	kg	11.8125	
	X0045	其他材料费	%	0.1000	0.1000
机械	99030110	轨道式柴油打桩机 1.8t	台班	0.6600	0.0200
	99030980	震动锤 90kW	台班	0.4200	0.0100
	99090090	履带式起重机 15t	台班	0.4200	0.0100
	99090390	汽车式起重机 12t	台班	0.0200	
	99410530	铁驳船 80t	t·d	112.0000	3.0000
	99440010	电动单级离心清水泵 φ50	台班	0.2000	

第四节 便道及便桥

工作内容：装配式钢便桥安装、使用、拆除等。

定额编号			E-8-4-1
项　　目			钢便桥
			m²
预算定额编号	预算定额名称	预算定额单位	数　　量
04-7-6-10	搭、拆装配式钢桥 三排单层加强 搭拆	m	0.2500
04-7-6-11	搭、拆装配式钢桥 三排单层加强 使用	m·d	91.2500

工作内容：装配式钢便桥安装、使用、拆除等。

定额编号			E-8-4-1
项　　目			钢便桥
名　　称		单位	m²
人工	00070111	综合人工(土建)	工日	1.3329
材料	05031801	枕木	m³	0.0456
	35091329	三排单层加强钢便桥使用费	t·d	142.2851
	X0045	其他材料费	%	0.0100
机械	99070540	载重汽车 6t	台班	0.2440
	99090360	汽车式起重机 8t	台班	0.1589

第八章 措施项目

工作内容：铺筑、使用、拆除便道等。

定 额 编 号			E-8-4-2
项　　　目			施工便道
			m²
预算定额编号	预算定额名称	预算定额单位	数　　量
04-7-6-1	施工便道 道碴	m²	0.5000
04-7-6-2	施工便道 混凝土	m²	0.5000

工作内容：铺筑、使用、拆除便道等。

定 额 编 号			E-8-4-2
项　　　目			施工便道
名　　称		单位	m²
人工	00070111	综合人工(土建)	工日	0.2810
材料	03210901	切缝机刀片	片	0.0001
	04050209	碎石 5～15	t	0.0155
	04050313	道碴 50～70	t	0.1326
	05150101	木丝板	m²	0.0126
	13310401	石油沥青	kg	0.1217
	34110101	水	m³	0.0200
	36030252	涤纶针刺土工布 200g/m²	m²	0.1750
	80210514	预拌混凝土(非泵送型) C20 粒径5～20	m³	0.1015
机械	99050870	混凝土切缝机	台班	0.0006
	99050930	混凝土振捣器 插入式	台班	0.0066
	99050940	混凝土振捣器 平板式	台班	0.0034
	99050980	混凝土振动梁	台班	0.0031
	99130110	内燃光轮压路机 轻型	台班	0.0015
	99190010	混凝土磨光机	台班	0.0031

第五节 降 水

工作内容：1. 轻型井点安装、拆除等。
　　　　　　2. 轻型井点使用等。

定额编号			E-8-5-1	E-8-5-2
项目			轻型井点	
			安拆	使用
			根	套·天
预算定额编号	预算定额名称	预算定额单位	数 量	
04-7-8-5	轻型井点 安装	根	1.0000	
04-7-8-6	轻型井点 拆除	根	1.0000	
04-7-8-7	轻型井点 使用	套·天		1.0000

工作内容：1. 轻型井点安装、拆除等。
　　　　　　2. 轻型井点使用等。

定额编号			E-8-5-1	E-8-5-2
项目			轻型井点	
			安拆	使用
			根	套·天
	名 称	单位		
人工	00070111　综合人工（土建）	工日	0.5051	0.5750
材料	04030119　黄砂 中粗	kg	112.8000	
	17270201　普通橡胶管	m	0.1700	
	34110101　水	m^3	1.8180	
	35040911　轻型井点总管 $\phi108\times4$	m	0.0011	0.0400
	35040921　轻型井点井管 $\phi40$	m	0.0220	0.8300
	X0045　其他材料费	%	0.9200	7.3400
机械	99091380　电动卷扬机 单筒快速 10kN	台班	0.0240	
	99350050　轻便钻机 XJ-100	台班	0.0570	
	99440150　电动多级离心清水泵 $\phi150\times180m$ 以下	台班	0.0480	
	99440510　射流井点泵 9.5m	台班	0.0240	1.1500

工作内容: 1,3.喷射井点安装、拆除等。
2,4.喷射井点使用等。

定额编号			E-8-5-3	E-8-5-4	E-8-5-5	E-8-5-6
项 目			喷射井点(10m)		喷射井点(15m)	
			安拆	使用	安拆	使用
			根	套·天	根	套·天
预算定额编号	预算定额名称	预算定额单位	数 量			
04-7-8-10	喷射井点(10m)使用	套·天		1.0000		
04-7-8-11	喷射井点(15m)安装	根			1.0000	
04-7-8-12	喷射井点(15m)拆除	根			1.0000	
04-7-8-13	喷射井点(15m)使用	套·天				1.0000
04-7-8-8	喷射井点(10m)安装	根	1.0000			
04-7-8-9	喷射井点(10m)拆除	根	1.0000			

工作内容: 1,3.喷射井点安装、拆除等。
2,4.喷射井点使用等。

	定额编号			E-8-5-3	E-8-5-4	E-8-5-5	E-8-5-6
	项 目			喷射井点(10m)		喷射井点(15m)	
				安拆	使用	安拆	使用
	名 称		单位	根	套·天	根	套·天
人工	00070111	综合人工(土建)	工日	3.7596	2.2200	6.0520	2.2200
材料	04030119	黄砂 中粗	kg	2380.0000		3876.0000	
	17030102	镀锌焊接钢管	kg	0.0010	0.0050	0.0010	0.0080
	34110101	水	m³	14.0400		18.2700	
	35040961	喷射井点总管 $\phi 159$	m	0.0046	0.1300	0.0046	0.1300
	35040971	喷射井点井管 $\phi 76$	m	0.0290	0.9300	0.0640	1.3000
	35041011	喷射井点滤网管	根	0.0036	0.1070	0.0042	0.1280
	35041021	喷射井点回水连接件	副	0.0022	0.0670	0.0023	0.0700
	35041031	喷射井点腰子法兰	副	0.0013	0.0300	0.0013	0.0300
	35041041	喷射井点水箱	kg	0.0356	1.0700	0.0356	1.0700
	35041051	喷射井点喷射器	只	0.0048	0.1430	0.0056	0.1670
	X0045	其他材料费	%	0.2400	1.1300	0.2200	0.8700
机械	99090080	履带式起重机 10t	台班	0.2880		0.3640	
	99350120	液压钻机 G-2A	台班	0.1104		0.1440	
	99430230	电动空气压缩机 6m³/min	台班			0.1800	
	99440150	电动多级离心清水泵 $\phi 150 \times 180$m 以下	台班	0.1880	1.1100	0.2500	1.1100
	99440210	污水泵 $\phi 100$	台班	0.2760		0.5440	

工作内容：1，3.喷射井点安装、拆除等。
2，4.喷射井点使用等。

定额编号			E-8-5-7	E-8-5-8	E-8-5-9	E-8-5-10
项 目			喷射井点(20m)		喷射井点(25m)	
			安拆	使用	安拆	使用
			根	套·天	根	套·天
预算定额编号	预算定额名称	预算定额单位	数 量			
04-7-8-14	喷射井点(20m)安装	根	1.0000			
04-7-8-15	喷射井点(20m)拆除	根	1.0000			
04-7-8-16	喷射井点(20m)使用	套·天		1.0000		
04-7-8-17	喷射井点(25m)安装	根			1.0000	
04-7-8-18	喷射井点(25m)拆除	根			1.0000	
04-7-8-19	喷射井点(25m)使用	套·天				1.0000

工作内容：1，3.喷射井点安装、拆除等。
2，4.喷射井点使用等。

定额编号				E-8-5-7	E-8-5-8	E-8-5-9	E-8-5-10
项 目				喷射井点(20m)		喷射井点(25m)	
				安拆	使用	安拆	使用
	名 称		单位	根	套·天	根	套·天
人工	00070111	综合人工(土建)	工日	7.7350	2.2200	9.6347	2.2200
材料	04030119	黄砂 中粗	kg	5371.9998		6840.7999	
	17030102	镀锌焊接钢管	kg	0.0010	0.0090	0.0010	0.0100
	34110101	水	m³	23.1000		27.7200	
	35040961	喷射井点总管 φ159	m	0.0046	0.1300	0.0046	0.1300
	35040971	喷射井点井管 φ76	m	0.0108	2.2600	0.1450	3.5300
	35041011	喷射井点滤网管	根	0.0051	0.1520	0.0070	0.2100
	35041021	喷射井点回水连接件	副	0.0025	0.0750	0.0027	0.0810
	35041031	喷射井点腰子法兰	副	0.0013	0.0300	0.0013	0.0300
	35041041	喷射井点水箱	kg	0.0356	1.0700	0.0356	1.0700
	35041051	喷射井点喷射器	只	0.0670	0.2000	0.0096	0.2880
	X0045	其他材料费	%	0.2000	0.6700	0.1800	0.5300
机械	99090080	履带式起重机 10t	台班	0.4350			
	99090090	履带式起重机 15t	台班			0.4780	
	99350120	液压钻机 G-2A	台班	0.1720		0.1904	
	99430230	电动空气压缩机 6m³/min	台班	0.2150		0.2380	
	99440150	电动多级离心清水泵 φ150×180m 以下	台班	0.3250	1.1100	0.3580	1.1100
	99440210	污水泵 φ100	台班	0.6500		0.7160	

工作内容: 1. 喷射井点安装、拆除等。
2. 喷射井点使用等。

定 额 编 号			E-8-5-11	E-8-5-12
项　　目			喷射井点(30m)	
			安拆	使用
			根	套·天
预算定额编号	预算定额名称	预算定额单位	数　　量	
04-7-8-20	喷射井点(30m)安装	根	1.0000	
04-7-8-21	喷射井点(30m)拆除	根	1.0000	
04-7-8-22	喷射井点(30m)使用	套·天		1.0000

工作内容: 1. 喷射井点安装、拆除等。
2. 喷射井点使用等。

	定 额 编 号			E-8-5-11	E-8-5-12
	项　　目			喷射井点(30m)	
				安拆	使用
	名　　称		单位	根	套·天
人工	00070111	综合人工(土建)	工日	11.1095	2.2200
材料	04030119	黄砂 中粗	kg	8323.2001	
	17030102	镀锌焊接钢管	kg	0.0010	0.0120
	34110101	水	m³	32.3400	
	35040961	喷射井点总管 φ159	m	0.0046	0.1300
	35040971	喷射井点井管 φ76	m	0.2130	5.1000
	35041011	喷射井点滤网管	根	0.0085	0.2670
	35041021	喷射井点回水连接件	副	0.0029	0.0810
	35041031	喷射井点腰子法兰	副	0.0013	0.0300
	35041041	喷射井点水箱	kg	0.0356	1.0700
	35041051	喷射井点喷射器	只	0.0120	0.3750
	X0045	其他材料费	%	0.1800	0.3700
机械	99090090	履带式起重机 15t	台班	0.5200	
	99350120	液压钻机 G-2A	台班	0.2080	
	99430230	电动空气压缩机 6m³/min	台班	0.2600	
	99440150	电动多级离心清水泵 φ150×180m 以下	台班	0.3900	1.1100
	99440210	污水泵 φ100	台班	0.7800	

工作内容: 1,3. 大口径井点安装、拆除等。
2,4. 大口径井点使用等。

定 额 编 号			E-8-5-13	E-8-5-14	E-8-5-15	E-8-5-16
项 目			大口径井点(15m)		大口径井点(25m)	
			安拆	使用	安拆	使用
			根	套·天	根	套·天
预算定额编号	预算定额名称	预算定额单位	数 量			
04-7-8-23	大口径井点(15m)安装	根	1.0000			
04-7-8-24	大口径井点(15m)拆除	根	1.0000			
04-7-8-25	大口径井点(15m)使用	套·天		1.0000		
04-7-8-26	大口径井点(25m)安装	根			1.0000	
04-7-8-27	大口径井点(25m)拆除	根			1.0000	
04-7-8-28	大口径井点(25m)使用	套·天				1.0000

工作内容: 1,3. 大口径井点安装、拆除等。
2,4. 大口径井点使用等。

定 额 编 号				E-8-5-13	E-8-5-14	E-8-5-15	E-8-5-16
项 目				大口径井点(15m)		大口径井点(25m)	
				安拆	使用	安拆	使用
	名 称		单位	根	套·天	根	套·天
人工	00070111	综合人工(土建)	工日	20.6975	2.3200	26.7001	2.3200
材料	04030119	黄砂 中粗	kg	13341.5996		20761.7998	
	34110101	水	m³	44.1000		66.5000	
	35040601	大口径井点吸水器 15m	只	0.0060	0.0400		
	35040611	大口径井点吸水器 25m	只			0.0090	0.0800
	35040711	大口径井点井管 φ400	m	0.1800	1.5000	0.2800	2.2500
	35041041	喷射井点水箱	kg	0.1100	1.0200	0.1100	1.0200
	X0045	其他材料费	%	0.1800	0.5600	0.1700	0.5600
机械	99030620	工程钻机 GPS-10	台班	0.5200		0.7024	
	99030970	震动锤 45kW	台班	0.4500		0.6500	
	99090080	履带式起重机 10t	台班	1.1000		0.8780	
	99090090	履带式起重机 15t	台班			0.6500	
	99440150	电动多级离心清水泵 φ150×180m以下	台班	1.1000	1.1600	1.5280	1.1600
	99440210	污水泵 φ100	台班	1.7500		2.4060	

第八章 措施项目

工作内容: 1,3.真空深井井点安装、拆除等。
2,4.真空深井井点使用等。

定 额 编 号			E-8-5-17	E-8-5-18	E-8-5-19	E-8-5-20
项 目			真空深井井点(19m)		真空深井井点(每增减1m)	
			安拆	使用	安拆	使用
			座	座·天	座	座·天
预算定额编号	预算定额名称	预算定额单位	数 量			
04-7-8-29	真空深井井点(19m)安装	座	1.0000			
04-7-8-30	真空深井井点(19m)拆除	座	1.0000			
04-7-8-31	真空深井井点(19m)使用	座·天		1.0000		
04-7-8-32	真空深井井点(每增减1m)安拆	座			1.0000	
04-7-8-33	真空深井井点(每增减1m)使用	座·天				1.0000

工作内容: 1,3.真空深井井点安装、拆除等。
2,4.真空深井井点使用等。

定 额 编 号				E-8-5-17	E-8-5-18	E-8-5-19	E-8-5-20
项 目				真空深井井点(19m)		真空深井井点(每增减1m)	
				安拆	使用	安拆	使用
名 称		单位		座	座·天	座	座·天
人工	00070111	综合人工(土建)	工日	13.1920	0.4640	0.5000	
材料	04030119	黄砂 中粗	kg	7066.0000		800.0000	
	34110101	水	m³	14.9790		0.7490	
	35041111	钢板井管 φ273×8×4500	m	2.0000	0.0140		0.0020
	35041121	钢滤水井管 φ273×8×4000	m	4.0000	0.0060		
	80112011	护壁泥浆	m³	1.6700		0.0840	
机械	99030620	工程钻机 GPS-10	台班	0.7500		0.0760	
	99050150	泥浆排放设备	台班	1.4100		0.1420	
	99090070	履带式起重机 5t	台班	1.6800		0.0360	
	99091470	电动卷扬机 单筒慢速 50kN	台班	1.3300			
	99440240	泥浆泵 φ50	台班	0.7500		0.0760	
	99440300	真空泵	台班		0.7500		
	99440330	潜水泵 φ100	台班	0.1000	1.1600		

上海市市政工程概算定额

SH A1—21—2020

宣贯材料

上海市建筑建材业市场管理总站　主编

同济大学出版社

2021　上海

前　言

为进一步完善本市建设工程计价依据，满足工程建设全生命周期的计价需求，根据上海市住房和城乡建设管理委员会《关于批准发布〈上海市建筑和装饰工程概算定额(SH 01—21—2020)〉〈上海市市政工程概算定额(SH A1—21—2020)〉等4本工程概算定额的通知》（沪建标定〔2020〕795号）要求，《上海市市政工程概算定额(SH A1—21—2020)》（以下简称"2020市政概算定额"），自2021年5月1日起实施。

《上海市市政工程概算定额(2010)》（以下简称"2010市政概算定额"），是统一本市市政工程概算工程量计算规则、项目划分与计量单位的依据，是工程项目建设投资评审、编制设计概算（书）和多种设计方案进行技术经济分析的主要依据，是编制概算指标、估算指标和计算主要材料需要量的基础，对于控制工程造价、提高投资效益发挥了重要的作用。2017年，上海市建筑建材业市场管理总站开始组织修编"2010市政概算定额"。修编中，分析了"2010市政概算定额"存在的问题，总结使用过程中的经验，广泛征求各方意见，按照定额修编的程序和要求完成了"2020市政概算定额"。

为配合"2020市政概算定额"的宣贯实施，上海市建筑建材业市场管理总站组织有关修编专家编写了《上海市市政工程概算定额SH A1—21—2020宣贯材料》，作为本市各有关部门开展定额宣贯培训的辅导材料。该材料系统介绍了"2020市政概算定额"总体编制概况、各章特点、修编情况及定额使用中应注意的问题等，有助于造价人员准确把握"2020市政概算定额"的内容，尽快熟悉、掌握和使用。

上海市建筑建材业市场管理总站

2021年4月

目 录

第一部分 定额编制概况

一、编制背景及过程 …………………… 3
二、编制原则 …………………………… 4
三、编制依据 …………………………… 4
四、编制特点 …………………………… 4
五、定额的主要内容 …………………… 5
六、定额的组成内容及表现形式 ……… 5
七、定额章节及子目数量的变化 ……… 7
八、定额编制的共性原则 ……………… 8
九、定额水平测算 ……………………… 9

第二部分 各章节编制说明

第一章 土方及基坑支护工程 …………… 15
一、概 况 ……………………………… 15
二、本章特点 …………………………… 15
三、定额修编情况 ……………………… 15
四、定额使用中应注意的问题 ………… 15

第二章 道路工程 ………………………… 16
一、概 况 ……………………………… 16
二、本章特点 …………………………… 16
三、定额修编情况 ……………………… 16
四、定额使用中应注意的问题 ………… 17

第三章 交通安全管理及照明工程 ……… 18
一、概 况 ……………………………… 18
二、本章特点 …………………………… 18

三、定额修编情况 ……………………… 18
四、定额使用中应注意的问题 ………… 18

第四章 桥涵工程 ………………………… 20
一、概 况 ……………………………… 20
二、本章特点 …………………………… 20
三、定额修编情况 ……………………… 20
四、定额使用中应注意的问题 ………… 21

第五章 隧道工程 ………………………… 22
一、概 况 ……………………………… 22
二、本章特点 …………………………… 22
三、定额修编情况 ……………………… 22
四、定额使用中应注意的问题 ………… 23

第六章 钢筋工程 ………………………… 24
一、概 况 ……………………………… 24
二、本章特点 …………………………… 24
三、定额修编情况 ……………………… 24
四、定额使用中应注意的问题 ………… 24

第七章 拆除工程 ………………………… 25
一、概 况 ……………………………… 25
二、本章特点 …………………………… 25
三、定额修编情况 ……………………… 25
四、定额使用中应注意的问题 ………… 25

第八章 措施项目 ………………………… 26
一、概 况 ……………………………… 26
二、本章特点 …………………………… 26
三、定额修编情况 ……………………… 26
四、定额使用中应注意的问题 ………… 26

第一部分　定额编制概况

元朝秘史卷之一

一、编制背景及过程

(一) 编制背景

《上海市市政工程概算定额(2010)》(以下简称"2010市政概算定额")自2011年1月1日执行以来，因定额水平、章节设置等原因，未能广泛使用。随着2017年6月1日《上海市市政工程预算定额 第一册 道路、桥梁、隧道工程》(SH A1—31(01)—2016)(沪建标定〔2016〕1162号)及2018年8月1日《上海市市政工程预算定额 第二册 道路照明工程》(SH A1—31(02)—2018)(沪建标定〔2018〕368号)(以下简称"2016市政预算定额")实施以后，"2010市政概算定额"未能及时涵盖"四新"技术所对应的定额、删除落后淘汰工艺所对应的定额，已不能满足新形势的需要。

根据上海市住房和城乡建设管理委员会《关于印发〈2017年度上海市建设工程及城市基础设施养护维修定额编制计划〉的通知》(沪建标定〔2016〕967号)的精神以及上海市建筑建材业市场管理总站(以下简称市场管理总站)《上海市建设工程概算定额编制总纲》的要求，在各级领导、各相关部门的大力支持、帮助和配合下，由上海市建筑建材业市场管理总站牵头，隧道股份上海市城市建设设计研究总院(集团)有限公司、上海市隧道工程轨道交通设计研究院、上海城济工程造价咨询有限公司等多家单位共30多人组成的编制工作小组，承担了《上海市市政工程概算定额》(以下简称本定额)的修编工作。本定额修编自2017年6月启动，2020年6月形成报批稿，历时3年多时间，经过编制组全体参编单位的共同努力，于2020年12月31日经上海市住房和城乡建设管理委员会沪建标定〔2020〕795号文发布，2021年5月1日起正式实施。

(二) 编制过程

本次定额修编主要经历7个阶段。

1. 工作大纲阶段(2017年6—8月)

2017年8月21日，完成本定额工作大纲评审会。工作大纲对指导思想、修编内容、原则、依据、组成内容、表现形式、工程量计算规则、组织形式、进度安排等各方面进行了阐述。

2. 定额册、章、节及子目划分阶段(2017年9月—2018年2月)

2018年2月6日，完成定额章节子目评审会。依据"2016市政预算定额"的章节设置，并结合"2010市政概算定额"使用情况，对本定额章节子目进行了初步拟定和设置，保留、删除并新增了部分定额。

3. 定额修编初稿阶段(2018年3—8月)

2018年6月16—17日，邀请业内专家对讨论稿进行初步评审。对文字说明及工程量计算规则的是否满足计量要求、工作内容的描述是否准确、定额子目施工方案的合理性、工料机的消耗量是否合理等方面，与会专家提出了许多宝贵意见。会后通过对专家意见的整理汇总，达成了统一修改原则。

4. 征求意见稿阶段(2018年9月—2019年1月)

2018年12月14日，完成了本定额征求意见稿，并报送市场管理总站，于2019年1月20日进行网上公示。

5. 水平测算阶段(2019年2—5月)

根据市场管理总站发布的《上海市建设工程概算定额(修编)水平测算方案》的要求，在软件公司的帮助及配合下，与"2010市政概算定额"及"2016市政预算定额"进行比较，最后通过5个典型工程案例分析(其中道路桥梁工程4个、隧道工程1个)，完成定额水平测算及造价水平测算工作。

6. 送审稿阶段(2019年4—7月)

在水平测算及征求意见稿的基础上，进一步完善修编工作，形成送审稿。在梳理送审稿评审会上专家及各方意见后，对定额子目设置及人、材、机消耗量等做最终修改，形成报批稿，上报上海市住房和城乡建设管理委员会。

7. 报批稿阶段(2019年8月—2020年12月)

2020年6月15日,完成了本定额报批稿评审会。会后,根据住建委标定处及专家意见,对报批稿进行认真修改和完善。

二、编制原则

1. 本次修编既要符合国家、行业及本市法律、法规、行政规范文件和现行各类市政工程建设标准及技术规范的要求,又要与市政工程建设市场计价模式相适应,满足市政工程建设计价需求。

2. 以"2010市政概算定额"为基础,在项目划分、项目编码、项目名称、计量单位、工程量计算规则等方面,与"13清单市政规范"和"2016市政预算定额"做到合理衔接。

3. 本定额子目应与初步设计深度相适应,遵循统一性、科学性、适应性、适时性、简明性的原则,项目划分要合理、定额内容要齐全、工作内容要完整、计量单位要规范、计算规则要统一、定额说明要简明扼要。

4. 本定额与"2016市政预算定额"之间的定额水平控制在3%左右。

三、编制依据

1.《上海市市政工程概算定额(2010)》
2.《上海市市政工程预算定额 第一册 道路、桥梁、隧道工程》(SH A1—31(01)—2016)
3.《上海市市政工程预算定额 第二册 道路照明工程》(SH A1—31(02)—2018)
4.《市政工程工程量计算规范》(GB 50857—2013)(简称"13清单市政规范")
5.《市政工程消耗量定额》(ZY A1—31—2015)
6.《上海市建设工程概算定额编制总纲》
7.《〈上海市建设工程概算定额〉修编编制统一性技术规定》
8.《公路工程概算定额》(JTG/T 3831—2018)
9. 国家、行业、地方及本市现行市政工程技术规范、规定、标准
10. 国家、行业、地方及本市现行市政工程强制标准(图集)、推荐性标准(图集)、通用图集

四、编制特点

1. 与"2016市政预算定额"保持一致

概算定额是在相应预算定额的基础上,根据有代表性的设计图纸和有关资料,经过适当综合,合并而成的。因此,在章节定额设置、工程量计算规则、项目划分及计量单位等方面,与"2016市政预算定额"保持高度一致。

2. 组合但不扩大

与"2010市政概算定额"相比,本定额仅对相应预算定额进行组合(例如,模板及钢筋定额合并入混凝土定额等),但人工、机械消耗量不做扩大调整。当按概算定额编制概算文件时,可计列"零星工程费"。

3. 双重表现形式

在定额表现形式上,本定额既是以预算组合定额的表现形式(便于调整),又是以工料机消耗量的表现形式(便于统计数据)。

4. 保证定额内容的完整性

"2010市政概算定额"因种种原因,未能包括隧道工程相关定额。本次定额修编包含了隧道工程章节内容,保证了定额的完整性。

5. 对预算定额的补充、更新

新增了部分"2016市政预算定额"没有的定额,如强夯处理软土地基、真空预压、禁入栅、高压水洗清除标线、钢筋混凝土切割等定额。

同时对"2016市政预算定额"中勘误的地方进行了同步更新,如编制说明、铺筑预制人行道系列定额、静钻根植桩系列定额、防眩板定额、水泥混凝土路面碎石化定额等内容。

综上所述,本定额能对接预算定额,响应"四新"技术,定额编制说明及工程量计算规则能满足工程计价的要求,充分体现实用性,为推行国家规范,指导和服务市政工程初步设计阶段工程概算的编制,起到一定推动作用。

五、定额的主要内容

本定额共分8章。

第一章 土方及基坑支护工程:包括挖方工程、填方工程、余土弃置及基坑支护工程,共4节36条定额。

第二章 道路工程:包括路基处理、道路基层、道路面层、人行道及其他,共4节92条定额。

第三章 交通安全管理及照明工程:包括交通标志、交通标线、交通信号设施、交通隔离设施、其他交通管理设施、照明设施,共6节50条定额。

第四章 桥涵工程:包括桩基工程、下部结构、上部结构、桥面系工程,共4节125条定额。

第五章 隧道工程:包括盾构掘进、地下连续墙、地下混凝土结构、防水及其他,共6节61条定额。

第六章 钢筋工程:包括普通钢筋工程、预应力钢筋工程,共2节8条定额。

第七章 拆除工程:包括翻挖老路、拆除各类构筑物、其他工程,共3节17条定额。

第八章 措施项目:包括打拔钢板桩、支架、围堰、便道及便桥、降水,共5节45条定额。

六、定额的组成内容及表现形式

1. 总说明
(1) 本定额的编制依据、指导思想、定额作用、适用范围。
(2) 使用本定额必须遵循的规则及条件。
(3) 本定额所采用的材料品种规格、材料质量标准。
(4) 本定额在编制过程中已经包括的内容、可以换算的原则。
(5) 各册共性问题的有关统一规定。
(6) 本定额的使用方法及其他。

2. 章说明及工程量计算规则
(1) 本章所包括的定额项目内容说明。
(2) 本章定额内容可以换算的界限和换算的规则。
(3) 本章允许增减系数范围的界定及其规则。
(4) 其他需要说明的内容。
(5) 与本章定额有关的工程量计算规则。

3. 章、节、子目的划分

(1) 章——按工程类别。

(2) 节——按分部分项工程划分。

(3) 子目——按工程结构、材料品质、机械类型、使用要求不同划分。

4. 定额子目表头说明

(1) 定额子目的工作内容。

(2) 定额子目包括的主要工序及操作方法。

5. 定额编号表现形式

定额编号应由两部分组成：专业编码＋章节目编码。

(1) 专业编码设置：

上海市市政工程概算定额，编号为 E。

(2) "章节目"编码采用四位阿拉伯数字表示，"章"一位数字，"节"一位数字，"目"两位数字，顺序编码。

(3) 具体表现形式如下：

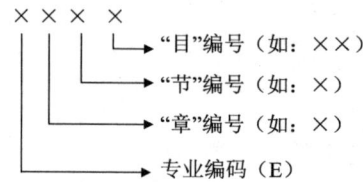

6. 定额表现形式(采用 A4 竖版)

样表(采用 A4 竖表)

(1) 表一：定额项目含量取定表

节号　节名称

工作内容：

定　额　编　号			概算定额编号1	概算定额编号2
项　　目			概算定额名称1	概算定额名称2
			概算定额单位1	概算定额单位2
预算定额编号	预算定额名称	预算定额单位		
××××	××××	m		
××××	××××	kg		
××××	××××	m²		
……	……			

(2) 表二：人材机消耗量表

节号　节名称

工作内容：

定　额　编　号			概算定额编号1	概算定额编号2
项　　目			概算定额名称1	概算定额名称2
名称		单位	概算定额单位1	概算定额单位2
人工	(编码)	专业综合人工	工日	

(续表)

名称		单位	概算定额单位1	概算定额单位2
材料	材料1	kg		
	材料2	m		
	其他材料费	%		
机械	机械1	台班		
	机械2	台班		
	其他机械费	%		

附注说明：分项工程调整、换算的内容和方法。

7. 概算费用计算说明

（1）概算建安工程费用构成及内容：应包括直接费、企业管理费和利润、安全文明施工费、施工措施费、规费、增值税等。

（2）概算费用计算顺序表。

七、定额章节及子目数量的变化

本定额与"2010市政概算定额"相比有较大的变化，主要表现在以下几个方面。

1. 章节设置的变化

章节设置依据"13清单市政规范"中的章节设置原则，取消原"第一章通用项目"，新增土方及基坑支护工程、钢筋工程、拆除工程、措施项目等单独成章。依据《关于印发〈上海市建设工程定额体系表2015〉的通知》（沪建标定〔2016〕211号）的精神，原"第五章排水管道工程""第六章排水构筑物及机械设备安装工程"列入《上海市城镇给排水工程概算定额（在编）》中，不在本次修编范围之内。详见表1。

表1 章节设置变化

修编前（2010市政概算定额）	修编后（本定额）
第一章　通用项目	第一章　土方及基坑支护工程
第二章　道路工程	第二章　道路工程
第三章　道路交通管理设施工程	第三章　交通安全管理及照明工程
第四章　桥涵及护岸工程	第四章　桥涵工程
第五章　排水管道工程 （不在本次修编范围内）	第五章　隧道工程
第六章　排水构筑物及机械设备安装工程 （不在本次修编范围内）	第六章　钢筋工程
	第七章　拆除工程
	第八章　措施项目

2. 定额子目设置的变化

为适应最新施工规范，贴近实际施工现状，匹配"2016市政预算定额"，在定额修编时，作了必要的修改。经过调整，子目数量变化情况如下：

"2010市政概算定额"共4章（不包括第五章排水管道工程、第六章排水构筑物及机械设备安装工程），22节，341条定额，其中需删除（或合并取消）定额175条（占"2010市政概算定额"的51%）。

本定额共8章，32节，434条定额，其中保留定额166条（占本定额的38%），新增定额268条（占本定额的62%)。

具体定额数量变化,详见表2及表3。

表2　定额数量总体变化

项目名称	定额数量(条)	百分比(%)
保留定额	166	38%
新增定额	268	62%
合　计	434	100%

表3　定额数量具体变化

2010市政概算定额		本定额		定额数量差额
章名称	定额数	章名称	定额数	
第一章　通用项目	92	第一章　土方及基坑支护工程	36	−56
第二章　道路工程	79	第二章　道路工程	92	13
第三章　道路交通管理设施工程	22	第三章　交通安全管理及照明工程	50	28
第四章　桥涵及护岸工程	148	第四章　桥涵工程	125	−23
第五章　排水管道工程	不在本次修编范围内	第五章　隧道工程	61	61
第六章　排水构筑物及机械设备安装工程	不在本次修编范围内	第六章　钢筋工程	8	8
		第七章　拆除工程	17	17
		第八章　措施项目	45	45
小计	341		434	93

八、定额编制的共性原则

1. 本定额是根据确定的工作内容,套用预算定额进行组合而成(包括工作内容的组合),人工、材料、机械消耗量不作扩大调整。其中预算定额的含量系数,应根据典型工程案例的设计图纸和施工方案,按照工程量计算规则进行计算。

2. 相近定额步距的设置,造价测算在10%之内合并为一条定额,超过10%的分列为两条定额。

3. 不常用工艺,不再编制概算定额,使用时套用"2016市政预算定额",如道渣间隔填土定额、粉煤灰间隔填土定额、沟槽及基坑回填粉煤灰/回填砾石砂定额、隧道内工程监测监控定额、大型机械的场外运输及安拆定额等。

4. 工艺类似,仅主材不同,可合并为一条定额,使用时替换主材。

5. 混凝土定额中已包括模板及钢筋工作内容,模板一般不作调整,但钢筋含量与定额不同时,可按第六章钢筋工程定额进行调整。

6. 本定额中采用的部分预算定额参考了国家、行业和本市现行的其他相关定额,如E-2-1-14～16强夯处理软土地基及真空预压定额是根据国家《市政工程消耗量定额》(ZY A1-31-2015)中2-1-11、2-1-19、2-1-9、2-1-10换算;E-3-4-5禁入栅定额是根据《公路工程预算定额》(JTG/T 3832-2018)中5-1-3-3、5-1-3-7换算。

九、定额水平测算

1. 典型工程的选择
（1）道路、桥梁工程：临洮路跨吴淞江桥梁新建工程；龙东大道（罗山路～G1501）改建工程3标；融沁路道路新建工程；崧泽高架西延伸工程。
（2）隧道工程：北横通道新建一期工程（福建路段）。

2. 定额水平测算
同一个工程案例分别按照本定额和"2016市政预算定额""2010市政概算定额"计算工程量，套用相应定额，统一采用2019年4月基期价格配价，计算本定额和"2016市政预算定额"、本定额和"2010市政概算定额"二者的定额直接费，并进行对比。

为确保测算对比口径的统一性，测算时对原造价文件不作大的改动，但需对原文件中采用补充定额和数量乘单价的项目予以剔除。

定额水平＝（本定额直接费－"2016市政预算定额"直接费）／"2016市政预算定额"直接费×100％
定额水平＝（本定额直接费－"2010市政概算定额"直接费）／"2010市政概算定额"直接费×100％

具体定额水平测算对比见表4和表5。

表4　定额水平测算对比表（本定额与"2016市政预算定额"）　　　　　单元：万元

序号	项目名称	项目类型	面积(m²)	工程权重	专业权重	本定额	2016市政预算定额	本定额—2016市政预算定额
1	临洮路跨吴淞江桥梁新建工程	次干路	11771	1.55%		902	900	0.18%
2	龙东大道（罗山路～G1501）改建工程3标	城市快速路	88823	11.70%		7778	7661	1.52%
3	融沁路道路新建工程	支路	23474	3.09%		2041	1959	4.18%
4	崧泽高架西延伸工程	城市快速路	635357	83.66%		51479	50211	2.52%
	道路工程加权平均值		759425	100%	62%	44055	42979	2.50%
1	临洮路跨吴淞江桥梁新建工程	系杆拱＋小箱梁	13012	3.08%		9498	9343	1.66%
2	龙东大道（罗山路～G1501）改建工程3标	高架小箱梁	49988	11.82%		29021	28965	0.19%
3	融沁路道路新建工程	现浇箱梁＋空心板梁	4626	1.09%		3337	3290	1.40%
4	崧泽高架西延伸工程	城市快速路	355330	84.01%		196563	192495	2.11%
	桥梁工程加权平均值		422956	100%	34%	168894	165464	2.07%
1	北横通道新建一期工程（福建路段）	敞开段	1656	3.29%		1188	1186	0.18%
2		暗埋段	16817	33.46%		26450	25795	2.54%
3		工作井	1012	2.01%		5431	5323	2.03%
4		盾构段	30780	61.24%		43274	42899	0.87%
	隧道工程加权平均值		50265	100%	4%	35497	35046	1.29%
	总加权平均值		1232646		100%	86542	84684	2.19%

表 5 定额水平测算对比表(本定额与"2010 市政概算定额")　　　　单元:万元

序号	项目名称	项目类型	面积(m²)	工程权重	专业权重	本定额	2010 市政概算定额	本定额—2010 市政概算定额
1	临洮路跨吴淞江桥梁新建工程	次干路	11771	1.55%		902	945	−4.63%
2	龙东大道(罗山路~G1501)改建工程3标	城市快速路	88823	11.70%		7778	8116	−4.16%
3	融沁路道路新建工程	支路	23474	3.09%		2041	2121	−3.77%
4	崧泽高架西延伸工程	城市快速路	635357	83.66%		51479	55090	−6.56%
	道路工程加权平均值		759425	100%	64%	44055	47119	−6.50%
1	临洮路跨吴淞江桥梁新建工程	系杆拱+小箱梁	13012	3.08%		9498	9686	−1.95%
2	龙东大道(罗山路~G1501)改建工程3标	高架小箱梁	49988	11.82%		29021	29986	−3.22%
3	融沁路道路新建工程	现浇箱梁+空心板梁	4626	1.09%		3337	3412	−2.21%
4	崧泽高架西延伸工程	城市快速路	355330	84.01%		196563	208174	−5.58%
	桥梁工程加权平均值		422956	100%	36%	168894	178769	−5.52%
	总加权平均值		1182381		100%	88712	94212	−5.84%

3. 造价水平测算

同一个工程案例分别按照本定额和"2016 市政预算定额""2010 市政概算定额"计算工程量,套用相应定额,统一采用 2019 年 4 月基期价格配价,按统一的各专业费率,计算二者的建安工程造价,并进行对比。建安工程造价内容包括直接费、各类费用(企业管理费和利润,安全文明施工费,规费及税金等)。为确保测算对比口径的统一性,测算时原则上对原造价文件不作大的改动,但需对原文件中采用补充定额和数量乘单价的项目予以剔除。

造价水平=(本定额造价−"2016 市政预算定额"造价)/"2016 市政预算定额"造价×100%

造价水平=(本定额造价−"2010 市政概算定额"造价)/"2010 市政概算定额"造价×100%

具体定额造价水平测算对比见表 6 和表 7。

表 6 定额造价测算对比表(本定额与"2016 市政预算定额")　　　　单元:万元

序号	项目名称	项目类型	面积(m²)	工程权重	专业权重	本定额	2016 市政预算定额	本定额—2016 市政预算定额
1	临洮路跨吴淞江桥梁新建工程	次干路	11771	1.55%		1077	1072	0.50%
2	龙东大道(罗山路~G1501)改建工程3标	城市快速路	88823	11.70%		9294	9167	1.39%
3	融沁路道路新建工程	支路	23474	3.09%		2532	2435	3.98%
4	崧泽高架西延伸工程	城市快速路	635357	83.66%		61728	60010	2.86%
	道路工程加权平均值		759425	100%	62%	52826	51370	2.83%

(续表)

序号	项目名称	项目类型	面积(m²)	工程权重	专业权重	本定额	2016市政预算定额	本定额—2016市政预算定额
1	临洮路跨吴淞江桥梁新建工程	系杆拱+小箱梁	13012	3.08%		11498	11232	2.37%
2	龙东大道(罗山路~G1501)改建工程3标	高架小箱梁	49988	11.82%		34522	34207	0.92%
3	融沁路道路新建工程	现浇箱梁+空心板梁	4626	1.09%		4324	4235	2.10%
4	崧泽高架西延伸工程	高架小箱梁	355330	84.01%		239709	234570	2.19%
	桥梁工程加权平均值		422956	100%	34%	205863	201499	2.17%
1	北横通道新建一期工程(福建路段)	敞开段	1656	3.29%		1471	1463	0.57%
2		暗埋段	16817	33.46%		32864	31926	2.94%
3		工作井	1012	2.01%		6670	6509	2.48%
4		盾构段	30780	61.24%		56120	55631	0.88%
	隧道工程加权平均值		50265	100%	4%	45543	44927	1.37%
	总加权平均值		1232646		100%	105040	102621	2.36%

表7　定额造价测算对比表(本定额与"2010市政概算定额")　　　　单元:万元

序号	项目名称	项目类型	面积(m²)	工程权重	专业权重	本定额	2010市政概算定额	本定额—2010市政概算定额
1	临洮路跨吴淞江桥梁新建工程	次干路	11771	1.55%		1118	1254	－10.87%
2	龙东大道(罗山路~G1501)改建工程3标	城市快速路	88823	11.70%		9645	10640	－9.35%
3	融沁路道路新建工程	支路	23474	3.09%		2628	2874	－8.55%
4	崧泽高架西延伸工程	城市快速路	635357	83.66%		63982	72392	－11.62%
	道路工程加权平均值		759425	100%	64%	54756	61918	－11.57%
1	临洮路跨吴淞江桥梁新建工程	系杆拱+小箱梁	13012	3.08%		11931	12410	－3.86%
2	龙东大道(罗山路~G1501)改建工程3标	高架小箱梁	49988	11.82%		35812	38050	－5.88%
3	融沁路道路新建工程	现浇箱梁+空心板梁	4626	1.09%		4491	4788	－6.20%
4	崧泽高架西延伸工程	高架小箱梁	355330	84.01%		248386	275950	－9.99%
	桥梁工程加权平均值		422956	100%	36%	213321	236760	－9.90%
	总加权平均值		1182381		100%	111477	124462	－10.43%

4. 水平测算结果及原因分析

本定额与"2016 市政预算定额"相比,定额直接费增加了 2.19%(其中道路工程定额直接费增加了 2.50%,桥梁工程定额直接费增加了 2.07%,隧道工程定额直接费增加了 1.29%),建安工程造价增加了 2.36%(其中道路工程造价增加了 2.83%,桥梁工程造价增加了 2.17%,隧道工程造价增加了 1.37%)。

本定额与"2010 市政概算定额"相比,定额直接费降低了 5.84%(其中道路工程降低了 6.50%,桥梁工程降低了 5.52%),建安工程造价降低了 10.43%(其中道路工程降低了 11.57%,桥梁工程降低了 9.90%)。

【原因分析】

(1) 本定额按一定比例综合了人工及机械定额。如 E-2-2-11 水泥稳定碎石基层,按 10% 人工摊铺+90% 机械摊铺考虑;E-1-1-4 道路路基挖土,按 10% 人工挖土+90% 机械挖土考虑。

(2) 本定额综合的比例与典型工程不一致。如钻孔灌注桩定额中钻孔工程量,陆上按灌注混凝土工程量×1.025,水上按灌注混凝土工程量×0.975,典型工程中未考虑该系数;如 E-4-3-17 小箱梁安装定额中,现浇部分占比 15%,典型工程中现浇部分占比 17%。

(3) 本定额中包括了典型工程中未考虑的内容。如 E-1-1-5 桥涵基坑挖土定额包括了湿土排水及土方内运,典型工程中未计此类费用。

第二部分 各章节编制说明

第一章 土方及基坑支护工程

一、概况

本章定额分为4节,共36条定额。其中"第一节挖方工程"12条,"第二节填方工程"5条,"第三节余土弃置"2条,"第四节基坑支护工程"17条。

二、本章特点

本章定额适用于道路工程、交通安全管理及照明工程、桥涵工程及隧道工程的土方及基坑支护相关内容。

三、定额修编情况

1. 挖、填土按不同专业(道路、桥涵、隧道等)列项。
2. 路基挖土定额,综合考虑人工及机械挖土(人工10%,机械90%),包括场内运输。
3. 桥涵基坑挖土定额、护岸及挡墙挖土定额,综合考虑人工及机械挖土(人工10%,机械90%),包括场内运输及湿土排水。
4. 隧道基坑挖土定额、地下连续墙挖土定额,不含场内运输及湿土排水。
5. 填筑二灰路堤定额,包括铺设土工格栅。
6. 道渣间隔填土定额、粉煤灰间隔填土定额,不计。
7. 沟槽及基坑回填粉煤灰、回填砾石砂定额,不计。
8. 土方内运定额不单列,新增土方、泥浆外运定额。
9. 基坑支护工程由第四章桥涵工程并入本章中。

四、定额使用中应注意的问题

1. 隧道基坑挖土,实际基坑深度与定额组成不一致,可进行换算。
2. 地下连续墙挖土成槽45m以内,为履带式液压抓斗挖土;地下连续墙挖土成槽60m以内,为铣槽机挖土。
3. 交通安全管理及照明工程基础挖土,可套用桥涵基坑挖土($S \leqslant 150m^2$,深6m以内),调整人工及机械挖土比例(如人工90%,机械10%)。
4. 旧料场外运输,套用土方场外运输定额,工程量乘以1.22系数(即容重系数比2.2/1.8)。
5. 格构柱安拆定额中已考虑材料回收因素。

第二章 道 路 工 程

一、概况

本章定额分为4节,共92条定额。其中"第一节路基处理"33条,"第二节道路基层"19条,"第三节道路面层"21条,"第四节人行道及其他"19条。

二、本章特点

1. 本章定额适用于本市行政区域范围内新建、改建、扩建的市政道路工程。
2. 与各章的界限划分:
(1) 各类挖土、填土、路基填筑、场外运输等内容执行"第一章土方及基坑支护工程"中的相应定额。
(2) 水泥土搅拌桩如设计采用全断面套打时,执行"第一章土方及基坑支护工程"中水泥土搅拌墙(三轴)等定额。
(3) 钢筋补差执行"第六章钢筋工程"中的相应定额。
(4) 铣刨沥青混凝土路面执行"第七章拆除工程"中的相应定额。

三、定额修编情况

1. 树根桩定额适用于围护及承重结构(二者单价差<2%)。
2. 水泥土搅拌桩、高压旋喷桩、分层注浆及压密注浆定额,钻孔与成桩定额均单独计列。
3. 路基压密注浆定额中已包括钻孔内容,注浆厚度为40cm。
4. 新增强夯处理软土地基定额及真空预压定额("2016市政预算定额"中没有),参考《市政工程消耗量定额》(ZY A1-31-2015)中定额2-1-11、2-1-19、2-1-9、2-1-10编制。
5. 强夯处理软土地基定额,夯击3遍是指满夯1遍+点夯4击以内3遍,满夯不计入遍数。
6. 路基土掺灰定额中石灰含量6%,零填及机械掺灰各50%考虑。
7. 路基土掺水泥定额中水泥含量3%,按机械掺水泥考虑。
8. 铺设土工布定额,按软土及路基各50%考虑。
9. 分隔带排水定额包括挖土、铺设土工布、碎石盲沟、铺设软式透水管及AGR管等内容。
10. 分隔带排水定额,$B<3m$,按$B=2.5m$计算;$B\geqslant 3m$,按$B=6m$计算;横向碎石盲沟间距为40m。
11. 垫层定额中已包括路床(槽)整形。
12. 水泥稳定碎石基层定额已综合考虑人工及机械摊铺(人工10%,机械90%)。
13. 就地水泥再生基层定额按一次铣刨、一次拌合进行编制,若施工工艺不同时,有关机械可以调整换算。
14. 机械摊铺透水沥青混合料、橡胶沥青混合料、特种沥青混凝料时,可套用机械摊铺沥青玛蹄脂碎石沥青混凝土(SMA-13)定额,换算主材。

15. 铺筑人行道结构层定额包括路基整修、6cm 面层、10cm 混凝土基层和 10cm 碎石垫层等内容。
16. 植草砖、石材人行道套用铺筑人行道结构层彩色预制块定额,换算主材。
17. 现浇人行道斜坡结构层定额包括路基整修、16cm 混凝土面层、15cm 碎石垫层等内容。
18. 铺筑透水人行道结构层定额包括路基整修、铺设 6cm 透水砖或浇筑 5cm 透水混凝土面层、10cm 现浇混凝土基层和 10cm 碎石垫层、铺设排水管等内容。已考虑扣除树穴所占面积。
19. 排砌石材侧石、侧平石分别套用排砌预制侧石、侧平石定额,换算主材。
20. 混凝土挡墙定额分为 $H<3.5m$ 和 $H\geqslant 3.5m$(含桩),其中 $H<3.5m$ 按 $H=2.5m$ 取定,$H\geqslant 3.5m$(含桩)按 $H=4.0m$ 取定,实际高度与定额高度不一致时,可进行换算。

四、定额使用中应注意的问题

1. 水泥土搅拌桩如设计采用全断面套打时,套用"第一章土方及基坑支护工程"中型钢水泥土搅拌墙定额。
2. 水泥土搅拌桩空搅部分,如设计采用低渗量回掺水泥时,其材料可按设计用量增加。
3. 压密注浆,钻孔子目中注浆管消耗量为摊销量,不作调整。
4. 分层注浆、压密注浆,当设计文件要求的注浆料及用量与定额不同时可作调整,人工、机械不作调整。
5. 路基压密注浆,实际厚度与定额厚度不一致时,其材料可以换算。
6. 真空预压砂垫层厚度按 70cm 考虑(容重按 1.36t/m³ 取定),当设计材料厚度不同时可作调整。
7. 高压水泥旋喷桩成孔子目,定额按双重管旋喷桩机编制。如为单重管或三重管旋喷桩机成孔的,则调整相应机械,但消耗量不变。
8. 高压水泥旋喷桩喷浆子目,如设计与定额掺量不同时可以换算,人工、机械不作调整。
9. 袋装砂井直径按 φ70mm 编制,当设计砂井直径不同时,中(粗)砂的用量可作调整。
10. 垫层、底基层的压实厚度>20cm 时,应分层摊铺、分层碾压。
11. 固结渣土、固结土、水泥稳定碎石、就地水泥再生基层的压实厚度>25cm 时,应分层摊铺、分层碾压。
12. 水泥稳定碎石基层定额中,水泥稳定碎石为厂拌成品。
13. 厂拌石灰土中石灰含量为 10%,厂拌二灰土中石灰:粉煤灰:土为 1:2:2。如设计配合比与定额标明配合比不同时,有关材料可以调整换算。
14. 道路面层铺筑按设计面积计算,不扣除平石及各种井位所占面积。
15. 摊铺沥青混凝土路面结构层时,应根据设计要求套用粘层及透层定额。
16. 人行道铺筑按设计面积计算,不扣除种植树穴、侧石及各种井位所占面积。
17. 侧平石按设计长度计算,不扣除侧向进水口长度。

第三章 交通安全管理及照明工程

一、概况

本章定额分为6节，共50条定额。其中"第一节交通标志"19条，"第二节交通标线"5条，"第三节交通信号设施"6条，"第四节交通隔离设施"5条，"第五节其他交通管理设施"11条，"第六节照明设施"4条。

二、本章特点

1. 本章定额适用于本市行政区域范围内新建、改建、扩建的交通管理设施及照明设施工程。
2. 与各章的界限划分：
基坑及沟槽挖土、填土等内容执行"第一章土方及基坑支护工程"中的相应定额。

三、定额修编情况

1. 标志标杆按不同杆件型式，分别列项，以套计量。
2. 标志标杆定额包括预埋铁件。
3. 标线以划线面积计量，按溶剂型和热熔型分列定额。
4. 新增高压水洗清除标线定额（"2016市政预算定额"中没有），参考《上海市市政工程养护维修预算定额》（SH A1—41（06）—2018）中定额Y6-4-18编制。
5. 信号灯定额按不同等级道路相交综合考虑，以路口计列；按十字交叉路口、区域控制编制。若为丁字交叉，则乘以0.8系数。若为线控制，则应采用国产信号机。
6. 新增禁入栅定额（"2016市政预算定额"中没有），参考《公路工程预算定额》（JTG/T 3832—2018）中定额5-1-3-3及5-1-3-7编制。
7. 照明定额分为常规照明灯、高杆灯、地道涵洞灯及控制箱。

四、定额使用中应注意的问题

1. 交通标志如遇高架、桥梁上安装时，应扣除土方开挖、垫层、混凝土基础、模板及钢筋等内容。
2. 标线若采用水性涂料或双组分涂料，可套用"2016市政预算定额"。
3. 箭头、文字字符、停止线、黄格线、导流线、减让线可套用横道线定额；其中文字字符按横道线定额，人工及机械台班数量乘以1.2系数；减让线按横道线定额，人工及机械台班数量乘以1.05系数。
4. 涂黑漆清除标线可套用"2016市政预算定额"。
5. 交通信号灯定额未考虑交叉口渠化，若渠化增加1根车道，可增加左转信号灯1个。

6. 交通信号灯定额中,电缆保护管按每断面4根计算,环形检测圈馈线按3圈计算。定额中不包括特征软件的编制及设备调试。

7. 交通信号灯定额中未包括区域联网及通信费,可另行计列。

8. 禁入栅定额中,已包括混凝土基础,使用定额时不得另行计算。

9. 安装轮廓标定额中已综合考虑附着式和立柱式,其中立柱式中已包括混凝土基础,使用定额时不得另行计算。

10. 铁制反光柱、路名牌等定额中未考虑混凝土基础,可套用"2016市政预算定额"。

11. 安装监控设备(摄像机)定额中按支架式摄像机(不可变焦)考虑。

12. 常规照明灯是指安装在高度≤15m的灯杆上的照明器具;中杆照明灯是指安装在高度≤20m的灯杆上的照明器具;高杆照明灯是指安装在高度>20m的灯杆上的照明器具。

13. 灯杆高度大于15m且小于20m时,套用常规照明灯定额,定额人工乘以1.2系数。

第四章 桥涵工程

一、概况

本章定额分为4节，共125条定额。其中"第一节桩基工程"38条，"第二节下部结构"32条，"第三节上部结构"35条，"第四节桥面系工程"20条。

二、本章特点

1. 本章定额适用于单跨150m以内的城市桥梁工程（含高架桥梁）、护岸（包括防洪墙）工程及过水箱涵工程。

2. 与各章的界限划分：

（1）土方、渣土及泥浆外运执行"第一章土方及基坑支护工程"中的相应定额。

（2）沥青混凝土桥面铺装执行"第二章道路工程"中的相应定额。

（3）钢筋补差执行"第六章钢筋工程"中的相应定额。

（4）凿除桩头执行"第七章拆除工程"中的相应定额。

（5）钢板桩支护、桥梁支架、围堰等执行"第八章措施项目"中的相应定额。

三、定额修编情况

1. 打方（管）桩定额中已包括打桩平台、打桩、接桩、送桩、凿桩头、混凝土填芯及钢筋笼（仅管桩定额有）等内容。

2. 打钢管桩定额中已包括打桩平台、打桩、送桩、接桩、切割桩、精割盖帽、钻孔取土、混凝土填芯及钢筋笼等内容。

3. 回旋（旋挖）钻机钻孔灌注桩定额中已包括打桩平台、埋设钢护筒、钻孔、钢筋笼、声测管、灌注混凝土及凿桩头等内容。钻孔工程量，陆上按灌注混凝土工程量×1.025，水上按灌注混凝土工程量×0.975。

4. 静钻根植桩定额中已包括成孔、注浆、植桩（含送桩及接桩）、管桩填芯、声测管等内容

5. 现浇混凝土定额中已包括安拆模板、绑扎钢筋、浇筑混凝土及泵车输送等内容。

6. 现浇预应力混凝土定额中已包括安拆模板、绑扎钢筋、浇筑混凝土、张拉钢绞线、管道压浆、安装锚具及泵车输送等内容。

7. 现浇基础及无底模承台定额中已包括混凝土垫层。

8. 现浇盖梁定额及过水箱涵定额中已包括搭拆脚手架。

9. 安装预制立柱及盖梁定额中已包括连接面砂浆、构件安装、套筒灌浆等内容。

10. 现浇混凝土过水箱涵定额以4m×3m箱涵为例，已包括垫层、支架、安拆模板、绑扎钢筋、浇筑混凝土、出口护坡等内容。

11. 悬浇混凝土箱梁定额中已包括0号块扇形支架、挂篮、安拆模板、绑扎钢筋、浇筑混凝土、张拉钢绞线、管道压浆、安装锚具及泵车输送等内容。

12. 安装T形梁、板梁、箱形梁等定额中已包括预制构件场内运输、梁与梁接头等内容。

13. 双导梁架桥机安装混凝土梁定额、架桥机安装箱形节段梁定额,预制梁的长度按30m考虑。

14. 陆上安装箱形梁定额、双导梁架桥机安装混凝土梁定额中,预制部分占比85%,现浇部分占比15%。

15. 陆上安装箱形梁定额不分梁长,$L \leqslant 30m$与$L \leqslant 35m$各按50%考虑。

16. 现浇混凝土防撞护栏定额中已包括悬挑支架、安拆模板、绑扎钢筋、浇筑混凝土及泵车输送等内容。

17. 混凝土桥面铺装定额中已考虑桥面抛丸处理。

18. 钢桥面铺装定额按摊铺3.5cm厚浇筑式沥青混凝土考虑。

19. 现浇混凝土桥头搭板及枕梁定额中已考虑碎石垫层及混凝土垫层。

20. 安装人行道板定额中已包括安装人行道板、缘石及泄水孔等内容,按单侧宽3m考虑,泄水孔每隔5m设置一道。

21. 安装伸缩缝定额中已包括钢纤维混凝土及预埋件等内容。

22. 安装桥面连续定额中已包括钢筋等内容。

四、定额使用中应注意的问题

1. 当钻孔灌注桩采用硬地法施工或在原有可利用道路上施工时,则不计陆上工作平台。

2. 本章定额按打直桩计算。打斜桩斜度在1:6以内时,人工数量乘以1.33系数,机械台班数量乘以1.43系数。

3. 静钻根植桩定额中预应力混凝土根植管桩可按设计桩径(指桩的节外径)调整。

4. 静钻根植桩注浆已考虑充盈系数和材料损耗,一般不予调整。桩端水灰比采用0.6,桩周水灰比采用1,实际配比不同可调整定额含量。

5. 安装预制立柱及盖梁定额中未考虑地基处理,可另行计算。

6. 现浇混凝土过水箱涵定额中不包括回填土,可另行计算。

7. 涵洞及出口护坡、出口挡墙按单孔考虑,双孔按相应定额乘以1.8系数。

8. 现浇盖梁及支架上现浇混凝土梁定额中不含支架及地基加固处理等内容,可另行计算。

9. 系杆、吊索定额中未包括锚具用量,但已包括锚具安装。

10. 安装预制装配式防撞墙定额中不包括橡胶止水条及伸缩缝安装,在零星工程费中计列。

11. 钢管栏杆及钢扶手定额中钢材的材质、数量与设计不符时可以换算。

12. 隔声屏障定额可按设计要求调换屏体材料。若设置在路基上时,基础套用相应定额。

第五章 隧道工程

一、概况

本章定额分为4节，共61条定额。其中"第一节盾构掘进"31条，"第二节地下连续墙"9条，"第三节地下混凝土结构"15条，"第四节防水及其他"6条。

二、本章特点

1. 本章定额适用于软土地层新建、扩建的各种人行隧道、车行隧道等工程。
2. 与各章的界限划分：
（1）地下连续墙挖土成槽、大型支撑基坑挖土执行"第一章土方及基坑支护工程"中的相应定额。
（2）地基加固执行"第二章道路工程"中的相应定额。
（3）钢筋补差执行"第六章钢筋工程"中的相应定额。
（4）打拔钢板桩、井点降水等执行"第八章措施项目"中的相应定额。

三、定额修编情况

1. $\phi \leqslant 7000$ 盾构机采用整体吊装吊拆；$\phi \leqslant 11500$、$\phi \leqslant 15500$ 盾构机采用分体吊装吊拆。
2. $\phi \leqslant 7000$ 盾构整体吊装吊拆的钢基座及 $\phi \leqslant 11500$、$\phi \leqslant 15500$ 盾构分体吊装吊拆使用钢筋混凝土基座，均已包含在定额中。
3. 盾构掘进定额中包括掘进、管片设置密封条、管片嵌缝、管线路拆除等内容，并已综合考虑了管片的宽度和成环块数等因素。
4. 出洞段盾构掘进定额中已包括负环段掘进及负环管片拆除。
5. 预制构件场内运输，基础运距管片为100m、口字件及烟道板为500m；增减运距管片为50m、口字件及烟道板为100m。
6. 地下连续墙定额包括导墙、圈梁、开槽、清底置换、接头、钢筋笼、导管及浇筑混凝土等内容。
7. 现浇混凝土地下连续墙定额挖土成槽机械类型，墙深25m、35m及45m以内采用履带式液压抓斗成槽机；墙深50m及60m以内采用铣槽机。
8. 现浇混凝土地下连续墙定额接头型式，墙深25m、35m及45m以内采用接头管，如设计采用接头箱，可另行调整；墙深50m及60m以内采用接头箱。
9. 现浇混凝土墙、现浇混凝土衬墙定额中已包括脚手架。
10. 现浇混凝土衬墙定额中已包括凿毛工序。

四、定额使用中应注意的问题

1. 刀盘式泥水平衡盾构掘进定额未包含泥水处理系统,地面部分取水、排水的设施可另行计算。
2. 盾构及车架未包括场外运输,发生时按实计列。
3. 导墙、圈梁的土方挖运均已包含在浇注地下连续墙定额中,地下连续墙实体积部分土方及泥浆外运,需另行计算。
4. 基底注浆水灰比采用 0.6,设计配比不同时可调整。
5. 地下连续墙如采用铣槽机铣接法施工工艺,成槽施工中进行二期槽施工,应增加一期槽铣切混凝土数量。
6. 地下连续墙如采用十字钢板接头箱,需配套使用型钢接头制作安装定额。
7. 防水卷材采用改性沥青类自粘卷材、聚氨酯防水涂料,如设计采用的材料与定额不同,可进行调整。

第六章 钢筋工程

一、概况

本章定额分为2节,共8条定额。其中"第一节普通钢筋工程"6条,"第二节预应力钢筋工程"2条。

二、本章特点

本章定额适用于道路工程、交通安全管理及照明工程、桥涵工程及隧道工程中对钢筋混凝土构件不同钢筋含量的情况作相应调整。

三、定额修编情况

1. 本章中钢筋调整定额均按照现场绑扎考虑。
2. 钢筋不再区分圆钢、螺纹钢。
3. 道路工程钢筋不再区分构造钢筋和钢筋网片,合并为"道路钢筋 调整"定额。
4. 除钻孔灌注桩钢筋笼定额及地下连续墙钢筋笼定额单列外,桥梁及地下结构工程钢筋不再按部位区分,综合为"桥梁结构钢筋 调整"定额及"地下结构钢筋 调整"定额。
5. 鉴于概估算阶段的设计深度,钢筋接头已综合考虑在钢筋定额中,不用再单独计算费用。

四、定额使用中应注意的问题

1. 本章定额子目未包括植筋,使用时可参照"2016市政预算定额"。
2. 预应力钢筋定额不包括时效处理,设计要求时效处理时,应另行处理。
3. 预应力钢筋定额中未包括锚具用量,但已包括锚具安装。
4. 预应力钢筋制作安装定额中所列预应力筋的品种、规格,如与设计要求不同,可进行调整。
5. 先张法预应力钢绞线调整,可套用"预应力钢筋、低合金钢 调整"定额,抽换主材。

第七章 拆除工程

一、概况

本章定额分为3节,共17条定额子目。其中"第一节翻挖老路"8条,"第二节拆除各类构筑物"5条,"第三节其他工程"4条。

二、本章特点

本章定额适用于各类路基路面的翻挖及各类构筑物的拆除。

三、定额修编情况

1. 翻挖车行道沥青混凝土路面定额厚度为10cm。
2. 翻挖车行道水泥混凝土路面定额厚度为22cm,其中25%为翻挖钢筋混凝土路面,75%为翻挖混凝土路面。
3. 翻挖车行道基层定额厚度为30cm,其中50%为翻挖二渣及三渣类基层,50%为翻挖水泥稳定碎石基层。
4. 翻挖车行道垫层定额厚度为15cm,按翻挖碎石考虑。
5. 翻挖人行道定额已综合考虑翻挖人行道板、10cm基层及10cm碎石垫层等内容。
6. 增加全回转清障定额及水泥混凝土路面碎石化定额。
7. 钢筋混凝土切割定额,参考《上海市轨道交通工程预算定额》(SH A3—31—2016)中08-12-2-3定额。

四、定额使用中应注意的问题

1. 翻挖路缘石参考翻挖平石定额。
2. 翻挖、拆除定额中均已包括旧料的场内运输,但不包括场外运输。
3. 凿除打入桩桩顶混凝土,按拆除钢筋混凝土结构定额,人工及机械台班数量乘以1.25系数;凿除钻孔灌注桩桩顶混凝土,按拆除钢筋混凝土结构定额,人工及机械台班数量乘以0.8系数。
4. 全回转清障工程量按障碍物截面乘以深度(原地面至结构底)以立方米计算。护壁泥浆的废浆处理和取出的余土外运另行计算。
5. 钢筋混凝土切割按切割接触面积以平方米计算。

第八章 措施项目

一、概况

本章定额分为5节，共45条定额。其中"第一节打、拔钢板桩"4条，"第二节支架"4条，"第三节围堰"15条，"第四节便道及便桥"2条，"第五节降水"20条。

二、本章特点

本章定额适用于道路工程、交通安全管理及照明工程、桥涵工程及隧道工程中的钢板桩支护、桥梁支架、围堰、便桥便道及降水等相关内容。

三、定额修编情况

1. 钢板桩使用费及支撑使用费单列，可根据实际工期情况计列。
2. 打拔钢板桩定额，按桩长 $L \leq 10m$ 考虑。
3. 满堂式钢管支架和装配式钢支架定额未包括地基加固费，可另行计算。
4. 0#块扇形支架、挂篮等内容并入相应桥梁定额中，不再单独计列。
5. 筑拆围堰定额中已考虑组装拆卸船排和桩机、块石压舱、坝内河水排除、土方场内运输等工作内容。
6. 钢便桥按装配式钢桥三排单层考虑，未包含桥墩，发生时可另行计算。钢便桥的使用期按1年考虑。
7. 施工便道厚度为20cm，按道碴便道和混凝土便道各50%考虑。

四、定额使用中应注意的问题

1. 打拔钢板桩定额、安拆钢板桩支撑定额，适用于基坑开挖。
2. 打拔钢板桩定额，按拉森钢板桩编制，若采用槽形钢板桩，则相应机械消耗量乘以0.77系数，其余消耗量不变。若单位工程的钢板桩工程量≤50t，其人工、机械消耗量按相应定额乘以1.25系数。
3. 施工便道，实际结构与定额不同时可按实调整；不计翻挖及旧料外运。
4. 当采用其他施工技术措施能起隔水帷幕作用时，不再计算井点降水。